私の家族に捧げる——人もイヌも同じに

目次

はじめに

世界の工場と呼ばれる中国で、新しい産業がその実体をあらわしつつある。[1] ミュータントマウス（遺伝子操作マウス）の大量生産だ。上海の復旦《フーダン》大学にある四万五〇〇〇個ものマウスケージをいくつか覗いてみると、増え続ける異様な動物たちの姿が目に飛び込んでくる。この大学の科学者たちはマウスの遺伝子の働きを手当たり次第に止めて、何百種類もの風変わりな動物たちを工場の組立ライン方式で量産しているのだ。皮膚癌におおわれたマウスや、キバをはやしたマウスが生まれた。男性型禿頭症のマウスもいて、頭の一箇所で皮膚がむきだしになっている以外は、ちゃんと毛が生えている。一部には奇行があらわれ、たとえば絶えずビー玉を埋め続けているものや、左回りしかしないものなどがいる。ある変種は異常なスピードで老化する。別の変種は痛みを感じることができない。

ひと目で異常があきらかなものも、時間をかけて観察しなければ秘密がわからないものもいる。あるケージのマウスは、外見は正常で白い毛がみっしり生え、耳も鼻もきれいなピンクをしている。だがひどく不器用だ。動作がのろく、目を見張るほどぎこちない。特別なマウス向け訓練プログラムで能力を試してみると、ぶざまに失敗を繰り返す。たとえばマウス版の「丸太乗り」――回転する棒の上にできるだけ長い時間立っているテストはどうだろう。簡単ではないが、ふつうのマウスはなんとかコツをつかんで乗っていられるようになる。だがこのマウスには無理らしい。細い木の棒の上でバランスをとるのさえ難しく、金網からさかさまにぶらさがって網につかまっていることもできない。歩きかたもおかしい。異常なほど歩幅が広いだけでなく、尾がふつうのマウスのようにうしろに垂れず、妙な角度に上がって、先端が天井のほうを向いている。

もっと奇妙なのは、孤独なるロンリーハーツクラブのマウスたちだろう。この系統の雄はごくふつうのマウスに見えるのだが、雌は一貫して雄を拒み続ける。どこか魅力に欠けているかわいそうな雄たちは、セックスアピールゼロで、何度でも拒絶されている。

こうしたマウスは復旦大学のチームが作り出した五〇〇種類を超えるミュータントの、ほんの一部にすぎない。研究者たちは最終的に、それぞれ風変わりな一〇万種類にのぼる改変マウスを作りたいと考えている。それだけいれば、カーニバルの見世物小屋をいくらでもいっぱいにできそうだ。

科学が生んだ驚異の動物たち

動物の見世物小屋を思い描くなら、風変わりなマウス以外にも並べたい候補はたくさんいる。生命をあれこれいじりまわすのに必要な新しいツール一式を科学が用意してくれたおかげで、私たちはまったく新しい方法で動物に手を加えられるようになった。今では遺伝コードの書き換え、壊れたからだの再建、自然に備わった感覚の強化が進められている。一風変わった新しい生きものの誕生が新聞の見出しをにぎわすことも多い。バイオニックビートル！　光るネコ！　スパイダーゴート！　ロボラット！　こうしたブレークスルーは驚異的であるとともに不可解でもある。その生きものは、厳密に言うと何なのか？　どんなふうに見えるのか？　誰が、どんな理由で作っているのか？　そしてそれらの動物はほんとうに、今までになかったものなのか？

実際のところ、私たちには動物のからだを作りかえてきた長い歴史がある。一〇〇〇年以上も人間といっしょに暮らし、今では祖先であるハイイロオオカミと似ても似つかない姿をもつイエイヌ（*Canis lupus familiaris*）の多彩な顔ぶれを例にとってみよう。イヌがどのようにして人に飼われるようになったのか、正確なところはまだ激しい議論の的だ。[2]一方には、人間がイヌ科のペットを手に入れようと考えて、野生のオオカミの子どもを捕まえたのだとする科学者たちがいる。また一方には、腹をすかせたオオカミが大昔の人々のまわりに散らばった骨や食べ残しやゴミに誘われて、自らの意志で集落に近づいたとする科学者もいる。そうした侵入者のうち、人にほとんど脅威を感じさせなかったものが大目に見てもらい、人間にやさしいイヌ科の将来の世代を生んでいったという仮説だ。いずれにしても、オオカミが人間社会に組み込まれ、冷たい土の上から暖かい暖炉のそばへと移動するにつれて、野生で生き抜くために必要な特徴の多くが失われた。からだと頭が縮み、顔とあごがコンパクトに収まり、歯も小ぶりになった。[3]

人間とイヌとの関係が深まると、人々は特徴を慎重に選んで交配させることで、特定の仕事を得意とするイヌを作りはじめた。家を守るために大きくてがっしりした胸をもつマスチフを作り、身を震わせながらアナグマの巣穴に潜り込めるよう、ソーセージのように細長いからだをもつダックスフントを作った。[4] 現代のイヌは驚くほど変化に富み、世界最大のドッグショー「クラフツ」で颯爽と歩く三万匹のイヌたちは、とうてい同じ種に属しているようには見えない。ある年の最高賞「ベスト・イン・ショー」の候補には、シカのような体型と長い足、無駄のない筋肉をもつハウンドのキングも、キングのなめらかな茶色の腹の下に余裕で立っていられるリッキーもいた。リッキーは、まるでフワフワした白と黒の毛玉だ。[5] 同じ舞台にいたドニーはスタンダード・プードルで、美しく刈られたグレーの腰が、豊かに密集した真っ白なたてがみによっていっそう際立っている。オールド・イングリッシュ・シープドッグのクルエラは全身ムクムクの長い毛でおおわれ、おそらく鼻だと思われる黒い点しか見分けられない。現在、人間の手が加えられたことにより、イヌは地球上で最も身体的多様性に富んだ種になっている。[6]

私たちが手を加えて形を変えてきた種はほかにもあり、[7] 痩せこけたニワトリは丸々と太ったブロイラーに、ゴワゴワした毛をもつ野生のヒツジは柔らかい羊毛の作り手になった。こうしてあげていけばきりがない。自分たちのあらゆる目的に合わせて動物を品種改良する技を身につけた人間は、ハンター、家畜の世話係、護衛、食糧源、ペットを作り出していく。幾多の世代を経て、さまざまな種が野生の祖先から分化し、人間の世界で暮らすようになった。

だが、選択的な品種改良は効果が見えるまでに時間のかかる手法で、経験に基づく推測によって動物を少しずつ変えていく必要がある。望ましい性質や姿をもったイヌどうしを何度でも根気よく交配させ続け、求める子イヌが生まれてくるのを待たなければならない。オオカミがイヌになるまでに数千年もの歳月が過ぎた。それに対して今は、新しい種類の生きものを数年、数か月、いや数日で作り出すことができる時代だ。

今日では分子生物学のツールを用い、一個の遺伝子を標的にして、それを一瞬でオンまたはオフに切り替えることができ、遺伝子がもつ働きを消すことも増幅することもできる。たとえば復旦大学の研究者たちは一回に一個ずつ遺伝子を無効化《ノックアウト》することによって、驚くべき数の奇妙なマウスを作り続けている。そのとき利用しているのはトランスポゾンという特別な遺伝学的ツールで、転移因子または「ジャンピング遺伝子」とも呼ばれるこのDNA断片は、ゲノム上のある位置から別の位置へと移動することができる。科学者たちがマウスの胚にトランスポゾンを挿入すると、この異質なDNAの断片はマウスのゲノムのランダムな場所にはいり込み、そこにある遺伝子を無効にする。けれどもこの手順のほんとうのすばらしさは、マウスが成長して繁殖する際に、トランスポゾンが子のゲノムの異なる位置に移動して新しい遺伝子の邪魔をする点にある。繁殖のたびに、トランスポゾンがどこに行きつくのか、どの遺伝子の働きを止めるのか、最終的にどんな効果が出るのか、研究者には予測がつかない。遺伝子のダーツ盤に向かって、目隠しをしたままダーツを投げるようなものだ。ゲノムのどの部分がめちゃくちゃになったのかがわかるのは、子が生まれ、いろいろな異常を見せはじめてからになる。こうして科学者たちはマウスの交尾相手をあてがう仲人役を買って出るだけで、次から次へと新しいミュータントを作り出すことができる。場合によってはどこが悪いか判別できないうちから子を産ませることもある。

また、自然には起きない方法で遺伝子を再結合させることもできる。ニューオリンズの街をこっそり歩きまわっている不思議なネコを想像してほしい[8]。毛はフンワリした赤茶色、鼻は薄いピンクで、ごくありふれたトラネコに見える。ところがこのネコにブラックライトを当てると、たちまちミスター・グリーン・ジーンズと名づけられた本領を発揮して、鼻が薄いピンクからまぶしい緑色に変わる。すべての細胞に少しずつクラゲのDNAの小片が組み込まれているせいだ。耳の内側と目は明るく輝き、まるで現代に出現したチェシャネコのように暗闇から顔が浮かび上がる（その息子のカーミットも、やっぱり緑色に光る）。

さて、そこから三〇〇〇キロあまり離れたユタ州ローガンの納屋では、変わったヤギの群れが暮らしている[9]。クモから拝借した一組の遺伝子の力によって、この群れの雌ヤギはクモの糸のタンパク質がぎっしり詰まったミルクを出す。研究者たちはこのミルクを実験室で処理してクモのタンパク質を抽出し、それを紡いでクモの糸を作ることができる。

ほかの種を作りかえる力を私たちにもたらしているのは、遺伝学だけではない。電子工学とコンピューター技術の進歩に伴って動物のからだを機械と一体化することが可能になり、ごく小さい電極でラットの脳をハイジャックし、まるでリモコン玩具のように複雑な障害物コースを誘導することもできる[10]。材料科学と獣医外科のめざましい発展は傷ついた動物のために人工の手足を作るのに役立っているし[11]、頭のなかで考えるだけでロボットアームをコントロールできるようにサルを訓練することもできる[12]。今や、最も壮大なＳＦファンタジーが現実のものとなりつつあるのだ。

バイオテクノロジーは動物を幸福にするか？

周囲にいるごくふつうの生きものに対して私たち人間が支配を強めていくことに不安を感じている人たちもいる。しょせん、バイオテクノロジーは暗黒郷《ディストピア》の悪夢で、常軌を逸したキメラや世界制覇を狙うサイボーグをめぐる世界滅亡のシナリオがいくつも作られてきたではないか。倫理学者と活動家は、人間がほかの種に、当事者の同意などとうてい得られない状況で手を加えてよいのかと憂慮する。一部の人たちは、この地球に生息する動物を人間が操るのは――遺伝子を挿入するにしても電極を埋め込むにしても――まったく自然に反しており、動物を苦しめ、ほかの生命体を商品化することになると主張している。批判的な人々は、世界の動物相を作りかえようとするのは人間の思いあがりの最悪の例で、神のように振る舞おうとする傲慢な欲望のあらわれだと攻めたてる。

たしかに、人間の欲求と要求のままにほかの種を作りかえるのであれば、必ずしも動物愛護を最優先にしているとは言えない。品種改良が動物自身にとって有益とは限らず、イヌの純血種はあらゆる種類の遺伝病という重荷を背負う羽目になり[13]、シチメンチョウは胸があまりにも大きくなって歩くのにも不自由している[14]。そしてもちろん、バイオテクノロジーは新たな方法で動物に害を与えるようにもなっている。復旦大学の科学者が作った胚は、障害が重すぎて子宮内で死んでしまうこともあった。ミュータントマウスのなかには腫瘍や腎臓病や神経障害を抱えるものもある。ある変種は食べものから栄養素を取り込むことができない。つまり、餓死する運命だ。

実際のところ、病気の実験動物を科学者に販売する業界が出現し、数多くのバイオテクノロジー企業がそれぞれに珍しい創作の成果を売り歩いている。二〇一一年一〇月にはこれらの企業の多くが、フロリダ州セント・ピート・ビーチに集まった。そこで遺伝子組み換え生物を扱う科学者の国際会議が開催されていたからだ。多彩なバイオテクノロジー企業の代表者が、ホテルの大宴会場を取り囲むように開設したそれぞれのブースで参加者の注目を引き、あらゆる病気にかかるよう遺伝子操作された動物を宣伝する。ある会社は嚢胞性線維症と癌のブタを売っていた。別の会社のパンフレットでは、アルツハイマーに似た症状を示すよう作られたNSE－p25マウスから心不全で突然死する傾向のある11BHSD2マウスまで、利用できる一一種類のマウスの血統がおおまかに説明されていた（万一ほしいものが見つからない場合のために、ある会社のポスターは「みなさまは実験を設計し、私たちはマウスを設計します」と約束していた）。これらの会社が病気の動物を作っているのは、もちろん悲惨な目にあわせるためではなく、これらの生きものを研究することによって人間の病気に関する貴重な洞察を得られるからだ。それは人間にとってはよい知らせだが、腫瘍ができたマウスにはなんの慰めにもならない。

たとえ危険があるにせよ、ここには大きな期待もある。バイオテクノロジーは世間で思われているよりも、動物のためになることをもっとできるはずだ。たしかに人間は動物を病気にできるが、種の特性を変えられる力を利用してほかの種の生存と繁栄を助け、もっと健康で幸せで元気な生きものを作る道を選ぶこともできる。そして一部の科学者たちはまさにそれを実行している。利用できる高度な技術を駆使すれば、これまで人間がほかの種に与えてきた打撃の一部を元に戻すことさえできるだろう。たとえばイヌの遺伝病を軽くし、絶滅寸前の野生動物の生息数を復活させる。先見の明のある賢人のなかには、もっと思い切った介入を夢見る人たちもいて、たとえば類人猿の知力を高めることや、遺伝子組み換えと電子機器によって能力を強化して動物自身の身体的限界を超えさせることを考えている。

今は、あらゆる選択肢を自由に選べる状態だ。バイオテクノロジーが生み出す奇妙な新しい生きものは世界中の研究室で作られているが、そのまま研究施設に長くとどまるとは限らず、最先端の動物たちがすでに世界各地の農地、家庭、自然保護区で暮らしている。フロリダで科学者たちが細心の注意を払って作製された遺伝子組み換えマウスを買っていたのと同じようにして、誰でもさまざまな動物を買えるようになる日は近いだろう。フィリップ・K・ディックのSF小説に登場するような、無数の選択肢が並んだカタログから完璧な動物を選べる未来を想像してほしい。ひとりひとりに合わせた動物を作ることもできる。夜の読書が欠かせない？　それなら自分専用のミスター・グリーン・ジーンズはいかが？　夜更かししてもネコの灯りで本を読める。何でももっている一二歳の子どものクリスマスプレゼントには、ミニカーもおもちゃの飛行機もやめて、リモコンネズミを箱に入れてリボンをかける。馬術競技の関係者なら去年のケンタッキーダービーの優勝馬と同じ遺伝子をもつ子ウマを注文できるし、俊足が自慢なら炭素繊維の義足のおかげでグレイハウンドと同じくらい速く走れるゴールデン・レトリバーを手に入れられる。バイオテクノロジーのツールはますます一般に利用しやすくなっており、将来の世代の動物好きは手の込んだ実験器具や高度な科学教育なしで、自分だけの生きものを設計できるようになるかもしれない。

この本ではペトリ皿からペットショップまで旅して、すでにこの世に存在する画期的な動物を探し出す。カリフォルニアの岩だらけの海岸からスコットランドの荒涼とした丘陵地帯まで、韓国の研究室にいるイヌのクローンから家庭で眠るペットまで、がんばって訪ね歩く。遺伝子と脳について、くだらないように見える研究もその正反対のプロジェクトも、たんねんに調べてみる。甲虫を曲芸飛行機に変えているエンジニアや、クローン作製によって絶滅の危機に瀕した種を救えると信じている生物学者に会う。そしてもちろん、動物たちについても理解を深めていく。不器用なゾウアザラシのジョナサンにはインターネット上に何百人も友だちがいるし、人の命を救えるかもしれないヤギのアルテミスの場合は、いつの日か子孫がブラジルじゅうにあふれかえる可能性がある。

そうしながら、もっと大きいいくつかの疑問について、じっくり考えていきたい。現代の科学技術は以前のものとどうちがうのか、それらの技術は人間とほかの種との関係を根本的に変えてしまうのかを探る。人間と動物との現在の関係を、そしてこれからどんな関係を築いていきたいかを、よく考えてみよう。

ほとんどの人は、ソファーで丸くなって眠るネコやイヌであれ（米国人の六〇パーセントはさまざまな種類のペットといっしょに暮らしている）[15]、卵を産んでくれるニワトリたちであれ、生息地が消えていくなかで生き残ろうと必死に戦う珍しい肉食動物であれ、何らかの動物の生きかたを大いに気にかけている。生きものの形をいくらでも変えられるようになった今、私たちが何を選んで作るかは、私たちがほかの種に何を望んでいるのか、そして私たちがほかの種のために何をしたいかを明白にする。だが、たとえこの地球を共有している生きものたちに特別な愛着を感じないとしても、動物を大幅に作りかえることは人間にとっても重要な問題だ。それは自分たちの未来を垣間見ることにもなるからだ——私たちは将来、同じようにして自らの能力強化と改造に手をつけるかもしれない。何よりも現在の壮大な実験は、人間と人間以外の動物の暮らしがどれだけ絡み合っているか、その運命がどれだけ互いに結びついているかをあきらかにしてくれる。進取の気性に富んだ科学者、起業家、賢人たちは、私たちが共有する未来への道筋を変えるかもしれない多種多様なプロジェクトを思い描いている。

それならば、バイオテクノロジーは世界の動物たちにとってほんとうは何を意味しているのか？私たちの「すばらしい新生物」は、私たちのことをなんと評するのか？　その答えを探す旅は、光る魚が泳ぐ水槽からはじまる。

第1章　水槽を彩るグローフィッシュ

熱狂的な動物好きにとってペットコの店は宝の山だ。ニューヨーク市にあるこのペットショップチェーン店の地下には、干し草のツンとした香りとネズミの仲間につきもののどんよりした臭気がただよい、チューチュー、キーキーという声が絶え間なく響くなか、ペットとして飼育可能なありとあらゆる種類の動物が並んでいる。細長い足のトカゲは砂を敷いた水槽でチョロチョロ走り、黄金の冠羽が目を引くオカメインコは毛づくろいに忙しい。ピンクの鼻をもった白いハツカネズミは、もちろん回し車でマラソンの練習中だ。チンチラにカナリア、ドワーフハムスターにアマガエル、フトアゴヒゲトカゲ、アカアシガメ、アカハラハネナガインコ、ニシアフリカトカゲモドキ……。

だがこの店には、ひときわ異彩を放つ動物がいる。ふつうとはちがう目新しいものをつねに探している目の肥えたペット好きならば、まっすぐに水槽のある区画を目指すといい。斑点のあるコイやヒレの美しいベタには目もくれず、たくさんの金魚とミノウの前も黙って通り過ぎると、やがて階段の下に隠すように置かれた小さい水槽が見つかるはずだ。淡いピンク、ライムグリーン、オレンジ色と、色鮮やかな二センチ半ほどの魚が泳いでいる。分類上は南アジアの湖と川に自生するゼブラフィッシュ（*Danio rerio*）で、通常は全身が白と黒の縞模様でおおわれている。ところがここで泳いでいる魚には、人の手によって余分なものがちょっぴりつけ加えられた。「スターファイア・レッド」にはイソギンチャクのDNAが、「エレクトリック・グリーン」「サンバースト・オレンジ」「コズミック・ブルー」「ギャラクティック・パープル」と名づけられた品種にはサンゴのDNAが、いずれもほんの少しはいっている。こうした借り物の遺伝子によってゼブラフィッシュは蛍光色に変わり、ブラックライトまたはブルーライトで美しく光る。これがグローフィッシュ――米国初の遺伝子組み換えペットだ(1)。

人間はこれまで選択的な品種改良によってたくさんの種に干渉してきたが、この魚の登場はまったく新しい時代の幕開けとなる――私たちは友だちである動物の遺伝コードを直接操作できる力を手にしたのだ。この新しい分子技術は世の中を一変させるだろう。もう何世代という膨大な時間をかけることなく、あっという間に種の形や性質を変えることができる。その動物全体のことを気にかけるのではなく、一個の遺伝子だけをいじる。そして複数の種のDNAをうまく組み合わせてひとつに合成し、自然界には存在しない生きものを作ってしまう。私たちにはずっと前から、自分の好みに「ぴったり」合った動物をそばに置きたいという思いがあった。そして科学の力によって、ついにその「ぴったり」が実現しようとしている。

遺伝子操作時代の幕開け

私たちの祖先は遺伝のことをよく理解して使役動物を品種改良してきたとはいえ、遺伝子を直接いじる力を手にしたのはそれほど古い話ではない。科学者たちが生物学的遺伝をつかさどる分子としてＤＮＡを特定したのは一九四四年、そしてワトソンとクリックがＤＮＡの二重らせん構造を推定したのは一九五三年のことだった。さらに五〇年代と六〇年代にさまざまな実験が重ねられ、細胞のなかで遺伝子がどんな働きをしているかがあきらかになっていった。一見すると謎に包まれているＤＮＡの仕事は、実はとてもわかりやすい――からだにタンパク質を作るよう指示するのがその仕事だ。ＤＮＡは、ヌクレオチドと呼ばれる基本単位が真珠のネックレスのようにつながった鎖の構造をもつ。ヌクレオチドには四種類あって、それぞれに異なる塩基が含まれている。詳しく言うなら、これらの塩基はアデニン、チミン、シトシン、グアニンで、たいていはイニシャルのＡ、Ｔ、Ｃ、Ｇであらわされる。私たちが「遺伝子」と呼んでいるものは、これらのＡとＴとＣとＧが長く連なったものにすぎない。遺伝子はそのアルファベットの順序によって、どのタンパク質を、どこで、いつ作るか、からだに指示している。だから文字の順序を一部変えることでタンパク質の作りかたを変更でき、最終的には生きものの特徴も変えることができる。

人間が遺伝の暗号をいったん読み解くと、それを操作する方法を見つけ出すのに時間はかからなかった。一九七〇年代には、ひとつの種から別の種に遺伝子を移せるかどうかの研究がはじまっている。科学者たちはまず、ブドウ球菌（ブドウ球菌感染症を引き起こす細菌）とアフリカツメガエルからDNAの小片を抽出し、それらの遺伝コードを大腸菌に導入してみた。[2] するとブドウ球菌とカエルの遺伝子は新しい細胞のなかでも完全に機能したので、大腸菌が世界初の遺伝子組み換え生物となった。次に登場するのはマウスで、一九八〇年代はじめにはふたつの研究室が、それぞれウイルスとウサギの遺伝子を導入したマウスを作製したと発表する。[3] これらのマウスのように、ゲノムに外来のDNA断片が導入された生きものは遺伝子組み換え生物と呼ばれ、あとから加えられた遺伝子配列は導入遺伝子（トランス遺伝子）と呼ばれている。

こうした成功に刺激を受けて、科学者たちは動物界全体でDNAを移動させるようになり、泳ぐものも這うものも走るものも含めたあらゆる種類の生きもののあいだで遺伝子を入れ換えはじめた。これらの実験に着手した研究者たちには、いくつかの異なる目標があった。まずは、単純に何が可能なのかを確かめたかった。遺伝子の交換をどこまで進められるのか？　DNA断片を用いて、いったいどんなことができるのか？

基礎研究は計り知れない将来性も秘めていた。ひとつの動物からひとつの遺伝子を取り出して別の動物に導入する作業は、その遺伝子の働きと成長や病気に果たす役割を詳しく探るのに役立った。そして最後には前途有望な商業的応用の道も待ち受け、必要性の高いタンパク質を体内で作れる動物や経済的価値の高い特徴を備えた生きものを、遺伝子操作で生み出すチャンスがあった（たとえば初期のプロジェクトで、研究者たちは脂肪分が少なくて速く成長するブタを作ることを目指した）。

遺伝学者はその過程でいくつかの巧みな技を開発しており、遺伝子操作によって光る動物を作る方法もそのひとつだ。オワンクラゲなどの一部の種が、発光する能力を独自に進化させたことはわかっていた。普段はごくありふれた透明でフニャフニャした生きものに見えているが、暗い海では美しい緑の蛍光色を放つ球に変身する。このような光のショーを演出しているのは、クラゲが自然に作り出す緑色蛍光タンパク質（ＧＦＰ）と呼ばれる化合物[4]で、青色光を取り込んでキウイ色の光を放出する。そのため、クラゲにブルーライトを当てると、おわん型をしたからだのまわりに緑色の点々でできた輪があらわれる。木に飾りつけたクリスマスの電飾にそっくりだ。

ＧＦＰを発見した科学者たちは、このクラゲの遺伝子を取り出して別の動物に入れたらどうなるだろうと考えはじめた。一九九〇年代にクラゲのＧＦＰ遺伝子の単離と複製に成功し、ほんとうのお楽しみがはじまる。その遺伝子を線虫、ラット、ウサギに導入してみると、それらの動物も同じタンパク質を作りはじめ、ブルーライトに反応して緑色に発光したのだ。その理由だけで、ＧＦＰは遺伝学者にとって貴重なツールになった。遺伝子組み換えの新しい方法を試したい研究者はＧＦＰを使って練習することができる。ＧＦＰ遺伝子を生きもののゲノムに挿入し、その動物が発光すれば、操作がうまくいったことがあきらかになる。ＧＦＰ遺伝子を別の遺伝子にくっつけておけば、問題の遺伝子が発現しているかどうかも判断できる（緑色の発光はくっつけた先の遺伝子が発現していることを意味する）。

さらに別の使い道を見つけた科学者もいる。シンガポール国立大学の生物学者、ジーユエン・ゴングは、ＧＦＰを用いて魚を水質汚染探知器に変え、海底炭鉱の泳ぐカナリアにしようと考えた[5]。汚染水のなかを泳ぐと鮮やかな緑色に変わり、汚染物質のある場所を明滅する光で教えてくれる遺伝子組み換え魚を作ろうというわけだ。最初の一歩は、まず発光する魚を作ることだった。ゴングのチームはマイクロインジェクションと呼ばれる一般的な遺伝学の手法の助けを借りて、一九九九年にその目的を達成している[6]。微細な針を使い、GFP遺伝子をゼブラフィッシュの胚に直接注入する方法だ。するとこの外来の遺伝コードが胚の一部でゲノムに潜り込み、魚はまぎれもない緑の光を発するようになった。その後の研究で、イソギンチャクの仲間の蛍光タンパク質を導入して赤く光る系統、さらに黄色の系統を作り、これらのタンパク質の組み合わせも実験した[7]。このチームが発表した論文のひとつには、クレヨンの会社が大喜びするような色とりどりの華やかな魚たちが紹介されている*。

グローフィッシュを販売している会社の共同創立者、リチャード・クロケットにとって、これらの生きものは単に科学的価値をもっているだけではない。見るからに美的な魅力でいっぱいだ。クロケットは生物学の授業でGFPについて知ったときのことを、今でも鮮明におぼえている[8]。GFPと赤色蛍光タンパク質の遺伝子を加えたために緑と赤に発光する脳細胞の画像に、うっとりと見とれた。医学部進学課程の学生だったクロケットは、起業家でもあった。二一歳だった一九九八年に、幼なじみのアラン・ブレイクと共同でオンラインの教育会社を設立したのだが、その会社は二〇〇〇年までにドットコム企業の破産の渦に巻き込まれてしまった[9]。ふたりの若者が新しいビジネスについてあれこれ考えをめぐらしていたとき、クロケットは発光する脳細胞のことを思いだし、ブレイクにこんなアイデアを伝えた——発光する遺伝子組み換え魚を売って、蛍光タンパク質の遺伝子が生み出す美しさを人々に知ってもらうのはどうだろう[10]?

科学の予備知識がなかったブレイクは、はじめは相棒が冗談を言っているのかと思ったが、ゴングらの科学者たちがすでに魚をいじくりまわしているのを知って、そのアイデアはまったく突飛なものではないことを悟った。ブレイクとクロケットは新しい生きものを作り出す必要などなく、ただ遺伝子組み換えによってチラチラと光を発するようになった魚の群れを、研究室の水槽から家庭の水槽に移せばすむ話だった。

そこでふたりはその目的だけのためにヨークタウンテクノロジーズ社を設立し、当初はブレイクが先頭に立ってテキサス州オースティンに店を立ち上げた。(11) 一方でゴングの研究室からその魚を生産する許諾を得るとともに、ふたつの養魚場ともペット繁殖の契約を交わした（この魚の蛍光タンパク質の遺伝子は子孫に受け継がれるので、ブレイクは最初の数匹の成魚を手にできれば、蛍光色に光るペットの全商品を生み出すことができた）。ブレイクとクロケットはこのペットをグローフィッシュと命名した。ただし厳密には暗闇でただ光るわけではなく、少なくとも子どもが寝室に飾って電気を消すと光る太陽系のステッカーのようにはいかない。このようなステッカーや暗闇で光るたいていのおもちゃは、燐光《りんこう》として知られる科学的特性を利用している。つまり、ステッカーは

＊二〇〇五年にゴングのチームは、GFPを用いて環境エストロゲンにさらされると緑色に変わるメダカの作製に成功したと発表した。(12) 環境エストロゲンは、人間やそのほかの動物のホルモンを混乱させる合成化学物質だ。また二〇一〇年には中国の復旦大学の科学者たちが、ゼブラフィッシュで同様のブレークスルーを果たしている。(13) こうした進歩があったにもかかわらず、二〇一〇年のG20サミットを主催した韓国は、世界の指導者たちを汚染水から守る水質安全検査に魚を利用するにあたって、「水槽に入れた魚が死ねば、水に問題があるのでしょう」という、はるかに雑な姿勢で臨んだ。(14)

周囲の光を吸収してためながら、それをゆっくりと時間をかけて放出しており、電気をすっかり消すと、放出されている柔らかな光が見える。それに対してグローフィッシュは蛍光性で、周囲の光を吸収すると、すぐまわりに放出してしまう。暗い部屋でブルーライトかブラックライトが当たると光って見えるが、光をためておいてあとから放出することはできない——ライトを消せば、魚も光らなくなる。

ブレイクは先行きを楽観していた。彼が言う通り、「観賞魚の業界はつねに目新しくてほかとはちがう、ワクワクさせる魚を世に送り出そうとしている」[15]。そして「目新しい、ほかとはちがう、ワクワクさせる」生きものを探しているなら、外来のＤＮＡをちょっぴり加えたせいで刺激的な赤、オレンジ色、緑、青、紫に光る遺伝子組み換え魚以上のものは見当たるまい。ペットはしょせん商品で、玩具や服と同じ市場の力に従う。子イヌだろうと靴だろうと、つねに次の大ヒットを探し求めている。最近の「ティーカップピッグ」ブームを考えてみよう。もうポークチョップは絶対食べないと誓わせるほど可愛らしい、極小のブタだ。

ウェスタンカロライナ大学で人と動物との関係を専門に研究している心理学者のハロルド・ハーツォグは、時代とともに人々の動物に対する好みが変化する様子を調べた。ハーツォグがアメリカンケネルクラブの登録状況を調査すると、飼われる犬種には、赤ちゃんにつける名前と同じように人気の浮き沈みがあった[16]。あるときは誰もがアイリッシュ・セッターを買い、娘をヘザーと名づけ、エルトン・ジョンの「ベニーとジェッツ」を聴き——一九七四年へようこそ！——それから次の流行へと移っていく。ハーツォグによれば、一九四六年から二〇〇三年までのあいだに大ブームを巻き起こし、そのブームが去ってしまった犬種には、アフガンハウンド、チャウチャウ、ダルメシアン、ドーベルマン、グレートデン、オールド・イングリッシュ・シープドッグ、ロットワイラー、アイリッシュ・セッターの八つがある。これらの犬種の登録数はあるとき急増し、人気が絶頂に達したとたん、世の中の人はもう次の流行を探しはじめるという具合だった。

ハーツォグがあきらかにしたのは、人間が大昔から抱き続けている新奇な動物に対する興味の現代版だ。古くは探検家が遠方で異国の珍しい種を探しまわり、それを王室が手に入れて誇示することが多かった。(17) 地味に見える金魚でさえ、はじめは特権階級の贅沢《ぜいたく》品だった。(18) 中央アジアから東アジア原産の野生種では、鱗の色が銀色を帯びたグレーをしている。だが古代の中国の船乗りたちは、ときどき黄色やオレンジ色の変種が水中を横切るのに気づいていた。やがて財力と権力のある中国の家庭がこうした変種を集めて自宅の池で飼い、一三世紀までには魚の飼育係が美しい色をしたものを掛け合わせるようになった。こうして人間に飼いならされた金魚が生まれると、かつては特別な存在だった貴重な魚も少しずつ中国の一般家庭へ、さらに中国以外のアジア、欧州、世界の家庭へと広まっていった。

金魚の人気が高まるにつれて、繁殖業者はどんどん手を広げ、ますます風変わりな変種を作るようになった。(19) 業者たちは人為選択の手法を用いて、奇妙で空想的な特徴をもつ金魚を次々に生み出したので、世界の水族館には現在、ファンテール、ベールテール、蝶尾、ライオンヘッド、鵞頭紅《がとうこう》、ゴールデンヘルメット、ゴールデンサドル、水泡眼、出目金、セブンスター、ストークスパール、パールスケール、黒出目金、パンダ出目金、頂天眼、コメットなどなど、実に多様な金魚が展示されている。このような爆発的な変種の増加は、風変わりでありながら極上のものを求める気もちに後押しされたもので、その衝動を今では遺伝子組み換えペットで満たすことができる。

遺伝子工学を用いれば、明るい色の生きものを好むというような人々の美的感性に訴える動物を作ることも可能だ。たとえば二〇〇七年に行なわれた調査では、白と黒の二色だけのペンギンよりも、からだに少し黄色や赤色の部分があるペンギンの種のほうが好まれるという結果が出ている。[20]また、カナリアの野生種はくすんだ黄色をしているが、品種改良によって五〇もの異なる羽色のものが作られてきた。[21]そしてブレイクがグローフィッシュを思いつく前から、ペットショップでは単に蛍光染料を注入した「着色」魚が売られていた。[22]蛍光タンパク質の遺伝子を使えば、ほんとうに色とりどりの鮮やかで美しいペットを作ることができる。*

遺伝子組み換えペットは個性化の時代にもピッタリだ。香水も朝食用のシリアルもナイキのスニーカーも自分用のオリジナルを作れるのだから、自分だけのペットをデザインしてもいいではないか？　最近のデザイナードッグの流行を考えてみよう。ブームはラブラドール・レトリバーとスタンダード・プードルの雑種、ラブラドゥードルからはじまった。通りの向こうにいる身だしなみのよいプードルにラブラドールが最初に魅力を感じたのはいつのことなのか、知るすべもないが、現代のラブラドゥードルをはじめて作ったのはオーストラリア王立盲導犬協会の繁殖責任者、ウォーリー・コンロンだと説明されることが多い。[23]一九八〇年代に、コンロンはハワイに住む目の不自由な女性から、夫のアレルギーを悪化させないような盲導犬がほしいという話を聞いた。そのときコンロンが思いついた解決策は、伝統的な盲導犬であるラブラドールとアレルギーを起こしにくい毛をもつプードルとを交配する方法だった。ほかのブリーダーたちもコンロンの指導に従って独自に交配を進め、この雑種はラブラドールの陽気で意欲的な気性とプードルの知性とアレルギーを起こしにくい被毛という、両方の長所をあわせもったイヌを家庭にもたらすと宣伝された。そのあとは、ここで言うまでもなく、ご存知の通り。今や道を歩けば目新しいミックス犬とよく出会う。パグル（パグとビーグル）にドーギー（ダックスフントとコーギー）にコッカプー（コッカー・スパニエルとミニチュア・プードル）。ラブラドゥードルが大好きでも家があまり広くない人のためには、ミニラブラドゥードルまでいる。

人間の最愛の友であるこの動物のゲノムをひとひねりすれば、ほとんどすべての――実際的なものも、まったくそうでないものも含めて――希望に沿ったペットを作ることができる。私がイヌを飼うことにしたとき、キャバリア・キング・チャールズ・スパニエルにしようと心に決めていた。小さくてフワフワした愛玩犬だ。だがその後、キャバリアをミニチュア・プードルと交配してキャバプーを育てているブリーダーを見つけると、すっかり夢中になってしまった。キャバリアより毛むくじゃらなキャバプーのモジャモジャした感じが気に入ったし、生物学のありったけの知識を動

＊美的な修正が、みな平等とは限らない。科学者たちはイヌにイソギンチャクの遺伝子を導入して、紫外線を当てると赤く光るビーグルを作ったが[24]、このいわばグロードッグは見る人をなんだか落ち着かない気もちにさせた。まちがいなくグローフィッシュより売れないと思われるが、それはおそらく、咳止めシロップのような鮮やかな赤は自然界のイヌの仲間にはまったく見られない色だからだ。だが赤やオレンジ色の魚は自然界にもいるから、そうした色合いを水槽の魚に加えても、見る人はビクッとせずにすむ。

員して、雑種なら異常が出やすい同系交配種の病気を受け継ぐ可能性は少ないだろうと考えた。毛が抜けにくいというのもポイントが高かった。そのうえ、プードルは賢いという評判だ。私はがんばり屋だから、もし私がイヌを飼うなら、そのイヌはまちがいなく子イヌしつけ教室の優等生でなければいやだった。

問題は、どんなに注意深くやってみても、選択的な品種改良は不確かな技術にすぎないという事実にある。たしかにキャバリアは人なつこく、プードルは賢いが、ただその二種類を掛け合わせただけでは、生まれる子イヌが両方の血統の最高の特徴を受け継ぐと保証することはできない。最終的に私が家に連れて帰ることになったキャバプーのマイロは、見た目はほとんどスパニエルだった。では、抜けない毛、健康問題、よく知られたプードルの「賢さ」はどうだろう。さて、私のソファーはいつもイヌの毛だらけで、マイロの膝には純血種のキャバリアによくある問題が見られ、一方で頭の中身はスパニエルそのものだと確信できる。自然の裏をかこうとする計画はあきらめるしかないらしい。

私が次のペットを飼おうと思うころには、状況は一変しているかもしれない。ワシントンDCにあるトレンド予測企業、ソーシャルテクノロジーズ社は、遺伝子組み換えペットの商業的見通しに関する次のようなレポートを発表した。「遺伝子組み換えの進歩により、バイオテクノロジー実験室が完璧なペットの供給源として、犬舎や動物保護施設と肩を並べることになるだろう……最初は贅沢品だが、利用できる科学技術が成熟するにつれ、ひとりひとりの好みに合わせたペットを誰でも手に入れられるようになる(25)」

たしかに、遺伝子を直接いじって配列を変えられる時代に、わざわざ不格好な雑種を作る必要がどこにあるだろう。たとえばフレックスペッツという米国の会社は、遺伝子組み換えによってFel d 1と呼ばれる遺伝子をもたないネコを作ろうとしている。[26] これは人間のアレルギーを誘発するタンパク質をコードしている遺伝子だ。* でもそれはほんの手はじめにすぎない。卒業した学校のシンボルマークと同じ色の魚や、被毛の模様を自分の好みに指定したイヌやネコを注文できるとしたら？　あるいは、パデュー大学のヒューマンアニマルボンド・センターでセンター長を務めるアラン・ベックが言うような、究極のデザイナーペットはどうだろう。「もしも遺伝子組み換え動物を自由に作れるようになれば、飼い主だけを愛してくれる動物を手にできるかもしれませんね」[27]

遺伝子組み換えペットが市場に出まわるようになるまでに、まだ越えなければならないハードルがいくつかある。米国食品医薬品局（FDA）は、生きものに加える新たな遺伝子を「薬品」とみなし、組み換えでできた動物を連邦食品・医薬品・化粧品法による規制の対象としている。[28] 組み換え動物の販売許可を受けようとする会社は、導入遺伝子がその動物に害を与えないことを実証しなければならない。その動物が食物源であれば、さらに人間による消費が安全なことも実証する必要

*ライフスタイルペッツ社という別の会社は、すでに低アレルギー性ネコと銘打った動物を販売している。[29] 一匹につきおよそ七〇〇〇ドルというお値段のこのネコは、直接的な遺伝子操作を行なった産物ではない。会社側の説明によれば、自然突然変異したFel d 1遺伝子をもつネコを見つけ出し、交配しただけだそうだ。ただし、ライフスタイルペッツ社が実際に低アレルギー性の遺伝コードを解明したかどうかははっきりしていない。この会社とその科学的主張は、長いこと議論の的になっている。[30]

がある。ＥＵでは、遺伝子組み換え生物はさまざまに異なる規制や指令の対象となっており、市販するには事前の認可が求められている。欧州委員会とすべてのＥＵ加盟国がこの認可手続きに関与し、食品または動物のエサとして利用する意向がある場合には、欧州食品安全機関が担当する。

欧州と米国の規制当局はさらに、手違いにせよ意図的にせよ、遺伝子組み換え生物が万一自然界に出た場合に環境に及ぼす影響も審査する。一九七〇年代初頭に遺伝子組み換え細菌がはじめて作られたときから、そのような生きものが研究室を抜け出すことが心配されてきた。当時の科学者たちは、自分たちが何かの拍子に危険なスーパー細菌を作ってしまい、それが研究室の扉の下をすり抜けて外に出たらいったいどうなるかと恐れた。生物学者はこのリスクについて話し合うために、二回にわたって会議を開いている──一九七三年と一九七五年のアシロマ会議だ。一九七五年には、新しく生み出された生物が実験室からけっして逃げ出すことがないように細心の注意を払うとともに、封じ込めのために「生物学的および物理的障壁」を利用するよう、研究者仲間に奨励する文書を作成した。[31] また米国国立衛生研究所は一九七六年に同様の安全対策を定めたガイドラインを発表し、長年にわたって定期的に推奨事項を更新してきた。[32] ＥＵ指令と英国の法律にも同様の手続きが組み込まれている。

こうした封じ込め戦略は今では多くの国で日常的になっているものの、絶対確実とは言えず、生態学者は遺伝子組み換え生物が環境に広まってしまうのではないかという不安をまだ抱き続けている。[33] 改変された動物は、野生にいる仲間と交雑して遺伝子プールを「汚染」したり、在来種から食糧と資源を奪ったりするかもしれない。理論の上では、実験室での操作が魚を外の広い世界で繁栄しやすくすることもあり得るから、そのようなフランケンフィッシュが自然の河川を支配して、ほかの種に被害を及ぼす可能性もある。

最も有名な（悪名高いとも言える）遺伝子組み換えの魚をめぐって注目を集めている議論の一部は、まさにこの可能性を問うものだ。(34)その魚、マサチューセッツ州のアクアバウンティ社が米国で市販しようとしているアトランティックサーモンは、成長がとても早い。アトランティックサーモンはふつう夏場だけに成長ホルモンを出すのだが、この会社が開発した「アクアドバンテージ・サーモン」は、季節に関係なく次から次へとホルモンを出すよう遺伝子を組み換えられた。秘密は、極寒の海で暮らすウナギに似たゲンゲ科の魚から拝借した遺伝コードにある。このヌルヌルした魚は、自分の細胞機構が凍りついてしまわないように自前で不凍剤を作り出す。この魚の不凍剤の遺伝子のそばには通常、「プロモーター」と呼ばれるＤＮＡ上の調節領域があって、凍りつくほどの温度になるとプロモーターが活性化され、その遺伝子のスイッチがオンになり、不凍剤が量産されはじめる。一方、寒さを感知するこのプロモーターはあらゆる種類の遺伝子に付加することが可能だ。そこで科学者たちはアクアドバンテージという魚を作るために、まずキングサーモンから取り出した成長ホルモン遺伝子にこのプロモーターを組み込んだ。それから、その構造全体をアトランティックサーモンに導入した。するとそのサーモンでは、温度が下がると成長ホルモンの生成が促され、遺伝子に手を加えていないサーモンより短期間で成魚の大きさに育つ。遺伝子を組み換えた結果、サーモンが卵からかえって食卓を飾るまでにかかる時間が一年半も短縮された計算だ。

なかなか賢い生物学的な再プログラミングだが、アクアバウンティ社は非難の声にさらされてきた。図体の大きいこの魚が研究室から逃げ出せば、天然のサーモンを壊滅させるかもしれないと恐れる人たちが多い。こうした不安に対処すると同時に、神経をとがらせている規制当局を安心させようと、アクアバウンティ社は生産計画にいくつかの安全対策を組み込んでいる[35]。まずカナダの堅牢な施設で魚を繁殖させ、その後は自然の海洋環境から遠く離れたパナマの高地にある隔離された水槽で、稚魚を育てるという手筈だ。さらに、この会社は不妊の雌のみを作る計画で、たとえ何かのはずみで逃げ出したとしてもその遺伝子は受け継がれないことになる。

このスーパーサーモンが逃走して何らかのクーデターを起こす危険性はほとんどないと多くの科学者たちが結論づけているにもかかわらず、アクアバウンティ社はいまだに規制当局を説得できていない[36]。アクアバウンティ社がこの魚についてFDAにはじめて打診したのは一九九三年、正式な認可を申請したのは一九九五年だった。FDAはこの魚の危険性を小さいと判断したものの、市販を許可するかどうかについての裁定はまだ下していない[37]（このサーモンが承認されれば、世界の食糧供給に正式に加わる最初の遺伝子組み換え動物となるだろう）〔訳注　アクアドバンテージは二〇一五年一一月一九日にFDAによって正式に認可された〕。

グローフィッシュは危険なのか？

アラン・ブレイクはグローフィッシュの販売に向けて準備を進めていたとき、アクアバウンティ社の行く手を阻んでいる規制上の課題を身にしみて理解した。ブレイクは、遺伝子組み換えペット、についで連邦機関がどんな対応をするのかよくわからなかったが、危ない橋を渡りたくなかったので、規制当局者に何度も電話をかけてグローフィッシュに懸念があるかどうかを尋ねるようにした。そして担当者に、これは食品ではなくてペットとして作られた魚であることを伝え、環境にもたらす危険性は無視できる程度のものだという科学者の見解を伝えて安心させた。[38] また、天然のゼブラフィッシュは熱帯に生息する魚で、北米の冷たい水域にはいないことも話した。従来のゼブラフィッシュはもう何十年も前から米国内でペットとして販売されているが、水槽を脱出したとしても野外で集団を確立するほど長く生き延びられた試しはない。それは単に水が冷たすぎるからで、蛍光色に光る変種ならもっと生き延びる確率は小さい——グローフィッシュはゼブラフィッシュより低温に弱く繁殖力が低いことはデータが示しているし、[39]「私を食べて」という大きいネオンサインをつけているのだから天敵の目にもつきやすいだろう。

もちろん危険性がゼロという状況はあり得ないが、ミネソタ大学でゼブラフィッシュを研究している遺伝学者のペリー・ハケットは、グローフィッシュがもたらす危険性について次のように話す。「部屋のなかの空気の分子が全部どこか一箇所に集まってしまい、その部屋に座っているきみが窒息する確率は、どれくらいあるかな？　何らかの理由で無作為に、すべての分子が部屋のひと隅に集まる確率だよ？」[40] 理論的にはあり得る状況だが、ほとんど起こりそうもないから誰も心配していない。そしてハケットはこう続ける。「デスクのそばにいつも酸素ボンベを用意して仕事をしている人などいやしない」

電話で話した当局の担当者からとくに反論されることもなく過ぎ、[41] 二〇〇三年の夏に、ブレイクはすっかり準備が整ったと考えた。科学と法律の専門家との協議はすませた。蛍光色のニモを作るライセンスも手元にある。契約した養殖業者が大量生産をはじめる用意もできた。そこでブレイクは二〇〇四年一月に発売日を定めたのだが、カリフォルニア州から不意打ちを食らった。[42] この州の魚類鳥獣委員会が、遺伝子組み換えの魚すべての生産と販売を禁じる規制を定めたのだ。[43] 遺伝子組み換え生物の繁殖、購入、販売、所有を望む者は、委員会に出向いて正式な免除を申請する必要があった。

その年の秋には、パスワードで保護されていたはずの会社のウェブサイトが技術的なミスで突然一般に公開されてしまい、ブレイクは委員会での聴聞会の準備に追われた。一方でマスコミもドクター・スースの絵本から飛び出したようなブレイクの魚を嗅ぎつけ、一週間もしないうちに米国の公共ラジオ局NPR、BBC、アルジャジーラのテレビと、あらゆるところで話題にされるようになった。[44] さまざまな出版物が不安をあおる記事を書いたが、なんと言っても恐怖心を巧みに利用した一等賞は「ニューヨークタイムズ」紙の見出しだった——「魚が蛍光色に光るなら、ティーンエイジャーが蛍光色に光る日も遠くはない?」。[45] 記事は次のように伝えている。「これは世界が作家の描くSFファンタジーに向かって決定的な舵を切る重大な転機だ……先見の明をもつ親が、そのうち暗闇や混雑した学校のダンスパーティー会場で中学生のわが子を必死で探す時期がくるにちがいないと考えれば、きっと人間だって光るように変えてしまうだろう」

それらの記事はグローフィッシュをモンスター扱いし、倫理的または科学的な終末の前触れのように思わせた。たしかに、ゲノムは——後世に引き継がれ、石に刻まれた——戒律のように思えることもあり、それをいじることは人々を不安にさせる。選択的な品種改良は一般的な慣習になったが、ゲノムに直接探りを入れ、異なる種のあいだでDNA断片を移動させると聞けば、まだ動揺してしまう。「これは、ほかの種に対する人間の力をますます強大にする技術なんだ[46]」と、ランカスター大学の社会学者で生命倫理学者のリチャード・トワインは話す。「それによって、動物と遺伝型と表現型に対する一連の支配が強まる。その支配力はますます高度化し、私たちがこれまで手にしていなかった新しい力になるわけだね」。さらに、グローフィッシュの市販が正式に認可されると、誰でも五ドルあればこの魚を手に入れられるようになる。かつてはSF小説のページに閉じ込められていた生きものが、隣の家の書斎で暮らしはじめるということだ。グローフィッシュが発売されれば、バイオテクノロジーが家々を訪ねて玄関のドアをノックする。

二〇〇三年一二月、グローフィッシュについて話し合うためにカリフォルニア州魚類鳥獣委員会が召集された[47]とき、委員会はこうした不安を敏感に察知していたようだ。野生シチメンチョウの狩猟を許可する数を冷酷に計算する専門家か、ニュージーランド原産の巻貝の変わった繁殖のしかたに夢中な愛好家でないかぎり、魚類鳥獣委員会の会合に出席しても退屈するかもしれない。だがこの日の午後ばかりは、私たちのバイオテクノロジーの未来をかけた、ドキドキするような決着の場になると予想された。

冒頭の挨拶で演壇に立ったブレイクは、ちょっとまごついているように見えた。まるでオールAの優等生が急に校長室に呼び出されたときのようだ。行儀よく慇懃で、意見の合間あいまに「サー」や「ジェントルメン」をちりばめて話す。その話からは、宿題をしっかりやってきたことがよく伝わってきた。相談した科学者たちは全員——それと魚類鳥獣保護局が聴聞会の前に話し合った専門家たちも――グローフィッシュは安全だと結論づけていた。だが、ブレイクは決定的な見込みちがいをしていた。そのデータで十分だと思っていたからだ。グローフィッシュは実験室で大成功を収めているもしれないが、バイオテクノロジーをめぐる議論が科学にまでたどり着くことはめったにない。

欧州に比べて遺伝子組み換え生物に対して寛容な米国でさえ、政府が遺伝子組み換え技術に関する決定を下す際には純粋に科学のみに基づくべきだと考えている人は、全体の二七パーセントしかいない(48)。それに対し、決定には「道徳的および倫理的」要因を考慮すべきだと考える人は六三パーセントにのぼる。カリフォルニア州の委員会がやったことは、まさにそれだった。委員のひとりサム・シューチャットはブレイクに、グローフィッシュのカリフォルニア州での販売を許可するどうかについて十分に考えてきたと話した。ユダヤ教の聖職者にまで電話をかけて心配な点を検討したそうだ。「私にとってこれは、倫理的な問題になりました」として、シューチャットは聴聞会で次のように語っている。「私たちは今、生命の遺伝的基盤をもてあそび、そもそも存在しない新しい生きものを作り出しています。私たち人間がそれをもう何万年もやっていることはたしかです。それでも私はやはり、ペットにするためだけに新しい生きものを作るのは正しいとは思いません。目の前にあるこの問題を見据え、私は自問します――それなら次は何だろう？　羽が生えたブタか？ピンクのウマか？」

「ここではっきりさせておきますが」と彼は続けた。「私は遺伝子組み換え生物に反対しているのではありません。でもこの科学技術を、私には取るに足らない目的と感じられるものに用いるのは、よい考えだとは思いません……私には生命に対する力の乱用のように見え、今そこに踏み出す覚悟はできていません」

ブレイクはこれと同じ異議を、以前に事業計画をはじめて相談した何人かの科学者から聞いていた。バージニア工科大学の魚類遺伝学者エリック・ハラーマンは、グローフィッシュの話を聞くと、「科学技術の利用法としてまったくくだらない」と懸念を示した。それでも、遺伝子組み換え動物に伴う危険性について連邦政府に助言しているハラーマンは当初の懐疑的な見かたを抜け出し、ヨークタウンテクノロジーズ社の科学諮問委員会にも加わっている。ハラーマンはグローフィッシュについて、「まったく害がない。農業も含めた人間が携わる活動で、害がまったくないものはほんのわずかだ」と説明している。[49]

選択的な品種改良でも害を及ぼす場合があることを忘れてはいけない。* 品種改良の結果、不自然で不気味な目――大きくて飛び出した目、巨大な肉瘤《にくりゅう》でおおわれた目、天井を見上げる位置につ

＊人間は、交配させて作り出したイヌの品種にもさまざまな遺伝病の重荷を負わせており、イングリッシュ・ブルドッグは人為選択で極端なまでに姿を変えられたために、文字通りの障害をもつようになった。この犬種の大きな頭は産道を通ることができず、出産はふつう帝王切開になる。[50] また鼻先が短すぎるので、うまく呼吸ができない。[51] 睡眠時無呼吸に陥ることが多く、生涯にわたって酸素不足に悩まされる。このような呼吸困難のせいで体温調整も難しく、呼吸不全や心不全で早すぎる死を迎えることも多い。[52] ペンシルベニア大学「動物と社会の相互作用に関するセンター」所長のジェームズ・サーペルは、かつて次のように書いた。「もしもブルドッグが遺伝子組み換えの産物だったなら、西欧世界全域で抗議デモが巻き起こっていたことだろう。まちがいない。ところが実際には人の都合に合わせた交配によって作られたので、その障害は見過ごされているばかりか、場所によっては称賛されてさえいる」[53]

いた目――をもつようになった観賞用の金魚は、ほとんどものが見えていない[54]。倫理的な立場からすれば、人為選択による品種改良で重い障害をもつようになった魚より、遺伝子組み換えで生み出された機能上まったく問題のない魚のほうが望ましいのではないだろうか？

カリフォルニア州の委員会にとっては、どうやらそうではないらしい。ブレイクへの質問を終えたあと投票を行なった委員たちは、三対一で要求を却下した。ただひとり意見を異にしたのはマイケル・フロレス委員で、会合では次のように述べている。「本日ここに迎えた人物は、警戒には怠りない科学者たちからすでに意見を聞き、その科学者たちは危険がないと言っています。ですから私たちは科学を無視するわけで、そのことに私は若干の不安をおぼえます」。それでもフロレスの一票は力不足で、同僚たちの反対によってカリフォルニア州ではグローフィッシュの姿が見られないことになった。

カリフォルニア州は巨大な市場になる可能性を秘めていたので、ブレイクはこの規制にがっかりしたが、まだほかに販売できる州は四九もあり、カリフォルニア州の委員会がグローフィッシュを拒絶したわずか数日後にはＦＤＡがこのペットに関する正式な声明を発表した。ここに全文を紹介する。「観賞用熱帯魚は食品として使用されることはないため、食糧供給に脅威を与えない。これらの遺伝子組み換えゼブラフィッシュが、米国内で長いあいだ広く販売されてきた天然の品種よりも環境に大きい脅威を与えるという証拠はない。住民の健康に対する明確な危険性がないことから、ＦＤＡにはこの特定の魚を規制する理由がない[55]」

それでも反対する一部の人々は、ＦＤＡの裁定を最終決定として受け入れるのを拒んだ。二〇〇四年一月、グローフィッシュがペットショップの店先を飾った直後に[56]、国際技術評価センターと食品安全センター（さまざまなバイオテクノロジーについて懸念を提起してきた、連携するふたつのNPO）が訴訟を起こしている[57]。これらの団体は、FDAと米国保健福祉省がグローフィッシュを徹底的に検討する法的義務を怠ったと主張したのだ。自分たちには訴える権利があることを法廷に納得させようと、原告は型破りな議論を展開した。グローフィッシュは原告にどのように害を与えたのだろうか？　さて、彼らが主張した数ある害のなかのひとつは、この変わり種《だね》が販売されれば「水槽にいるグローフィッシュやその他の遺伝子組み換え生物を見て、美的感覚を傷つけられる[58]」可能性がある、というものだった。結局この訴えは却下されたが、「美的感覚を傷つけられる」という論拠は、一部の反対派がどれだけ必死にこの動物をペットショップから締め出そうとしたかの証だ（美的感覚を傷つけられる？　それが正当な法的論拠になるなら、私にだって訴訟を起こしたい件がいくつかある。たとえばメキシカン・ヘアレス・ドッグとか）。

美的感覚云々という論拠には米国民もあまり惹かれなかったらしい。なぜならグローフィッシュとカラー写真にピッタリのその色彩は大ヒットとなり、大手ペットショップチェーン店すべてで販売されているからだ[59]。ヨークタウンテクノロジー社が最初に販売したのは赤いグローフィッシュのみで、二〇〇六年になってから緑色とオレンジ色を、さらに二〇一一年に青色と紫色を追加した[60]。そして二〇一二年にはまったく新しい魚、遺伝子組み換えによって鮮やかな緑色の蛍光色に輝くホワイトスカートテトラ（*Gymnocorymbus ternetzi*）を発表した[*]。いくつかの大型店舗では特別な水槽――グローフィッシュ用「キット」――も販売していて、これには魚の華麗さが引き立つように作られたブルーライトが付属している。

「私の手元にはこの魚が大好きなお客様から電子メールが届きます。これまでに何千通ものメールを受け取りましたが、なかには――平均して一年に四通？　五通かな？――否定的な意見をもつ人からのメールもあります。たぶん、毎年米国のどこかの大都市でエルヴィスがＵＦＯで飛んでいるのを見たと言い張る人のほうが多いでしょうね[61]」と、ブレイクは話す。

今のところ、ヨークタウンテクノロジー社の販路は米国内に限られている。ブレイクとしては英国や広く欧州全域の顧客にも売りたいのは山々だが、遺伝子組み換え生物に関するＥＵのとびきり厳しい制約に立ち向かうのは避けたい考えだ[62]。ＥＵ圏内でこの魚を販売する許可を得るための申請手続きには長い時間と多額の費用がかかり、たとえ申請したとしても、許可が下りる確率は低いのではないかとブレイクは予想している。そしてこう話す。「一般的に、欧州の遺伝子組み換え食品への対応を見れば、私たちが近いうちにこの魚の販売を許可してもらえる見込みはきわめて小さいことがわかります」

だがそれほどの厳しい規制でも、蛍光色に光る魚がいるはずのない場所に出現する事態を防ぐことはできていない。二〇〇七年にはある英国人男性が、アクアリウム専門誌の「プラクティカルフィッシュキーピング」に、遺伝子組み換えされた蛍光色のゼブラフィッシュを違法に販売している英国のペットショップで買ったと伝えた。規制当局もアイルランドとオランダでこの魚を見つけた。ただし、その明るく輝く魚が必ずしもグローフィッシュとは限らない。台湾企業のタイコン社が独自に開発した遺伝子組み換えの蛍光色ゼブラフィッシュを広くアジアで販売しており[63]、英国の愛好家が買った魚の出どころはアジアの業者だったと伝えられている（ブレイクは、禁止されている国へのグローフィッシュの密輸出は絶対に認めていないと強調し、「私たちは規制に従い、当局に協力する姿勢を厳しく守っています」と言っている）。

グローフィッシュがいったん市販されてしまうと、その運命を握ったのはバイオテクノロジーをめぐる抽象的な議論ではなく、一般の人たちからの要望だった。客たちは単純にその魚を気に入っている。米国人の大半は実験室育ちのペットを歓迎していないという世論調査の結果を考えれば、グローフィッシュの成功はなおさら異例だと言える（ある調査によると、回答者の四〇パーセントは病気に強い動物――たとえば鳥インフルエンザが流行しても安全なニワトリ――を作るのはゲノムに手を加える「非常に正当な理由」だと答えた[64]。それに対して、新しいペットを作るのがゲノムに手を加える「非常に正当な理由」だと考えた回答者は四パーセントだ）。グローフィッシュが私たちの気もちを変えた可能性はあるだろうか？　なかには何かゾッとするようなものを想像してペットショップにやってきても、グローフィッシュは無害なだけでなく実にかっこいいと思いながら帰っていく人たちもいるだろう。バイオテクノロジーと間近で出会う機会があれば、そんなことが起こり得る。

＊ヨークタウンテクノロジー社がこの光るテトラについて「総合的な」調査を実施したところ、蛍光色に輝くテトラは遺伝子を組み換えられていないテトラより環境適合性が低い――そのために野生で生き残る確率は小さい――ことがあきらかになったと、ブレイクは言う。会社ではこのデータをＦＤＡに提出し、ブレイクによれば、ＦＤＡでこの魚の市販に反対する声は上がらなかったそうだ[65]。

そしてそれは、ブレイクが自らの責任を真剣に受け止めている理由のひとつだ。たしかにグローフィッシュの成功には経済的な利害も絡んでいるが、自分には世論の形成を助ける機会があることも承知している。そしてグローフィッシュが鮮やかに光り輝く実例となり、遺伝子組み換え生物はそんなに恐ろしいものとは限らないと証明してくれることを願っている。ブレイクは、「バイオテクノロジーは悪魔扱いされることが多いですよね。でもそんななかで、このちっぽけな魚が、まったく楽しそうに泳いでいるのを目にするんです(66)」と言う。

魚たちは楽しいのだろうか？　そもそも、魚には「楽しい」ということがわかるのだろうか？

私は再び広々としたペットコの売り場に立ち、光り輝く魚の水槽を見つめながらこんな疑問を抱く。ふと気づくと、私のグローフィッシュ調査で唯一やり残したのは、自分の家に持ち帰ることくらいだった。だからこうしてペットショップを訪ね、思い切って家で飼う心の準備を整えた。グローフィッシュ用の特別な水槽を手に取る。次に、底に敷く無難な灰色の小石を選ぼうと手をのばすと、いっしょにいたボーイフレンドが色とりどりの小石が詰まった袋を指さして、「こっちにしたほうがいいよ」と言う。まるでヒッピーたちが着ている絞り染めのTシャツみたいな色合いだ。

「趣味が悪くない？」と、私。

「だってきみは遺伝子組み換えの蛍光色に光る魚を買おうとしているんだよ。もう後戻りなんてできないさ」と、彼。

とことん、やるしかなさそうだ。私は蛍光色の小石と、派手なプラスチック製の植物をつかんだ。

やおらグローフィッシュの仮の宿である隅の水槽に向かう。魚たちは幻覚を呼び起こすかのように、ごちゃまぜになってグルグル泳ぎまわっている。私は店員に声をかけ、エレクトリック・グリーンを二匹、スターファイア・レッドを二匹、サンバースト・オレンジを二匹、合計六匹を買いたいと伝えた（一匹が五ドル九九セントだから、四〇ドル以下で水槽に次世代のペットを飼うことができる――キャバプーより、はるかに安上がりだ）。店員が水のはいったビニール袋に魚を放り込む。私はそのビニール袋を顔の前まで持ち上げ、人間の手が加わった魚たちと目を合わせてみる。魚たちは相変わらず口も目も開いたまま、音もなく水中を浮遊している。いかにも楽しそうだ。「長さが二メートルもあって牙をむき、こっちの頭を食いちぎると思ってみてください。モンスター扱いでみんなが思い描いていたのはそんな姿です[67]」と、ブレイクが私に話したことがある。私はこの地球の運命に、まったく不安を感じない。

一式を家に持ち帰ってリビングに水槽を据えつけた。電球が発するブルーライトの下で、グローフィッシュは宝石のように輝く。魚たちが楽しいかどうかはわからないが、苦しんでいるように見えないことはたしかだ。私も同じ――動きっぱなしの万華鏡みたいに泳ぎまわる魚たちを見ていると、ただうっとりしてしまう。この魚は取るに足らないかもしれないが、来るべきアトラクションの予告編のようなものだ。白と黒の魚を蛍光色の赤、緑、オレンジに光らせることができるなら、動物のからだでほかにどんなことができるのだろうか？

第2章　命を救うヤギミルク

科学者たちは動物のゲノムを編集する技を手にするとすぐ、この新しい力を利用できるあらゆる方法に思いをめぐらせはじめた。鮮やかな色をした目新しいペットを作るのが最優先ではなかった。ほとんどの研究者はそれよりはるかに大きな社会的影響を及ぼす活用方法を想像し、人間の命を救う遺伝子組み換え動物を作りたいと願ったのだ。[1] 単純な遺伝子操作によって、動物を人間の病気を治すための生きた製薬工場に変える「ファーミング」の世界へようこそ〔訳注　ファーミング（pharming）は薬学を意味するpharmacyと農業を意味するfarmingを組み合わせた造語〕。

人間の細胞が自然に量産するタンパク質には、有効な薬として使えるものが多い。人間のからだがもつ酵素、ホルモン、凝固因子、抗体は、癌、糖尿病、自己免疫疾患などの治療に一般的に利用されている。だが問題は、このような化合物を工業規模で作ろうとしても難しく、費用も高い点だ。[2]

そのために患者は必要な薬の不足に直面することになる。一方、乳用家畜はタンパク質生産のエキスパートで、その乳房からはミルクがあふれ出る。そこで一九八〇年代に遺伝子組み換えで生まれたはじめての哺乳動物[3]（最初はマウス、そのあとでほかの種）から、ひとつのアイデアが生まれた——人間の抗体や酵素の遺伝子を、私たちにミルクを提供してくれるウシかヤギかヒツジに組み込んだらどうなるだろう？　遺伝子組み換えの技術を用いて該当する遺伝子を正しい位置に入れ、適切な分子スイッチでコントロールすれば、治癒力のあるヒトタンパク質を含んだミルクを出す動物を作れるかもしれない。そのミルクから大量に薬を集めることができる。

　一九八〇年代から一九九〇年代を通して数々の研究がその原理を証明し、科学者たちは遺伝子組み換えによって実際に治癒力のある化合物を含んだミルクを出す、マウス、ヒツジ、ヤギ、ブタ、ウシ、ウサギを次々に作り上げていった[4]。当初この仕事は、奇抜な発想をする凝り性な科学者の研究室内に限定された思考実験が具体化しただけのものだった。それを一変させたのは、マサチューセッツ州にあるＧＴＣバイオセラピューティクス社が作ったアトリンという薬だ。アトリンはアンチトロンビンを成分とする抗凝血剤で、命にかかわる血栓の防止に使用できる。アンチトロンビンは私たちの肝臓の細胞で作られ、血液の凝固を抑制する重要な役割を果たしている。分子の用心棒として働き、血栓を作る化合物に忍び寄って血流から取り除いてしまうのだ。ところが米国人の二〇〇〇人に一人の割合で、アンチトロンビンを作れない遺伝子変異をもって生まれる人がいる。先天性アンチトロンビン欠損症というこの病気の患者は血栓症を起こしやすく、とくに脚部や肺に血栓ができやすいため、外科手術や出産時に致命的な合併症にかかるリスクが高い。アンチトロンビンを補充すればこのリスクを下げられることから、ＧＴＣ社は遺伝子組み換えヤギを利用してこの化合物を製造する試みを開始した(5)。

特別なヤギの群れを作るにあたって、ＧＴＣ社はグローフィッシュやアクアドバンテージ・サーモンを生み出したのと同じマイクロインジェクションという技術を用いている(6)。この会社の科学者たちはヒトアンチトロンビンの遺伝子を取り出し、それをヤギ受精卵に直接導入してから、その受精卵を雌ヤギの子宮に移植した。子ヤギが生まれると、一部で遺伝子組み換えが起きていることがわかり、ヒトの遺伝子がしっかりヤギの細胞に落ち着いていた。研究者たちは、ミルク産出中のヤギの乳腺で活性化されるプロモーター（第１章で説明したように、遺伝子活性をコントロールするＤＮＡ配列）とアンチトロンビンの遺伝子を組み合わせた。遺伝子組み換えヤギの雌がミルクを分泌するときにプロモーターが導入遺伝子をオンにし、そのヤギの乳房はアンチトロンビンを含んだミルクで満たされる。あとはミルクを搾り、そのタンパク質を抽出して精製するだけで、みごと人間用の薬が完成！　ＧＴＣ社にとっては液状の黄金だ。アトリンは二〇〇六年に発売され(7)、遺伝子組み換え動物を利用した世界初の医薬品となった。* マサチューセッツ州でＧＴＣ社が所有する一二〇ヘクタールの農場(8)に設けられた「搾乳室」では、一頭のヤギから一年に一キログラムを超える薬を収穫できる(9)。

＊ＥＵは二〇〇六年にアトリンを承認し(10)、米国は二〇〇九年にそれに続いた。承認時期に間隔があいたために、その三年間、マサチューセッツ州のヤギは外国でのみ処方できる医薬品を作っていたことになる。

何でも食べる、ふれあい動物園の人気者——地味な動物の代名詞のようなヤギの履歴書に、「製薬業者」の新しい肩書が加わった。「ファーミング」の分野は急速な拡大を続けていて、世界中の研究室と企業が独自の家畜小屋や放牧地を用意し、血友病から癌まで、さまざまな慢性病に効く薬を量産する動物の飼育に取り組んでいる。[*] 今ではアトリンのほかに、遺伝子組み換えウサギのミルクで作られるルコネストという薬も加わった。[11] オランダに本社を置くファーミング社が販売しているルコネストは、遺伝性血管性浮腫（痛みを伴う重度の腫れを生じる遺伝的な病気）の治療に用いられる。

医学研究の枠を広げて人間の命も救えるファーミング用動物が登場したことで、グローフィッシュなどはまるで子どもの遊びのように見えてしまう。ファーミングにうわついたところなど微塵もない。だがそれは両刃の剣だ。動物が役立つものになればなるほど、ますます動物を「利用」する可能性は高まる。遺伝子組み換え技術によって、私たちはほかの種を新しい理由と新しい方法で利用できるようになり、生きものの商品化がますます広がっている。もちろん、私たちが自分の目的を果たすために動物を利用するのは今にはじまったことではない。では、異議を唱えるのは新しい科学技術のせいなのか？

遺伝子組み換えヤギ、アルテミス

科学者たちは動物のからだから病気に効くさまざまな化合物を取り出すことに力を注いでいる。そうした物質の多くは稀少な遺伝性疾患を治療できる。一方、カリフォルニア大学デービス校の生物学者で動物科学者のジェイムズ・マレーとエリザベス・マーガがファーミングの対象に選んだのは、それよりはるかに大勢の人々を悩ませている問題――下痢――の解消だ。世界中で下痢が及ぼしている影響は非常に大きく、毎年二〇〇万人以上の子どもたちが下痢性疾患で命を落とす。[12] ゾッとするような数で、もしマレーとマーガがこの数字を少しでも小さくすることができるなら、ふたりの研究はこれまでで最も広い範囲に影響を及ぼすファーミングのプロジェクトになるだろう。

偶然にも、人間の母乳はよく効く下痢止め万能薬の一面をもっている。母乳には子どもの免疫系を強化して、侵入した細菌を攻撃する物質がたくさん含まれているからだ。今では、母乳を飲んでいる乳児は人工乳だけを飲んでいる乳児より消化器系が丈夫で、下痢性疾患にかかりにくいことを示す証拠が見つかっている。[13] こうした効果の一部は授乳期間が終わったあとまで続くことがあり、生後一三週にわたって母乳を飲んだ乳児は、生後一年まで胃腸の病気にかかりにくい。[14]

このような効果をもたらしている化合物のひとつは、細菌の細胞を風船のように破裂させる細菌破壊作用をもったリゾチームという酵素で、細胞壁を分解して病気の原因となる中身を外にあふれさせてしまう。[15] リゾチームはあらゆる哺乳動物のミルクに自然に含まれているのだが、人間の母乳

＊科学者たちは、このような化合物のいくつかを生み出すことのできる遺伝子組み換えの植物と細菌も作ってきた（一九八二年には、遺伝子組み換え細菌によって合成されるインスリンがＦＤＡによって承認され、世界初の遺伝子組み換え技術によって作られた医薬品となった）。しかしヒトタンパク質の多くは複雑で、力を発揮するためには正しく折りたたまれ、特別な分子で「修飾」されていなければならず、タンパク質にこうした最後の仕上げをする点では植物や細菌より動物の細胞のほうがすぐれている。[16]

ではとくに濃度が高く、別の動物のミルクの三〇〇〇倍にもなる[17]（通常は牛乳から作られる特殊調整粉乳の場合、リゾチームはあるとしてもほんの微量だ[18]）。

マレーとマーガは、母乳を飲んでいない乳児や授乳期間を過ぎた子どもたちにまで、母乳の保護効果を広げたいと思っている。ふたりの計画はファーミングの力を借りるもので、ミルクに含まれるリゾチームが増えるように乳用ヤギの遺伝子を組み換えようという考えだ。こうしてできる遺伝子組み換えミルクは、乳幼児の下痢の予防にも治療にも利用できるだろう。GTC社の科学者たちと同じく、マレーとマーガもマイクロインジェクションを利用するスーパーゴート作りに着手した。[*] 人間のリゾチーム遺伝子をヤギの受精卵に注入し、できた胚を代理母に移植する。そのようにして移植した胚のひとつが成長し、小さな赤ちゃんヤギが生まれた。クワの葉が大好きなこの遺伝子組み換え雌ヤギは、アルテミスと名づけられている[19][**]。ある日私はマレーに連れられ、郊外にある大学の小屋で暮らすこのヤギに会いに行った。

小屋には多彩な一五〇頭のヤギがいる[20]。アルパイン種、ヌビアン種、トッケンブルグ種、ラマンチャ種と、みな堂々とした名前をもつさまざまな品種の代表だったが、なかでもアルテミスは別格で、入口の真正面に一頭だけで暮らす特別区画を与えられていた。すっかり成長し、目のあたりに少し黒い模様があるだけで全身をほぼ白い毛でおおわれている――そしてもちろん、トレードマークの長くて白いあごひげもある。私たちが小屋に着くと、待ちかねたようにマレーの手に頭を押しつけ、耳を撫でてほしいとねだった。アルテミスは成長後、いわゆる「ファウンダー（飼育下個体群のもとになる個体）[21]」となり、マレーとマーガはアルテミスを繁殖に用いることで遺伝子組み換えヤギの一系統を作り上げた。

現在、アルテミスの後継者はこの施設のあちこちにいて、小屋の後方に連なるいくつもの金網の囲いのなかで暮らしている。その日は朝から雨が降り、ヤギの多くはまだ狭い木製の屋根の下で身を寄せ合っていた。ところが私たちが干し草の散らばったすべりやすい道を歩いていくと、ヤギたちはいっせいに「メエー」と鳴き声をあげ、足元の泥をはね飛ばしながらにこちらに駆けよってきた。遠い昔のふれあい動物園での経験以来、こうしてヤギと身近に接した記憶がない私は、離れた目と大きすぎる耳をもち、必死で注目と愛情を求める熱意にあふれたヤギが、こんなに可愛い動物だということをすっかり忘れていた。われさきにと金網の穴から鼻を突き出し、マレーと私に可愛がってもらおうとする。私たちは喜んでその願いに応じた。

ふたりでヤギを撫でながら、遺伝子が組み換えられている個体をマレーが指さして教えてくれる。どれも同じヤギに見え、私にはほかのヤギとの見分けがまったくつかないから、大変ありがたい。遺伝子組み換えの雌八頭が妊娠中で、一、二か月のうちには子ヤギが誕生する予定だ。赤ん坊をもった雌ヤギの乳房にはリゾチームが豊富に含まれたミルクがあふれるだろう。出産からおよそ三〇

＊マイクロインジェクションは従来、遺伝子組み換え動物を作るのに最も一般的に利用されてきた技術だが、これが唯一のものではない。改変したウイルスを使って胚に侵入し、導入遺伝子を届けることもできる。あるいは研究室で培養している胚性幹細胞に新しい遺伝子を挿入することも可能だ。その細胞を次に胚に導入すれば、胎児が成長するにつれ、遺伝子を挿入された幹細胞がその遺伝子を含んだ組織に発達していく。
＊＊ギリシャ神話で、アルテミスは狩猟、野生動物、出産の女神だ。

〇日間、一日に最大で二リットルのミルクを出す。[22]

マレーとマーガはアルテミスの後継者たちが出すミルクを詳しく分析し、含まれているリゾチームが多いことを確認した――通常より一〇〇〇パーセント多い量になる。[23]また、そのミルクがブタで保護効果を発揮することも実証しており、ブタの消化管構造は人間とよく似ている。遺伝子組み換えによる特別なミルクを飲んで育った子ブタでは、従来のヤギミルクを飲んで育った子ブタに比べると、消化管にいる（下痢性疾患の一般的な原因である大腸菌を含む）大腸菌群の通常時の値が低かった。[24]さらに免疫系が丈夫で、小腸も健康だった。[25]研究者たちが子ブタを病気にさせようと、大腸菌を混入したおいしい大豆スープを飲ませた実験では、リゾチームが豊富なミルクを飲んでいる子ブタのほうが低い罹患率を示した。[26]

これらの結果から、マレーとマーガはこのミルクが人間の赤ちゃんにも有効だと確信している。そこで二〇一一年九月には食品医薬品局（ＦＤＡ）に、遺伝子組み換えヤギから採取したミルクを検討し、それを人間が消費しても安全かどうかの正式な裁定を下してほしいと依頼した。[27]そして今でも裁定を待っている。一〇〇パーセント安全なものはあり得ないとわかっているが、リゾチームはきわめて安全だというのがマレーの考えだ。この化合物はよく研究されており、母乳だけでなく私たちの涙や唾液にも自然に存在している。[28]マレーは、「誰もが生まれてはじめて物を飲み込んだ日から、リゾチームを食べてきたんだよ」[29]と指摘する。

それでもＦＤＡがいったいこの訴えを認めるのかどうか、あるいはいつ認めるのか、マレーもマーガもわかっていない。[30]今のところ一般の米国人が入手できる遺伝子組み換え動物はグローフィッシュのみで、連邦政府はこのネオン色の魚に仲間を加えてやろうとは思っていないらしい。皮肉にも、正式な認可を受けるのに苦労しているのは役に立つ——食品または薬品のもとになることを意図した——遺伝子組み換え動物を作る人たちだ。グローフィッシュは、純粋にペットとして作られたまったく取るに足らない動物だったから、うまく前進できた。人間の飲食向けの動物が、より厳密な審査の対象となるのはもちろん当然だが、その結果として、審査から認可に至るまでのいつ終わるとも知れぬプロセスで立ち往生してしまうことがある。さらに、FDAがふたりの遺伝子組み換えヤギミルクを認可するとしても、米国の医師や患者がそれを受け入れるという保証はない。

そこでマレーとマーガはリスクを分散させるために、ブラジルに第二のヤギの群れを確保している。[31]ブラジルはアルゼンチン、中国、インドなどと並んで、農業バイオテクノロジー大国となる態勢を整えている一握りの国のひとつだ[32]（ブラジルはすでに遺伝子組み換え作物の主要栽培地になっている）。バイオテクノロジーに楽観的な立場をとっているブラジル政府は、セアラー連邦大学で研究しているマレーとマーガの仲間に三一〇万ドルを提供して、リゾチームヤギの独自の群れを作らせた。ヤギが順調にミルクを出しはじめたら、国際的な研究チームがブラジルで人間での臨床試験を開始し、はじめは健康なおとなで、そのあとに健康な子どもで、ミルクの効果を確かめることになっている。すべてが順調に進めば、実際にそのミルクの恩恵を受けられそうな下痢性疾患にかかった乳幼児を対象とする試験に進む予定だ。

ブラジルのチームは、北東部の海岸沿いに位置する都市、フォルタレザを本拠地としている。この地域にはブラジルで最も貧しい町や村がいくつかあり、そこでは子どもたちの一〇パーセントもが五歳未満で命を落とす[33]。遺伝子組み換えヤギのミルクは、その数を少しでも減らすためにのどから手が出るほど欲しいものだろう。人間での臨床試験に成功した場合、マレーとマーガは何通りかの方法でミルクを利用できると考えている。まず医師たちは母乳を与えられていない乳児にこのミルクを与えて、健康な免疫系の発達を助けることができる。あるいはすでに授乳期間を過ぎた幼児に与えることで、その消化器官を申し分ない状態に保つことが可能だ。ミルクを治療に用い、下痢性疾患にかかっている乳児、幼児、小児の補水療法と並行して投与することもできる。おまけにミルクは大いに必要とされる栄養ももたらし、腸疾患と背中合わせのことが多い栄養不良との戦いにも役立つ。* 最終的な目標はブラジル全土の町や村に自分たちのヤギを行き渡らせることだと、マレーとマーガは話す。各家庭がふつうのヤギの群れの代わりに遺伝子組み換えヤギを育てれば、そのヤギのミルクを飲む者は誰でも、増強されたリゾチームの恩恵を受けることになるだろう[34]。

種の境界を破る

子どもたちの命を救うことは異論のない取り組みのように思えるのに、そのために遺伝子組み換え技術を利用すると聞くと、多くの人たちは落ち着かなくなってしまう。不安の形はさまざまだ。健康リスクに関するもっともな不安もあるが、それには簡単に対処でき、人を対象とした臨床試験がきちんとその目的を果たす。だがその他の反論はもっと哲学的で、たしかな客観的データで答えるのはもっと難しい。

たとえば動物を搾取するという懸念はどうだろう。遺伝子を操作する新技術が発達したのと時を同じくして、動物の権利と福祉に対する心配の声も強まった。一九七五年、まさに科学者たちがDNAをあれこれいじる方法を学んでいた時期に、ピーター・シンガーが有名な『動物の解放』を出版した。この本でシンガーは「種差別」に反対し、人間が動物を虐待すること、食糧や研究目的で動物のからだを搾取することは、女性や人種的マイノリティーに対する支配と同様だと論じている。そして、動物がこうむる被害は重大問題で、私たちにはほかの種に与える痛みや苦しみを最小限に抑える義務があると言った。[35] これによって現代の動物の権利（アニマルライツ）運動が誕生し、その後、活動家たちは多種多様なキャンペーンを繰り広げている。類人猿に完全な法律上の権利を与えるよう政府機関に働きかけ、ラットやウサギで化粧品の試験をする企業に抗議する、といった具合だ。

　動物の権利拡大に奔走している人々はさまざまな信条や目標に突き動かされているわけだが、共通するテーマのひとつは、動物には基本的な「内在的価値」があるというものだ。つまり、動物たちはこの地球を私たち人間と共有している生きものだというだけの理由で、それぞれに自然に備わった価値があるとみなす。ところが、動物を食品、繊維、薬品などに用いる際には、それを「道具的価値」にまで引き下げ、ただ道具として使ったり資源として利用したりするだけの対象として扱

＊もしこのヤギミルクが市販されることになったら、どの流通機構に乗せるのかマレーとマーガはまだはっきり決めていないが、遺伝子組み換えヤギの技術やミルクの権利を製薬会社に売ることはないだろうとマーガは言っている。[36] そうではなく、非営利組織と手を組んでミルクを分配しようと、ふたりで話し合っているそうだ。

う。

動物の権利を主張する人々にとっては非常に残念なことに、バイオテクノロジーは動物たちをさらに便利な道具へと変えてしまう。科学者たちは、研究したい病気——糖尿病からてんかんまで——にピンポイントでかかる実験用ラットを、遺伝子組み換えで作り出すことができる。* 実際、そのような遺伝子組み換え動物は科学実験室を占拠しはじめている。一九九五年以来、英国の実験室で用いられる「遺伝子組み換えをされていない」動物の数は少しずつ減少する一方、遺伝子組み換え動物の数は六倍以上に増えた。二〇一〇年には、英国内で実施されたすべての実験の四三パーセントで遺伝子組み換え動物が利用された。[37] そして日本の実験室にいる遺伝子組み換えマウスの数は三六〇万匹にのぼる。[38] こうした遺伝子組み換え技術を用いて、科学者たちは社会全体として搾取したい特質そのものを、動物に与えているのだ。ランカスター大学の社会学者リチャード・トワインは、ファーミングについて次のように述べている。「これまで農産品と定義されていた動物たちが、医薬品になりつつある。バイオテクノロジーは人間と動物の関係で新しい形の商品化を駆り立てているのかもしれない。さまざまに異なる形態の動物から利益を引き出せるように、動物たちの使い道を潜在的に増やしているのだ[39]」

極端な例として、人間の患者への臓器提供者として動物を利用するという、医師たちの長年の希望について考えてみよう。人間の臓器提供者は世界中で大幅に不足し、米国内だけでも新しい臓器を待っている患者が毎日一〇人ずつ世を去っている状態だが、動物の臓器によってその不足分を補えるかもしれない。[40] そこで外科医たちは二〇世紀全般を通して「異種移植」の実験を続け、いろいろな病気や異常に苦しむ人間にサルの臓器を利用する試みを進めてきた。最も有名な事例は一九八四年のもので、重い心臓疾患をもって生まれた乳児にヒヒの心臓が移植されている。思い切った実験ではあったが、ベビー・フェイと呼ばれたその患者は、新しい臓器を得てから二〇日間しか生きることはできなかった。サルの臓器をもらったほかの患者たちも、それほどうまくいってはいない。たとえば一九九〇年代にはふたりの患者にヒヒの肝臓が移植されたが、ひとりは手術をしてから七〇日後、もうひとりはわずか二六日後に息を引き取っている。またヒヒの腎臓をもらった六人の患者のうち、二か月以上生存できた人はひとりもいなかった[41]**。

このような異種間の移植で成功を妨げる最大の障害は拒絶反応だ。人間の免疫系は移植された動物の臓器を巧妙かつ正しく異物であると識別し、その新しい臓器を攻撃してしまう。だがここで遺伝子組み換え技術を用いれば、人間のからだへの移植に適した動物の臓器を作ることができるかも

＊米農務省（ＵＳＤＡ）は研究に使われた動物の数に関する年次報告書を発行しているが、遺伝子組み換えの有無による分類は行っていない[42]。

＊＊そのような移植のすべてが、命にかかわる病気の患者を対象としたとは限らなかった。フランスの外科医セルジュ・ヴォロノフが先駆者となった有名な手術を例にとってみよう[43]。この医師は一九二〇年代に、年老いていく男性がいつまでも若さと活力を保てるようにと、ある手術を施しはじめた。高齢男性の陰嚢の内部に、類人猿かサルの睾丸の薄切りを縫いつけるだけでいい。世界中で何千人もの男たちがこの手術を受け、あまり人気が高まったので、ヴォロノフ医師は需要に見合う数の動物を入手できないと心配したほどだった（ヴォロノフが高齢の女性にもサルの卵巣を移植したと知ったとき、私は生まれてはじめて、ボトックスの時代に生きていることをありがたいと感じた。ヴォロノフの手術に比べれば、ボツリヌス毒素を私の顔に注入するのも、それほどひどくはない話に思えてくる）。

しれない。高度な認識力をもつサルや類人猿を臓器提供者として用いることはタブー視されるようになったため、研究者が現在注目しているのはブタだ。ブタは広く飼育されているだけでなく、その臓器は人間のものとほぼ同じ大きさをしている。事実、機能不全に陥った人間の心臓弁をブタの心臓弁で置き換える手術は、日常的な医療処置になった（このように臓器全体ではない「組織」の異種間での移植は、異種移植片移植と呼ばれる）。ブタの細胞の表面は特有の糖鎖でおおわれているので、人間の免疫系は何か異質なものが体内にはいったという事実を即座に感知する。そこで外科医がブタの心臓弁を人間のからだに移植する前に特殊な保存料で処理しておくと、免疫反応を抑えることが可能だ。[44] この方法は心臓弁という小さい組織ではうまくいくのだが、臓器全体では使えず、臓器の場合は新鮮で生きた状態のまま移植する必要がある。そこで遺伝子組み換え技術に目を移し、ブタの臓器がもっと簡単に人間本来の組織として通用するようにと、科学者たちはブタ特有の糖鎖に関連する遺伝子を「ノックアウト」したブタを作り上げた。[45]

このノックアウトブタを臓器提供者として用いれば何千人もの人々の生命を救うことができる一方、私たちは知覚をもつ動物を、いわば都合のよい「いけにえの子羊」に作りかえてしまうことにもなる。あとで解体することだけを目指して、動物の遺伝子を操作する。それは極度に道具的な扱いだ。たしかに私たちはこれまでもブタをバラバラにして朝食用のベーコンを作っているが、遺伝子組み換えはブタの器官を扱う市場を拡大するかもしれない。

全体的に見て、私たちは動物を物体や道具として利用することを受け入れている。たとえば、ギャラップ世論調査に回答した米国人の六二パーセントは動物を医療研究に利用することを「道徳的に容認できる」とみなしており、[46] 動物の権利運動の広がりにもかかわらずベジタリアンの数はそれほど多くない。* そしてサーロインステーキは、動物を部分に分けて道具的価値のみで考えること以外に、どんなことをあらわしているだろうか。もちろん畜産業、とくに現在では当たり前になっている産業規模の工場式畜産場には問題がある。だが私たちがシステムそのものにどんな異議を唱えてみても、ほとんどの人たちは動物のからだを自分の栄養源として利用できるという考えを受け入れている事実がある。

そこで大半の人々にとって、動物のファーミングをめぐる実際の倫理的疑問は、つまるところ遺伝子組み換え技術そのものに対する疑問ということになる。DNAを編集して新たな生体物質を作るのは、本質的にどこかがまちがっているのか？　複数の動物を組み合わせてできた怪物のような生きものは、長いあいだ想像上の脅威となってきた。[47] バイオテクノロジーを批判する人々は、種の境界を破ることは神の、自然界の、あるいはその両方の法則に反するという不安を抱いている。このような不安は、たとえば研究者が人間の遺伝子をヤギの遺伝子に入れて動物のDNAと人間のDNAを組み合わせると、さらに大きくなってしまう。

だが同時に、一部の科学者たちは一個のヒト遺伝子を別の種に挿入するだけにとどまってはいな

＊世論調査によれば、米国人の九七パーセントから九九パーセントが、少なくともたまには動物の肉を食べている。[48] しかも私たちの肉好きの傾向は強まっていて、現在、米国人は一年間に平均なんと一一〇キログラム近くもの肉を食べ、一九七五年の約八〇キログラムから大幅に増えた。[49]

い。体内にヒトと動物の両方の細胞をもつ、人間と動物の「キメラ」を生み出しているのだ。遺伝子組み換え動物（各細胞のなかに異なる種の遺伝子が一個ずつはいっている動物）とキメラ動物（ふたつの異なる種に由来する細胞をもつ動物）のちがいは、次のような図を想像するとわかりやすい。遺伝子組み換え動物のほうは、すべての細胞が青で、青い細胞のそれぞれに赤い点が一個ずつ見える。一方のキメラ動物はパッチワークキルトに似ており、青一色の細胞と赤一色の細胞とが混じり合って並んでいる（ついでに類似したものをあげるなら、ひとつの種の精子と別の種の卵子とが受精してできる雑種（ハイブリッド）の場合、すべての細胞が紫色になる*）。たとえば最近行なわれた一連の実験では、ネバダ大学リノ校の研究者たちがヒト幹細胞――さまざまな種類の組織に変わることができる細胞――をヒツジの胎児に注入した。[50] するとヒツジは子宮内で発達しながらそれらの細胞を体内に取り込んでいき、生まれたヒツジの心臓、肝臓、脾臓は半ばヒツジの細胞で、半ば人間の細胞でできていた。

　こうした異種の組み合わせは、世間一般には好まれない。ある調査によれば、「動物の遺伝子と人間の遺伝子を混ぜることは、たとえ人間の健康のための医学研究に役立つとしても容認できない」という文章に、欧州の人々の五三パーセントが同意した。なぜそれほど反対するのだろうか？　ひとつには、人間の遺伝子とほかの動物の遺伝子とを組み合わせることによって、落ち着かない実存主義的な疑問が生まれることがあり、私たち人間は独自の存在だという感覚を脅かす。人間の細胞をヒツジのなかで生かしたり、人間の遺伝コードをラットの体内で働かせたりできるのなら、人と獣を隔てるものとは、厳密に言えばいったい何なのか？　ルイジアナとアリゾナをはじめとしたいくつかの州は「人と動物の交雑種」を作ることを禁じる法律を通過させ、サム・ブラウンバック米上院議員は国家レベルでの同様の立法を強く求めてきた[51]。ブラウンバック議員が提議した「ヒト動物交雑禁止法」には、「人間の尊厳とヒトという種の完全性がヒト動物交雑種によって脅かされる」と書かれていた[52]（おもしろいことに、この議論の逆の面――ヒト動物交雑種が動物の尊厳を脅かすという議論――はめったに耳にしない[53]）。

倫理的な立場から見ると、人間と動物の交雑の問題は、心の融合という点でとくに難しくなる。動物は人間ととてもよく似た認識力をもっているが、ある種の自伝的記憶、言語、数の感覚、社会的認知は人間に固有のものだ[54]。ただしそれは少なくとも現在のところで、科学者はすでにこうした能力のいくつかにかかわる遺伝子の操作に手をつけている。二〇〇九年にはドイツの研究者たちが遺伝子操作によって、人間のＦＯＸＰ２遺伝子をもつマウスを作り出した[55]。ＦＯＸＰ２は言語遺伝子とも呼ばれ、言葉を使う人間固有の力に、ある程度かかわっているとみなされている（この遺伝

＊有力メディアや人々の会話では、一部が人間で一部が動物の生きものは「ハイブリッド」と呼ばれることが多いが、専門的に見ると人間と動物のハイブリッドは非常に特殊な種類の生物で、動物の卵子を人間の精子で（またはその逆で）受精させて生まれる。このようなハイブリッドを作ろうとした試みのなかでは、ソ連の科学者イリヤ・イワノフによるものが最も悪名高い。一九二七年、イワノフは雌のチンパンジーを人間の精子を用いて受精させようとした。だが小さなヒューマンジーは誕生しなかったので、次に新しい戦略を立てた。ソ連の女性を、ターザンという名の二六歳のオランウータンから採取した精子で受精させようというものだ。ソ連の女性たちにとって幸いなことに、イワノフはこの計画を実行する前に秘密警察に捕らえられた[56]。

子に変異が起きると言語障害になることがある）。人間のＦＯＸＰ２遺伝子の多様体《バリアント》をマウスに導入すると、鳴き声が変化し、ニューロンの形状と大きさも変わった。

それならばもし、ネバダ大学の科学者たちが肝臓にヒト細胞をもつヒツジではなく、脳に大量のヒト細胞をもつヒツジかラットかサルを作ったとしたら？　それらの動物は急に正義感を抱くようになるのだろうか？　数を数えられるようになるのだろうか？　自意識が芽生え、自分が実験動物として生きているとわかるようになるのだろうか？　もしそうなら檻から出してやるべきなのか？　ヒツジやラットやサルが法的地位を高め、選挙権をはじめとしたさまざまな権利を獲得するためには、どれだけの数の人間の脳細胞が必要で、どこまで人間の行動を見せればよいのだろうか？　完全な動物でも完全な人間でもないこれらの生きものは、倫理的にどっちつかずの曖昧な存在になる。

こうした厄介な哲学的疑問や、その他のさまざまな不安から、英国医学アカデミーは二〇一一年の報告書で、動物の脳をより「人間に近いものにする」可能性のある研究は特別監視の対象になると結論づけた。(57)*『人間の素材を含んだ動物』というタイトルの一五〇ページに及ぶ報告書をまとめた英国の一五人の科学者と人文系研究者からなる作業部会が、多数の科学、倫理、規制に関する問題点を分析したあとで、そのような結論に達したものだ。作業部会はその報告書で、人と動物の交雑種にかかわる研究を検討するための国家的な専門家機関を設けることを推奨している。そしてこの機関は「動物の外見や行動を大幅に変え、人間と進化における近縁種とを区別する最大の要因とみなされる特徴に影響を与えると予想できる実験」をはじめ、特定の種類の実験をとくに入念に審査すべきであるとした。さらに、一部の研究は、少なくとも近い将来については完全に禁止すべきであるとも結論づけた。「非常に狭い範囲内の実験については、説得力のある科学的正当性に欠けているか、非常に強い倫理的懸念を生じさせることから、今のところは認可すべきではない」と、報告書は述べている。そのような禁止の対象には、相当な数の人間の脳細胞を（進化の上で人間に最も近い親戚である）ヒト以外の霊長類に移植する実験や、動物が最終的に人間の生殖細胞を作るかもしれない実験が含まれる。

　人間と動物のミックスがすべて同じ困惑を呼び起こすわけではない。ブタの心臓弁を人間の心臓に入れても、その外科手術の患者がブタにならないのと同じく、人間のリゾチーム遺伝子をヤギに導入しても、そのヤギは人間にならない。＊＊どちらも人間と人間以外の動物を混ぜ合わせたものになるが、定義不能な新しい道徳的カテゴリーに加わることはない。人間の遺伝子を一個だけもったヤギに選挙権を与えるべきだとか、ブタの器官を体内に入れた人間はブタ小屋で暮らすべきだとか、真剣に論じる人は誰もいないだろう。英国医学アカデミーが述べた通り、人間の遺伝子をもつよう

＊同様に米国でも科学アカデミーがガイドラインを発表し、最終的にヒト細胞が動物の脳内にはいる可能性のある実験はすべて、強力な科学的論拠がなければ承認されないと明記している[58]。

＊＊とは言うものの、こうした人間と動物の組み合わせをどう見るかは、文化によって異なる。アフリカの科学者と政策立案者たちはマレーとマーガに、彼らの遺伝子組み換えヤギはアフリカの特定の国々では広く受け入れられないだろうと警告した。文化によっては、一個のリゾチーム遺伝子が導入されただけでも「そのヤギは部分的には人間だ[59]」と考えるので、そのヤギのどんな部分でも口にするのは食人の一種とみなされるだろうというのが、その理由だった。

組み換えられた動物を使う実験の「大部分」は、「新しい問題を引き起こさない[60]」。

私たちが種の境界を破ることに関する不安についても、生物学者はそもそも「種」とは何かという点を議論する。[61]「種」は、私たちの気もちの上で確固たるカテゴリーとして存在し、人間が自然界を分類する際の便利な方法になっているが、実際にはもっとずっと流動的なものだ。ダーウィンの進化論の土台になっている考えかたでは、煎じ詰めれば、人間とチンパンジーのあいだ、ラットとウサギのあいだにはっきりした境界線はなく、そのあいだをなめらかに推移する。種の遺伝的特性は不変ではない。人間を人間たらしめるもの、チンパンジーをチンパンジーにしているものが何であれ、それは絶え間なく進化している。

そのうえ、異なる種の遺伝子はときとして遺伝子操作なしで混じり合うこともある。動物たちは熱烈な異種間恋愛に落ちる場合があり、ライガー（父親がライオン、母親がトラ）やタイゴン（父親がトラ、母親がライオン）やゾース（シマウマとウマの雑種）が生まれている。異なる種の細菌は人の手を借りなくてもＤＮＡを交換することができ、また昆虫、ミミズ、その他の動物に新しい種類の遺伝子を引き渡すこともできる。[62] シャーガス病（心臓や消化器の障害を伴う慢性病）を引き起こす寄生虫は、そのＤＮＡをヒトのゲノムにすべり込ませることができるし、[63] エンドウヒゲナガアブラムシは菌類から遺伝子を借りて体色を変化させる。[64] 私たちは自然よりも速く大規模に動物を変えることができるが、要するに、種のゲノムは本質的に不可侵なものではなく、固定せずにつねに変化しているということだ。

不安と嫌悪

論理のほかに感情の問題がある。私たちはべつにゲノムが不可侵だとか人間は神聖だなどと考えていなくても、人の脳をもつマウスを想像するだけで、ただゾッとしてしまう。これは倫理学者が「嫌悪因子」と呼ぶもので、廃水を（たとえ浄化したあとでも）飲むことや蛍光色の赤に光るイヌを飼うことに嫌悪感を抱いて尻込みする原因になっている(65)。

生命倫理学者のレオン・カスは、バイオテクノロジーに対するこうした本能的で理屈抜きの反応をおろそかにしてはならないと考えている。カスの小論『嫌悪の知恵』は当初、ヒトのクローニングに反対する公開書状として書き出されたのだが、議論はその後、遺伝子組み換えをはじめとするあらゆるバイオテクノロジーに向けられた。カスは次のように書いている。「危機的な状況では、嫌悪は深い英知が感情にあらわれたもので、それを明確に説明する理性の力を超えている……ほかの場合と同様ここでも、嫌悪感は人間の過度に頑なな心に反発し、言語に絶する深遠なものを侵さぬよう警告しているのだ」。さらに、「嫌悪は、私たちの人間性の中核を守るために声をあげる唯一の残された手段なのかもしれない(66)」とも論じている。

嫌悪の知恵という点では、のどが締めつけられたり胃が重くなったりする感覚は、自分の身が危険な領域に近づいているから行動を慎重に検討するべきだと知らせているのだろうが、私たちは嫌悪感のなすがままになる必要はない。なにしろ、嫌悪感は感情であり、理性の世界に根差しているとは限らない。たとえば医学アカデミーによれば、私たちは動物に人間の顔、手足、毛髪、皮膚を与えると聞くと不安を感じる一方で、動物の内側を人間に似させると言われてもあまり不安を感じないことがわかった。報告書は次のように結論づけている。この相違は、「筋が通らないように思える。……動物の外見を人間に似せることに対するこうした嫌悪は、外観が損なわれた人間を見ると不安を感じるという、一般的な反応になぞらえることができる。これは人間固有の『分別』が関与しない原始的な反応だ[67]」

嫌悪は人々の対話の起爆剤にうってつけだろうだが、対話する代わりに嫌悪だけですませてはいけない。倫理にかなった方法で行動するためには、ときには生の感情を乗り越える必要がある。かつて異人種のカップルを目にするだけで一部の人たちが抱いたような理屈抜きの嫌悪が、そのまま異人種間の結婚を左右するようになったらどうだろう[68]。感情的な本能で最終的判断を下すようなことがあってはならず、感情的な反応だけに頼って道徳的で倫理にかなった論法を脇に押しやってはならない。

では、「嫌悪因子」を無視するなら、私たちは動物の遺伝子改変をどのように評価できるだろうか？　コロラド州立大学の哲学者、バーナード・ローリンは、「福祉の保護[69]」という単純な倫理観を用いることを提唱している。簡単に言うと、ローリンは次の原則が成り立つとしている。「一連の動物を改変しようとしているなら、その結果としてできた動物が福祉の面で前より悪くなってはならず、できればよりよくなっているべきです[70]」

一部の遺伝子組み換え動物は、たしかにこのテストに合格しない。最もひどい例は「ベルツビルのブタ」で、メリーランド州にある米農務省の研究センターによって遺伝子組み換えが行なわれたこのブタには、ヒト成長ホルモンの遺伝子が導入された[71]。目標は、少しでも早く太り、少ないエサで育ち、体脂肪に対する筋肉の比率がより高いブタを作ることだった。その結果としてできた遺伝子組み換えブタは実際に脂肪分が少なく、成長に必要なカロリーも減ったが、動物自身の福祉という観点では、この遺伝子組み換えは最悪のものだった。小さなブタの苦痛を一覧表にしただけで医学事典ができあがるのではないかと思えるほどだ——関節疾患、腎臓病、心臓病、糖尿病、免疫機構の弱体化、下痢、関節炎、潰瘍、肺炎、性機能障害、などなど。そのうえ目が飛び出し、皮膚が厚く、無気力で、動きがぎこちなかった。

けれども遺伝子をいじったからといって、いつも動物の福祉がこんなにめちゃくちゃになるわけではない。遺伝子組み換えによる影響の詳細は、挿入する遺伝子ごとに、またその遺伝子と組み合わせる調節配列によって異なってくる。たとえばファーミングの場合、科学者たちはからだの特定の部分だけで活性化するプロモーターに遺伝子を組み合わせることによって、異種タンパク質の生産を動物の乳腺だけに限定できる。ファーミングの動物が全体的に見て目立った健康問題に苦しむことがないのは、遺伝子発現の活性化をこのひとつの器官だけに限定できる技術のおかげだろう(72)。たとえば、ＦＤＡはアトリンを生み出すヤギを七世代にわたって調べたが、変わった慢性病や重大な疾患の証拠は見つからなかった(73)。これらのヤギはごくふつうの暮らしを送り、ただ自分で気づかないうちにミルクに人間の薬を分泌している。

福祉の保護という枠組みに従うなら、アトリンのヤギは倫理的に受け入れられ、ベルツビルのブタは受け入れられない。そしてベルツビルのブタが不適切なのは、遺伝子を組み換えられたからではなく、「苦しんでいる」からだ。この倫理的枠組みは、遺伝子組み換えを価値中立とみなしている――バイオテクノロジーは単なるツールであり、それがよい力をもつか悪い力をもつかは人間がそれをどう使うかによって決まる。ローリンが著書『フランケンシュタイン症候群』で書いている通り、「すべての遺伝子組み換えが動物を傷つけるにちがいないというのは、まったく誤った考えだ。現在いるあらゆる種の動物が幸福と福祉の面で可能なかぎり最高の状態にあると仮定しないかぎり、そのような主張は筋が通らない[74]」

事実、マレーとマーガのヤギに変わった慢性病や奇形の兆候はいっさいなく、遺伝子組み換えをしていない仲間より健康だとさえ言えるだろう[75]。細菌を破壊するリゾチームがミルクに多く含まれているから、遺伝子組み換えヤギの乳房は通常のヤギより健康で、これまでのデータによれば、感染の兆候も少ない。

病気に対する抵抗力を高めることだけを目指して家畜の遺伝子組み換えを行なっている科学者もいる。たとえばいくつかの研究室は、狂牛病の原因になる感染性タンパク質粒子、プリオンをもたないウシを作った[76]。そのうちのひとつの取り組みで用いたのは、RNA干渉（RNAi）法という技術だ。タンパク質の合成にはメッセンジャーRNA（mRNA）が不可欠で、細胞の核からタンパク質が実際に作られる場所まで、遺伝子の指令を運ぶ役割を担っている。科学者たちは、遺伝情報を運んでいるmRNAを破壊または無効化する小さい分子を細胞に注入することで、遺伝子の働きを抑える方法を発見した。そうすればRNAは細胞のタンパク質製造工場まで命令を届けることができず（郵送中に手紙がなくなってしまうのに似ている）、タンパク質は合成されない。mRNAの一定の部分を標的にする分子を設計すれば、特定の遺伝子だけを沈黙させ、プリオンのように特定のタンパク質の合成を妨げることができる。そうした結果として生まれるプリオンをもたないウシは、狂牛病にかからないだろう。二〇〇〇年にはこの病気に対する予防措置として英国で四四〇万頭を超えるウシが殺処分になったのだから、それは動物たちと人間にとっても勝利だ。

ファーミングの最前線

ファーミングは前進を続けている。世界中のバイオテクノロジー企業が、あらゆる種類の重要なヒト抗体、凝固因子、その他の治療効果をもつタンパク質を含んだミルクを出す、次世代の遺伝子組み換え乳用家畜に取り組んでいるところだ。中国の科学者のいくつかのチームはウシの遺伝子を組み換え、心臓保護作用で知られるオメガ3脂肪酸が多い、または消化されにくい乳糖が少ないといった、特別な栄養特性をもつミルクを出すようにした[77]。ある研究室の研究者たちは、血液、尿、精液などのミルク以外の体液を利用して薬を生み出すような遺伝子組み換え動物を作ろうとしている[78]（雄ブタの一回の射精で得られる精液には、なんと九グラムものタンパク質が含まれていることがあるらしい[79]。これも「嫌悪因子」にかかわる話にはなるが）。日本の生物学者チームは、遺伝子組み換えカイコからヒトコラーゲンを含んだ繭を得ることに成功した[80]。

何人かの研究者は、まだ誰も手をつけていない動物に目を向けた――ニワトリだ。卵をたくさん産むニワトリを作ろうと人間が選択的な品種改良を進めた結果、一羽のメンドリは一年間に三三〇個の卵を産むことができ、一個の卵には三・五グラムのタンパク質が含まれている[81]。この産卵界のスーパースターに製薬業界の仕事を与えたら？　ファーミングにとって「卵は非常に魅力的ですよ」と、スコットランドにあるロスリン研究所の発生生物学者、ヘレン・サングは言う。「卵はニワトリが一日に一個ずつ産む小さくてすぐれたパッケージで、ミルクをやって育てる必要はないし、何もしなくてよいのですから[82]」

遺伝子組み換えニワトリの作製は哺乳類の場合より難しいことはわかっているが、最近の進歩を見ると、どうやらまもなく金の卵が孵化するようだ。たとえばサングとその同僚たちは、赤褐色のニワトリを薬品生産機に変えた。彼らはふたつの異なる種類の遺伝子組み換えニワトリを作り、一方は皮膚癌の治療に利用できる抗体、miR24のヒト遺伝子をもち、もう一方は多発性硬化症の治療に利用できる化合物、インターフェロンβ1αをコードする人間のDNA断片をもつ。これらのニワトリは、治療用のタンパク質がぎっしり詰まった卵を産み、一個で数人の患者を丸一年治療できるだけの量になる。この遺伝子組み換えによってニワトリが傷ついている様子はない。「精製すれば期待通りの生物活性をもっていることがわかります」。それらのニワトリがヒトタンパク質を作ったのは、卵のなかだけだった。「たとえば、ヒトβインターフェロンは卵白に含まれていましたが、メンドリのほかの部分ではどこでも合成されていませんでした」と、サングは話している[83]。誰でも治療のために卵を割るようになる日も遠くはないだろう[84]。

最新の技術によって、かつてないほど精密に動物のゲノムを編集できるようにもなってきた。カリフォルニア大学デービス校の遺伝学者アリソン・ヴァン・イーネンナームは、次のように打ち明ける。「これまで遺伝子組み換え動物を作るのに用いてきた方法は、まったく荒削りなものだったのよ。DNAを少しだけ注入して、ゲノムのどこかに結合してくれと必死の思いで望みをかけるのだもの。でも今では、ゲノムに分け入って綿密に編集できる、新しい技術が確立されつつあるわね[85]」。そのひとつは、「ジンクフィンガーヌクレアーゼ」を利用する方法だ。この人工タンパク質は小さな分子ハサミのような働きをし、DNAの鎖を特定の位置で切断することができる。その結果、研究者は目的とする一個の遺伝子だけの発現を抑止したり、導入遺伝子をゲノムの正確な位置に潜り込ませたりすることが可能になる。外来遺伝子の挿入と発現をコントロールする手段は、今では一九八〇年代に比べて格段に発達しているから、望ましくない悪影響を減らして動物の遺伝子を組み換えるのに役立つだろう[86]。

その一方で、合成生物学（新しい遺伝子、細胞、生命システムをゼロから設計して作製する）という分野が発達し、やがては人間が思い描く正確な仕様に合わせて動物をデザインする方法を提供できるかもしれない。これはまだ新興の分野だが、急速に変化を遂げている。二〇一〇年には生物学者J・クレイグ・ヴェンターが、一部が人工的に合成された自己複製できる生物を作ったと発表した[87]。ヴェンターのチームは、ごく一般的な細菌由来の遺伝子とまったく新しい人工合成DNAの断片からなるゲノムを作製して、単細胞生物を生み出したのだ（このときカスタムデザインの遺伝子配列には、研究に加わった科学者たちの名前やいくつかの有名な引用文などをコード化して書き込んだ）。異なる種の細菌の細胞に挿入されたこのゲノムは、そこで活性化し、細胞全体の機能をコントロールした。合成生物学は、薬品、バイオ燃料、その他の貴重な化合物を作れる微生物――さらにはもっと複雑な生命体――を生み出す新しい方法をもたらすだろう（もちろんゲノム全体をゼロから作り出すようになれば、動物界で遺伝子が移動することに伴う動物の福祉、環境汚染、人間の安全に関する懸念は、今より一〇〇〇倍も大きくなる）。

　科学の発展をよそに、政治的、経済的、社会的要因によって、一部の国では遺伝子組み換えが受け入れられないままだ。欧州の各国政府は遺伝子組み換え動物によって作られた産物を拒絶する構えらしく、カナダと米国の見解ははっきりしない。二〇一二年にはカナダで一五年も続けられた環境にやさしいブタの研究が、資金の枯渇で中止を余儀なくされた(88)。オンタリオ州にあるゲルフ大学の研究者たちは、水質汚染の一般的な原因であるリンの排泄量が少ないブタを作る遺伝子組み換えを成功させ、エンバイロピッグという名前もつけていた(89)。家畜の糞尿からリンが流れ出して水路、湖、川にはいると、藻類が爆発的に増え、過剰な藻類は水質を悪化させて魚をはじめとした水生生物をいためつける。研究室で生まれたブタは大きな将来性をもっていたにもかかわらず、市場に売り出そうという企業はついに見つからず(90)、二〇一二年五月に安楽死の運命をたどった。動物の権利を主張する活動家たちがブタを救うキャンペーンを繰り広げ、研究室には引き取りの申し出がたくさん寄せられた。しかし科学者たちはどうすることもできなかった。実験で作られた未承認の遺伝子組み換え動物は、規制によって、安全が確保された研究室の環境から出すことを禁じられているからだ(91)。

　ほかの国々が遺伝子組み換え動物による産物を承認し、もし輸出を開始すれば、米国とカナダをはじめとした国々にも遺伝子組み換え生物をもっと認めるように圧力がかかるだろう。遺伝子組み換え動物の念入りな審査は不可欠で、一般の人々の不安を解消するのに大きく役立つ。しかし、遺伝子組み換え技術に対する恐怖や、この技術が本質的に悪いとする議論によって、政府が無差別な一時禁止措置をとったり安全で役立つ動物たちが規制地獄に苦しめられたりするのは残念なことだ。それはアクアドバンテージ・サーモンで実際に起きており、ＦＤＡはこの魚が人間や環境にもたらす危険は最小限であるとする結論を出しながら、いまだに承認していない〔訳注　前述の通り、二〇一五年一一月一九日にＦＤＡによって正式に認可された〕。ＦＤＡが最終的にこの魚を拒絶するなら――あるいはアクアバウンティ社の資金が底をつく前に承認しないなら――米国におけるバイオテクノロジーの革新に委縮効果があらわれ、ほかの科学者や起業家も新しい種類の遺伝子組み換え動物を開発する気力を失ってしまうだろう。

それではあまりにも残念だ。遺伝子組み換え技術をすっかり拒絶してしまえば、悪いものだけでなくよいものも失う。ざっくばらんに言うなら、マレーの次の言葉が的を射ている。「その薬を自分が、または自分の家族がどうしても必要とするなら、遺伝子組み換え動物で作られたからという理由ではねつける人は世界にひとりもいないと思うよ。臓器移植も、必要とする人には同じことだね」(92)。理屈の上でバイオテクノロジーに反対するのは簡単だが、その技術が自分の命を救えるとなれば、科学による悪をめぐる大げさな発言は消えていきがちだ。たいていの人は、愛する人と一日でも長くいっしょにいるためなら、遺伝子組み換えヤギのミルクを飲む以上のことをするにちがいない。

あるいは、場合によっては、愛するペットと少しでも長くいっしょに暮らすためなら。

第3章　ペットのクローン作ります

未来に思いをはせる空想は人によって内容も規模もさまざまだ。なかには、あっと驚く離れ業をもった遺伝子組み換え動物を、家庭で飼える日を楽しみにしている人がいるかもしれない。ソファーで静かに居眠りをしながら光るネコや、裏庭で草を食みながら薬になるミルクを出すウシはどうだろう。あるいは、ペットをなくした娘のためにその生まれ変わりを受け取ろうと近くの商店街に出かける、体格のよいマイホームパパの姿を心に描くかもしれない。それに似た場面は近未来を描いたSFスリラー映画『シックス・デイ』に登場する。この映画では、アーノルド・シュワルツェネッガーが演じる主人公の飼いイヌ、オリヴァーが死にそうになる。すると彼が向かった先は「リペット」という名の店で、そこでは愛想のよい店員がオリヴァーの遺伝子をそっくり複製するよう勧め、「お客様のペットがよみがえる〝リペット〟のオリヴァーは、まったく同じイヌになりますよ」と約束する。「これまでに教えた芸当は何でもできるし、骨をどこに埋めたかも全部おぼえています。自分がクローンだということさえわかっていません」

この映画が公開されたちょうど一年後の二〇〇一年に世界ではじめて飼いネコのクローンが誕生し、このＳＦ映画と似たようなことが現実のものとなった。世界初のクローン犬が生まれるのはさらに四年後になる。その後、タブーリとババガナッシュ[1]（タヒチという名のベンガルネコのクローン）、ランスロット・アンコール[2]（ランスロットという名のイエロー・ラブラドールのクローン）、そのほか数多くのイヌやネコのクローンが動物好きに歓迎されてきた。それらの飼い主は風変わりな新しい動物をほしがったのではない。ただ、それまで飼っていた動物をそっくりそのまま再現したかった。可愛がっていたペットを失った人なら誰でも思い当たる、よく理解できる衝動だ。これまではひと握りの裕福な飼い主しかペットのクローンを手にしていないが、科学の発展と価格の低下に伴って、生きもののコピー市場は大幅に拡大するかもしれない。

ただ、リペットの店員が言うほど簡単に動物を生き返らせられるわけではない。クローニングはまだ新しい実験的な技術で、動物の福祉の面では深刻な懸念がある。だから私たちは自分のペットのコピーを注文する前に、ＤＮＡの複製から実際には何を期待できるのか、それを手に入れるためにどんな代償を払う覚悟があるのか、自分自身に難しい問いかけをする必要がある。

動物クローンの誕生

子どもが生まれるまでの、年の試練を経た従来の過程は周知の事実だろう。父親のＤＮＡを運ぶ精細胞が、母親の遺伝コードをもつ卵細胞と出会う。卵子が受精すると両方のＤＮＡが混じり合う。その結果としてできる胚は生物学的なカクテルだ（それが胚盤胞を経て成長し、やがて赤ん坊としてこの世に生まれてくる）。生きものの細胞に含まれている遺伝子の半分は母親から、残りの半分は父親から受け継いでいる。だがクローニングは、生殖の通常の法則に従いながらそれを覆す。クローンは遺伝形質すべてを単一の親から受け取るからだ。科学者は動物の細胞を一個――皮膚や血液や組織をほんの少しだけ――取り出すと、そこに含まれているＤＮＡを用いて新しい胚を作る。母親を生み出した遺伝子の指令をひと揃い、そのままそっくり変えることなく胎児に放り込むと思えばいい。クローンは、本質的に、何年もの時を隔てて生まれた一卵性双生児だと言える。

クローニングの世界は一九九六年七月五日、ドリーという名の子ヒツジの誕生によって永久に姿を変えた[3]。ドリーが誕生する前に科学者はすでに胚のクローニングに成功し、生まれる前のカエル、マウス、ウシとまったく同じ遺伝子をもつコピーを作っていた[4]。だがドリーは、すでにおとなになった哺乳動物から作られた初のクローンという点で画期的だった。スコットランドにあるロスリン研究所の発生学者、イアン・ウィルマットは、六歳の雌のヒツジの乳腺から取ったわずかな組織試料を用いてドリーを作り出した。その雌のヒツジはすでに何年も前に死んでいたが、たまたま細胞が保存されていたことから、研究者たちはその細胞のＤＮＡを新しいヒツジの未受精卵に移植した。そのうちのひとつが成長してヒツジが誕生し、ドリーと名づけられた（乳腺細胞から生まれたので、巨乳で知られたカントリー歌手のドリー・パートンに敬意を表した名だという）。

ドリーは、すっかりおとなになった動物の肉がちょっとだけあれば一卵性双生児を作れることの確たる証拠となり、その誕生は生殖科学の刺激的な可能性の先駆けとなった。農場主や牧場主はつねに最も成績のよい動物の遺伝子を増やそうと考え、ミルクをたくさん出したり速く走ったりする性質を子に受け継いでほしくて、似たものどうしを掛け合わせる。だがクローニングなら、成績優秀な個体の遺伝子をそっくりそのままコピーできる公算が高まる。つまり、品評会で優勝した肉牛や競馬で才能を証明した競走馬の完璧な複製を作ることができる。

　ドリーの誕生が発表されるとすぐ、テキサスA&M大学（農工大）の科学者たちはクローニングを商業的に利用できることに気づいた。テキサスではあらゆるものが大きいが、畜産経営も大規模で、この州にいるウシの数はほかのどの州よりも多く、畜産品の市場価値は全米一を誇る。そしてA&M大学には州の巨大産業にふさわしい動物科学部がある[5]。大学はウシ、ウマ、ヒツジ、ヤギの飼育と研究専用の二八〇〇ヘクタールを超える敷地を用意するとともに、繁殖問題に特化した生殖科学研究所を設けており、そこでは研究者たちが人工授精から体外受精まで、農場主による家畜の繁殖を手助けできるさまざまな技術を磨いている[6]。クローニングの成功は、価値の高い家畜を生み出す新たな手段をもたらした。ドリーの誕生後、この研究所はクローニングの潜在能力を実証し、オジロジカ、アンガス牛、種馬、ブタなどのコピーを成功させている[7]。

　その過程で、A&M大学の研究者は予想外の試みに参加することになる。ドリーの誕生が世界各国で大々的なニュースとして報じられた半年後、ルー・ホーソーンという名の男性が、広く北米と南米各地の研究所に在籍する生殖科学の研究者を勧誘しはじめた。ただしルー・ホーソーンは、大胆な要望をもつ裕福な依頼人の代理にすぎなかった。依頼人は、避妊手術を受けたミッシーというイヌのクローンをほしがっていたのだ。ボーダーコリーの雑種ミッシーは、顔の部分が白く、からだは柔らかな灰色の毛でおおわれていた[8]（当初、ホーソーンの依頼人は匿名だったが、やがて変わり者として知られる富豪のジョン・スパーリングだとわかった。営利目的でフェニックス大学を設立する一方、人間の長寿の研究にも出資していた人物だ。ミッシーはルー・ホーソーンの母親ジョーン・ホーソーンの愛犬[9]、ジョーンはスパーリングの長年の友人で恋人という関係だった）。

ホーソーンはいくつもの研究所を検討したあと、Ａ＆Ｍ大学の研究者チームにイヌの複製作りをまかせた。生殖科学研究所長の獣医生理学者マーク・ウェストヒューズンがクローニングのチームを率いることになり[10]、スパーリングはその取り組みに対して三七〇万ドルという巨額の資金を提供した[11]。そして一九九八年に「ミッシープリシティ・プロジェクト」が発表されると[12]、Ａ＆Ｍ大学にはペットの飼い主たちから、飼っているイヌやネコのクローンを作れるかどうかという問い合わせの電話が殺到した。自分のペットが特別だと考えていたのはスパーリングだけではないことがあきらかになったわけだ。ホーソーンはのちにこう書いている。「何百万人もの人々が、百万匹に一匹のすばらしいペットを飼っていると信じている[13]」

私たちはもう自分のペットを単なる動物とは思わなくなっている。誕生日を祝い、クリスマスにプレゼントを贈り、革張りのソファーでゆったりくつろがせ、羽毛布団をかけて寝かせる。多くの人はペットも家族の一員だと考え、その死によって深い悲しみに打ちひしがれる[14]。ペットとの死別を専門とするカウンセラーに相談にのってもらい、特別仕立ての棺、墓石、骨壺を選んで、愛しのペットを立派にあの世に送ることができる[15]。だから研究者たちがクローン犬を作ろうとしているという噂を耳にすれば、この世に一匹しかいない特別な友を失わずにすむ、同じ――少なくとも遺伝子的に等しい――動物を、何度でも作り直すことができるという希望を膨らますのは当然のことだ。

ミッシープリシティ・プロジェクトへの世の中の反応から、ペットのコピーには大きな潜在市場があることがはっきりしたので、ホーソーンとスパーリングはイヌとネコのクローンを量産する会社をはじめることにした。二〇〇〇年二月一六日、ジェネティック・セービングズ&クローン（GSC）社がこうした経緯から正式に誕生した[16]。この会社は研究に出資する一方、手はじめに組織バンクを用意し、クローニング技術が成熟するまで顧客のペットの細胞を保存できるようにした（当時のGSCのウェブサイトには、「未来派のクリスマスプレゼント――動物のDNA保存に利用できる商品券……今もらえる未来への切符！[17]」という宣伝文句が躍る）。この会社はあっという間に大評判になった。

だがペットの飼い主がクローンをわが家に迎えるためには、まだ難問がひとつ残っていた。クローニングというものすごいコピー機を、最初から最後までしっかり稼働させる必要があったのだ。この取り組みのきっかけを作ったのは寵愛されたミッシーという名のイヌだったが、ネコの飼い主もイヌの飼い主も同じようにクローンをほしがったので、A&M大学のチームは両方の複製を試みることにした。そして世界中のイヌ好きをがっかりさせて、ネコが先に成功の栄誉を手にしたのだった。

世にも幸運なネコはレインボーという名の三毛ネコで、コピー作業はその細胞の試料を採取することからはじまった。クローニングでは、遺伝子の完全なひと揃いがはいっている細胞なら、ほとんどんな細胞でも利用できる（ドリーが乳腺細胞から生まれたことを思いだしてほしいし、皮膚細胞も一般的に使われる）。Ａ＆Ｍ大学のチームはすでに卵丘細胞――発生中の卵子を取り囲んでいる特殊化した成熟細胞――でうまくいっているのを知っていた[18]ので、レインボーでも卵丘細胞を利用することにした[19]。

ただし、ネコの細胞をむやみに子宮に貼りつけても、簡単に新しいネコが育つわけではない。レインボーの遺伝コードを、適切な卵子という乗り物に乗せてやる必要がある。そのために科学者たちは、ドリーの作製でスコットランドのチームが使った方法と同じ、体細胞核移植法[20]を用いた。この技術では未受精卵からＤＮＡを含んだ核を取り除き、その代わりにクローンを作る指令を埋め込む（手順はクリームパンからカスタードクリームを抜いて、ジャムを入れ直すのと同じだと思えばいい）。

ウェストヒューズンと彼のチームは何匹もの雌のイエネコから卵子を採取し、ピペットと呼ばれる極小のスポイトを突き刺してそれぞれの核を抜き取った[21]。ただし細胞機構のほかの部分には手を触れない。次にレインボーの細胞を一個ずつ、核のなくなった卵子の内側の膜と外側の膜のあいだにそっと入れる。こうして内部に別の細胞を抱えた状態の卵細胞に弱い電流を流してショックを与えてやれば、両方の細胞の膜にスイスチーズのように穴があき、その穴を通ってレインボーの細胞の遺伝子情報が卵子に流れ込むという寸法だ。「だまされて[22]」精細胞によって受精したと信じ込んだ卵子は、通常の胚とまったく同じように成長と分割を開始した。

研究者たちがうまく作れたクローン胚は最終的に三個で、それぞれにレインボーのＤＮＡがはいっていた。そこでそれらの胚をアリーという名の茶色いイエネコの子宮に移植した。そのうち出産予定日まで無事生き残ったものは一匹だけだったが、もちろんそれで十分で、二〇〇一年一二月二二日にアリーは可愛いらしい子ネコを一匹出産した。検査の結果、そのネコはたしかにレインボーのクローンであることが確認され[23]、CCと名づけられた——CCはメールの宛先によく使う「カーボンコピー[24]」の省略形だ*。

CCという名をもらったものの、技術的に見ると、核移植法で作製されたクローンは遺伝子提供者と完全に同じコピーではない[25]。遺伝子の圧倒的多数は細胞核にはいっているものの、ミトコンドリア（細胞にエネルギーを供給している細胞小器官で、核の外の細胞質にある）にも独自の小さいゲノムが含まれている。核移植法では卵子の細胞質はそっくりそのまま残されるから、CCのもつミトコンドリアとミトコンドリアDNAは卵子提供者のもので、「双子」のレインボーのものではなかった。ただしそのDNAの量はとても少ないので、クローンについての議論ではほとんどの場合、このわずかな遺伝的相違は無視される。

クローニングでは失敗する割合が信じられないほど高いことを考えれば、CCの誕生は、ただそれだけでめざましい業績だった。核移植法で胚を作っても、正常に分割しないもの、待ち受ける心地よい子宮壁に落ち着くことができないもの、自然流産してしまうものがある。たとえばドリーが生まれるまでに、ロスリン研究所の研究者たちはクローン胚の作製を二七七回試み、生き残った胚は二九個だけだった。そのすべてを代理母の子宮に移植したが、時間が経つにつれてさらに数は減り、クローン胎児として残ったものはひとつだけで、それが子ヒツジのドリーとして生まれた[26]。

クローニングには、成功率の低さをしのぐ課題がほかにもある。ドリーは六歳で世を去り、それはヒツジの平均寿命を大幅に下回っていた。ドリーの生みの親は、死はクローニングとは無関係だと主張し、同じ小屋で飼われていた四匹の別のヒツジもドリーの命を奪ったものと同じ感染性の肺疾患にかかっていたと指摘した[27]が、科学者たちは今でもクローン動物の健康について疑問を抱き続けている。

ドリーについて――あるいはどれかほかの一例について――最終的な結論を出すことは不可能だが、ドリーの死後にバイオテクノロジー企業は何百頭という家畜のクローンを誕生させているから、クローンの健康についてのデータも豊富になった。そこに見られる証拠は厄介なものだ。繁殖には失敗と欠陥がつきもので、受精卵すべてが子宮壁に着床するわけではないし、生まれてきたとしても死産や先天異常の可能性があり、体外受精などの生殖補助技術を用いれば一定の異常が起きるリスクが高まる。だがクローンの場合には、少なくとも一部の種では、ほかの方法で生まれる場合よりも先天異常や健康問題が発生する割合が高くなっている[28]。

これは、食品医薬品局（ＦＤＡ）が二〇〇八年に発表したクローン家畜の健康に関する一〇〇〇ページ近い報告書で結論づけられたことだ。ＦＤＡはクローンのヤギやブタで異常な健康障害の証拠を見つけたわけではないが、クローンの畜牛とヒツジには異常発生のリスクが高いと報告してい

＊この名前については長年にわたって諸説が入り乱れており、多くの報道機関は――ウェストヒューズンによれば、誤って――ＣＣは「コピー・キャット」の頭文字だと伝えている。

る。なかでも「過大子症候群」と呼ばれる異常が発生しやすく、その結果として生まれた子には呼吸器や臓器に問題が見られることがあり、代理母は合併症にかかる危険がある。クローンの乳牛とヒツジは、子宮内で、または誕生してまもなく死亡する確率が、通常の出産よりも高い。[*]それでもFDAが調べたデータは、生まれた子を生後六か月まで無事に育てられればまったく健康なおとなに育ち、このようなクローンが通常の方法で繁殖すると、その子孫は正常であるように見えることも示していた。[29]そうは言いながら、FDAは次のようにも指摘している。「家畜のクローンの寿命やクローニングのせいで起こり得る長期的な健康への影響については、この技術が登場してからまだ日が浅いため、どんな結論を下すこともできない[30]」

科学者たちの考えによれば、クローニングで見られる治療の手立てのない症状の多くは、遺伝子のリプログラミング（初期化）と呼ばれるプロセスに由来する。精細胞によって卵子が受精した瞬間、そこでは一連の変化がはじまる。胚が成長して分割が繰り返されるなかで、一部の遺伝子はオンになり、一部の遺伝子はオフになる。発生の全過程を通して、さまざまな遺伝子が絶え間なく増幅したり沈黙したりしているわけだが、とくに細胞が特殊化（つまり「分化」）するときにその動きが激しい。特定の遺伝子の活性化（発現）によって、細胞がたとえば心臓の一部となる準備が整う。また別の遺伝子の発現はそれぞれの細胞を皮膚や血液や脳の一部にする。

これまで長いあいだ、細胞の分化は不可逆なものだと考えられていた。いったん皮膚の一部になった細胞は、いつまでたっても皮膚細胞のままだという考えだ。だがドリーの誕生がその前提を覆すことになった。核移植法を採用した科学者たちは、すでに分化した乳腺細胞からDNAを取り出して、それを発生中の胚が利用できるように変えたのだった。成長した哺乳動物のクローニングは、核移植を用いれば、すでに分化した細胞に含まれている遺伝子を胚の状態にリセットすることが可能だという発見を裏づけていた。それは驚くべき偉業で、遺伝子の時計を巻き戻すわけだが、このプロセスはいつも完璧にいくとは限らない。ウェストヒューズンは次のように説明する。「卵子は精細胞を取り込む方法も、そこにはいっているDNAを取り込む方法も知っているし、それをリプログラミングして一部の遺伝子をオンやオフにする方法もわかっている。でも皮膚細胞にある核は、精細胞の核と同じにはパッケージングされていない。卵子は精子をプログラミングして生命を生み出す方法なら知っているんだが、皮膚細胞の核をリプログラミングする方法については正確に知らないわけだね[31]」

リプログラミングが不完全だったり、その過程に不備があったりすれば、卵子のなかの遺伝子は異常な発現パターンを示すことになる[32]。そうなれば、科学者がまったく新しいウシを作ろうとして用いるDNAは、設定の誤りが原因で行き詰まってしまう。どの遺伝子の発現が異常かによって結果はさまざまで、卵子がはじめから生きられない――したがって胎児にまで成長しない――場合もあれば、さまざまな出生異常があらわれる場合もある。イヌやネコのクローンの健康についてはあまりよくわかっていないが（単に長期的で大規模な調査がまだ行なわれていないため）、遺伝子の

＊欧州食品安全機関も科学的なデータを見直し、クローン家畜が直面する健康上のリスクに関して同様の結論に達した。

リプログラミング時のエラーはあらゆる種に影響を与える可能性がある。

さいわいにもCCは「元気に誕生」し、ネコ科特有の指までまったく完璧だった。[33] およそ一年のあいだ、CC、レインボー、アリーの三匹は研究室で暮らし、健康チェックを受けながら訪問客に公開されていた。そして研究の責務が完了したときに里親探しがはじまり、その後は家庭で過ごせることになった。CCを引き取ったのは、ネコのクローニングチームに加わっていた獣医で生理学者のデュエイン・クリーマーだ。[34] そこで私は一二月のある日、CCに会いにいくことにした。

CCとペットのクローニング

カレッジステーションの中心部にあるホテルのパーキングに車を停めるあいだも、私の胸のドキドキは止まらず、妙に落ち着かない。なにしろ生まれてはじめてクローンに会いにいくのだから！ それでもようやく気を取り直して、クリーマーの待つ建物に向かう——さりげなく、クールに振舞わなければ（「さあ、フランケンキャットに会いにいきましょう」なんてうっかり口走れば、ちょっとプロ意識に欠けていると思われてもしかたないだろう）。

クリーマーは大学の上級研究員だ。ウィスコンシン州の酪農場で育ち、家族で飼うウシの乳を搾りながら一生そこで暮らしていこうと思っていたという。[35] ところが大学生のとき、研究に心を奪われてしまった。その後、畜産と獣医学の学士号、生殖生理学の修士号、生殖生理学の博士号、獣医学の博士号と、五つの学位を手にしてA&M大学の教員となる。大学では生殖科学研究所を設立して何十人もの学生を指導し、ウェストヒューズンも教え子のひとりだった。七〇代後半の年齢を迎えた今もまだ、胚を見るたびにワクワクするそうだ。よく目立つ耳の持ち主で、大きな眼鏡をかけた顔に満面の笑みを浮かべ、今にも消え入りそうな穏やかな声で話す。

クリーマーの車に飛び乗って、私のクローンランド冒険の旅がはじまる（この日一日のうちに、私はCCといっしょに充実した時を過ごすだけでなく、ブルース——私のスニーカーにまことに貴重な鼻水のシミを残すことになる雄のクローン牛——とも束の間の対面を果たし、世界初のオジロジカのクローン、デューイにも会えるのだから）。まもなくクリーマーの自宅に到着。まるで牧場のようだ。案内されるまま家の裏手にまわり、金網のゲートを押して庭にはいる。奥さんのシャーリーが勢いよく家から飛び出してきたので、てっきり彼女のあとについて家にはいり、CCと対面できるのかと思っていると、ふたりは家とは反対の方向を指さした。目をやると庭に大きな木造の小屋が建っている。

「CCは自分の家をもっているんだ。CCと、その子どもと夫のためのね[36]」と、クリーマーが説明してくれる。

クリーマーが自分で建てた小屋とのことだが、中にはいって感心してしまった。二階建てで、リビングルームとキッチンがあり、小さなロフトもふたつついている。水道設備、暖房、エアコン完備だ。もしネコたちが何か読みたいと言いだしても、クリーマーの学生たちが何年にもわたって書いた学位論文がぎっしり詰まった本棚が揃っている。後方のドアを開くと網戸で囲われたポーチが続いているので——おもちゃと小枝がちらばっている——ネコたちは日光浴をしたり新鮮な空気を吸ったりできる。少なくとも、私のアパートの部屋と同じくらいは住み心地がよいと認めざるを得ない（どうすれば次はクローンネコに生まれ変われるのかな？）

踊り場でくつろいでいるＣＣを見つけたので、クリーマーが近寄ってやさしく撫でようとするが、ＣＣは身をよじってその手をすり抜け、窓辺に落ち着いて自分のお城を見おろした。背中はグレーの縞模様、腹と四本の足、ほっぺたの部分は純白だ。目は緑色で、シンディ・クロフォードみたいに口のすぐ上に小さな茶色のほくろがある。私がこのクローンペットの顔をじっと見つめると、向こうもこっちを見つめながら、淡いピンク色の鼻をピクピクさせた。私は根っからのネコ好きではないが、ＣＣは――もちろん純粋に客観的な、科学的観点から――とても可愛らしい。

クリーマーはＣＣに素敵な暮らしを与えてきた――家ばかりではなく、家族も用意したのだ。「クローンが子孫を残せるかどうかをみんな知りたいだろうから、繁殖させてみるのが当然だと思った」[37]と、クリーマーは話す。仲介役がスモーキーという名のグレーの雄ネコをＣＣに紹介し、二〇〇六年にＣＣは四匹の子ネコを出産した。そのうち一匹は死産だったものの、残りは完全に健康だった[38]。

ネコの家をブラブラ歩いていると、ネコ一家のさまざまな家族につまずきそうになる。一匹はエアコンの前にある棚でくつろいでいるし、別の一匹は爪とぎ棒を夢中でひっかき、三匹目は椅子で物憂げに横になっているという具合だ。そしてＣＣは高い位置から子どもたちをじっと見つめている。

「まさかクローンネコを飼うことになるなんて、思ってもいなかったのよ[39]」と、シャーリーが打ち明けた。

そうなんですか？　と、私は声をあげて笑う。いつかはそうしようと計画していたわけじゃないんですか？「どこか奇妙な感じがしますか？」

シャーリーはちょっと間を置いてから、「ライオンを飼ったときほどは、妙な感じはしないけれどね」と言った。*

これまでCCは、クローニングに関係するかどうかにかかわらず健康上の問題がある兆候を示したことはなく、[40]私が会ってから数か月後には一〇歳の誕生日を迎えた。だが、CCについては奇妙な点もある。遺伝子が同じなのに双子のレインボーと似ていないのだ。レインボーは三毛ネコで、白地にグレーとオレンジ色の模様がついている。一方のCCを見ると、オレンジ色の部分はまったく見当たらない。

このような不一致を最もよく説明しそうなのは、「X染色体の不活性化」と呼ばれる現象だ。人間の女性と同じく、雌ネコも二個のX染色体をもっている。三毛ネコの場合、一方のX染色体には黒い毛をコードする遺伝子があり、もう一方のX染色体にはオレンジ色の毛をコードする遺伝子がある。一個ずつの細胞をとってみれば、どちらか一方のX染色体だけが活性化されている。CCの作製に用いた卵丘細胞ではオレンジ色の遺伝子をもったX染色体が活性化されなかったのだと、ウ

＊クリーマーの話によると、何年か前に「ある動物園が診療所にライオンの子どもを二頭連れてきて、そのうちの一頭しか連れ戻さなかった」[41]。そのため、A&M大学が残ったライオンに適した施設を建てるまで、ライオンのデリラがクリーマーの家の裏庭に住んでいたそうだ。

エストヒューズンとクリーマーは推測している。(42)

CCは、DNA配列だけがすべてではないことを思いださせてくれる。動物の特徴は、遺伝子がどのように発現するかによっても変化するからだ。ゲノム全体にわたって付着するいくつもの分子タグが調光スイッチの役割を果たし、遺伝子の発現をオンとオフに切り替えたり、発現の力を強めたり弱めたりする。そうした遺伝子の設定の一部は遺伝によって受け継がれ、一部は環境に応じて調節される。たとえば胎児が子宮内で接する化学物質と栄養素によっても、ある遺伝子が活性化する力が強まったり弱まったりする場合がある。代理母の子宮で出産予定日まで過ごすクローンは、遺伝子の提供者とは異なる出生前環境で発達していく。出生後でも、早い時期の暮らしの経験に応じて遺伝子発現が多様に変化する可能性がある。こうした環境のちがいによって、ポチ一号とポチ二号には簡単に相違が生まれてしまう。*

遺伝子を提供した動物と見た目が似ていないCCのようなクローンができるのなら、もちろん性格が異なるクローンも生まれるだろう。A&M大学の研究者たちはチャンスという名のブラーマン種の雄ウシを複製したとき、それをわが目で直に確かめることになった。(43) チャンスは珍しいほどおとなしい雄ウシで、よく映画やテレビに出演しており、その飼い主でロデオクラウン（ロデオの道化師役）のラルフ・フィッシャーはどうしても瓜ふたつのウシをもう一頭ほしいと考えた。そこで一九九九年にウェストヒューズンがフィッシャーのためにクローンを作製したのだが、チャンス二号が成長するにつれ、一号のような「やさしい巨人」ではないことがわかってきた。チャンス二号はフィッシャーを襲ったのだ。二回も。そしてその二回目に、二号はフィッシャーの左側の睾丸を突き刺し、背骨を折ったので、ロデオクラウンは入院して股の部分を八〇針も縫わなければならなかった。チャンス二号は細胞にチャンス一号のDNAをもっていたのだが、育ちも、訓練も、暮らしかたも一号とは異なり、まったくちがう雄ウシになったのだった(リペットの店員が口にした、クローンのペットはDNAを提供したペットと同じ芸当を全部おぼえているという約束は、少なくとも現実の世界ではまったくのインチキだ)。CCとチャンス二号はどちらも、「クローニングは生殖であってよみがえりではない[44]」というウェストヒューズンとクリーマーの持論を実証する存在となっている。

この点で、クリーマーはCCの毛色の失敗を喜んだ[45]。ペットの飼い主は詐欺師にとって恰好のカモになるのではないかと心配していたからだ。「人は動物に愛情を注ぐあまり、そこにつけ込まれることがあるからね[46]」と、クリーマーは説明する。CCはあきらかに、遺伝子の上では双子であってても愛するペットの完璧なレプリカとはならないことを示す、目で見てはっきりわかる証拠だった。それでもCCはネコの複製が可能であることを証明したので、GSC社は二〇〇四年に「ナインライブズ・エクストラバガンザ[47]」と称する(「ネコに九生あり」という諺から命名した)商品を立ち上げ、五万ドルという値札をよしとする人にネコのコピーを約束した。この会社はさらに目を引く、次のような保証もつけ加えている。「みなさまの子ネコが遺伝子を提供したネコと十分に似ていな

＊遺伝子のリプログラミング時のエラーも、クローンでの遺伝子活性を変化させ、クローンと遺伝子提供者との相違の原因になることがある。

いと感じられた場合は、いっさいの質問なしで代金を全額返金いたします」[48]。それから一年も経たないうちに、代金を支払った最初の顧客にリトルニッキーという名のメインクーンのクローンが手渡された[49]（子ネコを注文したテキサス州の女性は感動し、「まったく同じネコです、個性もまったく同じです」[50]と、マスコミに語っている）。

GSC社とA&M大学はネコのクローニングに成功を収めたにもかかわらず、やがて袂を分かつ結果になった[51]。原因のひとつは、そもそもこの事業の発端となったミッシーの複製にA&Mのチームが失敗を重ねたことにある。イヌ科の生殖器系の予測のつかない変化が、このプロジェクトを思ったより難しくしていた。ネコやウシの場合には卵巣から未成熟な卵子を取り出し、研究室のペトリ皿で成熟させることができる。ところがイヌではこの戦略が通用せず、科学者はいまだにその理由をはっきり解明できていない。イヌの卵子はもっと気難しいようなのだ。つまり、イヌの場合は排卵の正確な瞬間を待たねばならず、その時期を狙って手術をして成熟した卵子を体外に取り出す必要がある[52]。「これを実行するのはまさに悪夢だよ」[53]と、ウェストヒューズンは話す。A&M大学のチームは二匹のイヌをなんとかうまく誘導して子宮にクローン胚を着床させたが、一方は流産し、もう一方は死産だった[54]。

GSC社は財政難で二〇〇六年に休業してしまうが[55]、ホーソーンはすぐビジネスに復帰し、バイオアーツ・インターナショナル社という会社を立ち上げてトップに立つ[56]と、何がなんでもミッシー二号をほしいという思いで韓国の科学者ファン・ウソクに連絡をとった[57]。ファンは二〇〇五年に世界ではじめてイヌのクローン[58]——スナッピー（研究者たちが所属したソウル大学の英語名の略称S

NUと子イヌを意味するpuppyを組み合わせた名前）という名のアフガンハウンド——を作製した経歴をもち、*現在は秀岩《スアム》生命工学研究院を率いている。ホーソーンはファンにミッシーのことを話し、このイヌのクローン作りを手伝ってほしいと頼んだ。まもなくファンはその希望を——三倍にして——かなえ、二〇〇八年には小さなフワフワの赤ちゃんイヌ三匹がホーソーンに手渡された。ミラ、チング、サランは[59]、みなミッシーのクローンだった。**バイオアーツ社はウェブサイトで「ミッシー——完成！[60]」と報告し、三匹すべてが遺伝子を提供したイヌと同じく柔らかな毛に包まれ、ブロッコリー好きだと書いている。[61]

この成功で勢いを得たバイオアーツ社は「ベストフレンド・アゲイン」プログラムを発表した。秀岩研究院が作製する五匹分のイヌのクローン権を販売するという内容で、購入者は全世界を対象としたオークションで決まり、最低入札価格は一〇万ドルだ。バイオアーツ社は「ゴールデンクローン懸賞」も開催し、こちらはエッセーコンテストで最優秀賞を獲得した人の飼っているイヌを無

*ファンは、二〇〇四年のヒトクローン胚作製に成功したという主張に関し、不正で告発されたこともある[62]（最終的に、詐欺ではなく生命倫理法違反と横領で有罪とされた）。ファンはデータの改ざんを認めたとされ、画期的と思われたふたつの論文は撤回された。だが、イヌのデータは本物のようだ（バイオアーツ社の広報担当は「ガーディアン」紙に対し、会社がファンと提携したことについて次のように擁護した。「クローニング企業として、二回目のチャンスがあると信じています[63]」）。

**何人かの専門家は、韓国の成功の秘密はこの国の犬食文化にあるとまで言っている。クローニングは失敗する率が高いため、成功には数え切れないほどのイヌの胚が必要となる。韓国人は、より多くのイヌを入手でき、肉のために飼育または販売されているイヌから卵子を採取できるから有利だと言う人がいるのだ[64]。

料で複製すると約束した。[65]＊

ところが、ペットをよみがえらせる構想が一般の人々をワクワクさせることはなかった。その反対に、グローフィッシュが世に出たときと同じような終末論的空想を呼び起こしたらしい。動物の複製が人間の複製に対する恐怖を駆り立て、何人かのジャーナリスト、倫理学者、政治家は、たとえばヒトラーの軍隊だって作れる可能性があるではないかと思いをめぐらした。なかには、クローニングは個々の存在の唯一性をむしばむ、あるいは人間の理解とコントロールを超えた科学の力を解き放つことになると危惧する者もいた。

批判的な意見の持ち主のなかには動物の福祉を心配する人たちもおり、その問題は一考に値する。世界中の科学者たちが研究室で利用している動物の数は毎年五〇〇〇万から一億にのぼるというのが専門家の予測で[66]、そのような動物たちは必ずしもよい暮らしを送れるわけではない。癌やアルツハイマー病にかかるよう遺伝子を組み換えられたミュータントマウス、あるいは恐ろしいベルツビルのブタを思いだしてほしい。研究用のラットはときに侵襲的手術を施されたり、有毒な物質を与えられたりして、身体的苦痛にさらされる。研究用の動物はさらに仲間との接触や精神的刺激を断たれたり、ストレスの多い実験に参加させられたりと、心理的または精神的苦痛にもさらされる[67]。動物の心の世界を研究しているコロラド大学ボルダー校の生物学者マーク・ベコフは、次のように話した。「動物は私たちと同じ願望をもっています。動物たちは苦痛を避けたい、とにかく充足感を得たい、食べもの、住みか、友情、セックスなど、さまざまなものの要求を満たしたい、そして苦痛や不快感やストレスや恐怖を避けたいと思っているのです。それに疑いの余地はありません[68]」

ペットのクローニングは、実験動物に負わせてきた重荷に関する長年の気がかりを表面化する流れを生み、米国動物愛護協会とアメリカ動物実験反対協会が非難の側に加わった。これらふたつのグループは二〇〇八年の報告書で、クローン動物の健康に関して次のようなお決まりの警告を発している。[69]「生きて生まれるクローン動物は稀で、誕生時にはなんとか生き延びても多くは健康上の問題を抱え、その後も長くは生きられない[70]」

この報告書が指摘したように、クローニングの効率の悪さは動物の福祉についての懸念をさらに強めている。イヌ一匹を複製するために、実にたくさんの雌イヌに麻酔をかけて卵子を採取しなければならない。代理母として子宮内で発生中の胚を育てるイヌも別途必要になる（群れをなすほどの数が必要になる。フワフワしていて、よだれを垂らし、ちぎれるようにしっぽを振るイヌたちの群れだ）。スナッピーを作り出すために、韓国の研究者たちは合計一〇九五個のクローン胚を一二三匹の雌イヌに移植した。その結果生まれたのは二匹のみで、生き残ったのは一匹だった。スナッピーの誕生に関する論文を掲載した「ネイチャー」誌は、この悲しい統計値を論説で次のように取り上げている。[71]「たとえ自分のペットに異常なほど執着している飼い主でも、たった一匹を誕生させるために一〇〇〇回を超える妊娠の失敗を覚悟するとは思えない[72]……そのような状況のもとでは、

＊「ゴールデンクローン懸賞」に当選したのはジェームズ・サイミントンとジャーマン・シェパードのトラッカーで、このイヌは二〇〇一年九月に世界貿易センタービルの瓦礫で働いた捜索救助犬だった。[73]サイミントンはのちにトラッカーのクローンを五匹受け取り、さまざまな緊急時に捜索救助犬の支援チームを送るＮＰＯ「チームトラッカー」を創設した。トラッカーと遺伝的に等しい五匹はすべて、チームに参加するための訓練を受けている。[74]

ペットの飼い主にとってイヌのクローニングは倫理的に弁解の余地のないものだ」＊

クローニングをはじめとした研究に利用される動物にも、いくらかの保護が与えられている。米国の動物福祉法は一九六六年に制定された連邦法で、何度かの修正を経て、実験動物の収容と世話に関する基本的な要件を定めている[75]。この法律は、必要に応じて鎮痛剤と麻酔薬の使用を求めるとともに、実験者は特定の種の身体的および精神的両面の福祉を考慮しなければならないと明記する＊＊。さらに、人間とのふれあいを生きがいにする社会的動物であるイヌについては、特別な条項もある。イヌに対しては研究者が「積極的に人間との身体的接触」を行なうよう推奨するもので、「撫でる、さする、その他のさわりかたで、動物の福祉にとって有益なもの[76]」と法律的に定めている。イヌが仲間から引き離されて一匹だけで収容されている場合には、人間によるこうした特別な配慮が義務づけられている＊＊＊。

ＧＳＣ社は当初から、独自の厳しい倫理規定を掲げることによって動物の福祉に関する懸念に対処しようとしていた。その規定の数ある項目のなかには、すべてのネコとイヌに一日二時間以上の遊ぶ時間を与えること、また研究室での務めを終えたら、すべてが「温かい家庭」で過ごすことも明記されていた[77]。奇形をもって生まれた動物がいても、大きな苦痛を引き起こすほど深刻な場合を除いて、やはり里親の家庭で過ごすとのことだった。苦痛を伴う奇形のある動物は安楽死の対象になる。

こうした約束は非難の声を沈黙させるには不十分で、批判的な人々は、ペットのクローニングによって引き起こされる害はどんなものでも受け入れがたいと主張した。結局のところ、ゼブラフィッシュとマウスとヤギはいいとしても、ネコとイヌで実験をする科学者のことを許すのはずっと難しい。調査によれば、ペットのクローニングに賛成しない人の数は家畜のクローニングの場合より多く、米国人のおよそ八〇パーセントは研究室でのペットの複製に反対している[78]（家畜のクローニングに反対を唱える人の割合は、だいたい六〇パーセント台半ばを推移している****）。

動物福祉関連の法律にさえ、私たちの好みには種によって差があることがあらわれている。[79] 米国

＊ホーソーンはこのような懸念に対し、GSC社は雌のネコとイヌの不妊手術をする病院から卵子を購入するので、健康な動物に不必要な手術の負担をかけることはないと反論した。[80] A&M大学の研究者はネコの卵子の大半をそのような病院から入手したが[81]、イヌの場合は同じ方法が「うまくいかなかった」とウェストヒューズンは話す。「不妊手術をする病院から卵子を確実に集めて、核移植できる状態になるまで体外成熟させる培養方法が見つからなかった」[82]

＊＊欧州では、実験動物の住まいと世話に関するガイドラインが指令二〇一〇／六三／EUに定められている。この指令は、動物の福祉を守る方法の概要を説明する一方で、できれば動物実験に代わる方法を見つけるようにと科学者に呼びかけている。

＊＊＊大学およびその他の科学機関は独自に動物実験委員会を設け、研究計画を審査して、この法律の基準を満たしていることを確認する必要がある。動物研究のために連邦から補助金を受け取る機関はさらに、実験動物研究協会の「実験動物の管理と使用に関する指針」および米国獣医学会の安楽死に関するガイドラインによって定められたものをはじめとした福祉協定にも準拠することが求められる。[83]

＊＊＊＊家畜のクローニングに対する懐疑的な考え方は、欧州で暮らす人々のあいだではもっと大きいようだ。全EU加盟国の二万六〇〇〇人以上を対象とした二〇一〇年の調査によれば、食品生産のための動物のクローニングは「根本的に不自然」だと答えた人が七七パーセントにのぼり、その見込みによって不安を感じると答えた人が六七パーセントにのぼった。この調査にペットのクローニングに関する質問は含まれていなかった。

ではイヌには特別な心遣いが必要だとされる一方で、さまざまな種類のラットとマウス――まさに実験動物の代名詞――は、法律の保護から明確に除外されているのだ。「食品と繊維」に利用されている家畜も対象外となる（生物医学の研究に利用されている家畜にはこの法律が適用され、ウェストヒューズンによれば、A＆M大学のチームはクローニングの研究で連邦法およびそれ以上の福祉水準に従っていた）[84]。

実際、ペットのクローニングをめぐる言い分には興味深い矛盾がある。私たちは自分のペットを心から愛していて、彼らなしで生きると考えるのには耐えられないから、生き写しのコピーを作ろうとする。一方で、それがゆえにこの試みには問題がつきまとう。私たちはネコとイヌをほかの大多数の種より価値があるものと考えているからだ。賛成の人も反対の人も、ネコとイヌへの愛情によって突き動かされている。ペットのクローニングをめぐる論争は、動物を愛するとは何を意味するかの議論であり、そこではさまざまな価値観や意見が絡み合い、全員が賛同することはあり得ないと思われる。

最も厳しい倫理規定でさえ、実験動物が苦しまないと保証することはできない。実験手順は本質的に未知の結果を生むものであり、クローニングはあきらかに動物の痛みと苦痛を引き起こす可能性がある。クローニングを実施する人々は手順の効率を高める方法を考えているとはいえ[85]、ペットのクローニングが一般的になるまでには（とりわけ研究室で育てられたネコとイヌの長期的な健康については）わかっていないことがまだまだ山ほどある。*

ホーソーンも最終的には同じ結論に達し、二〇〇九年九月一〇日、バイオアーツ社はペットクローニングの事業から永久に撤退すると発表した。[86] この会社のウェブサイトに掲示された声明のなかで、動物の複製はまだ予測不可能だとしてホーソーンは次のように書いている。「クローニングはまだ実験的技術であり、消費者は慎重に前進するのが賢明でしょう」。[87] さらに、バイオアーツ社は十分な数の顧客の関心を引くことができなかったとも書いた。イヌのクローン権を販売するオークションでは、予定した五匹のうち四匹しか買い手がつかなかった（バイオアーツ社はペットクローニングの事業をたたむ前に、それら四人の顧客とゴールデンクローン懸賞の当選者に無事、クローン犬を引き渡すことができた）。ペットのコピーには理論的な興味が多く寄せられたものの――電話とメールによる問い合わせは数千件にのぼった――実際に一歩を踏み出す心構えができた飼い主は、わずか数人にすぎなかった。

おそらくそれはペットのクローニングに対する魅力が、科学の奇跡によって愛するペットを生き返らせることができるという不可能な夢、『シックス・デイ』で見た空想の世界に端を発しているからだろう。この動機を、家畜のクローニングの背景にある冷たく厳しい計算と比較してほしい。そこでは愛情ではなく金銭が問題になる。ウシの牧場主は単純に、最高の肉やミルクの生産量を誇る動物の双子を作りたい。それは実現可能な目標だ。たとえばすでに何頭かのクローン牛が、米国

＊二〇一一年に、ドリーのクローンが再び作製されたというニュースが伝えられたとき、効率が向上したことを示すわずかな証拠がもたらされた。この評判の悪いヒツジと同じ遺伝子をもつコピーが四匹、スコットランドで元気に暮らしている。ドリーの作製には二九個のクローン胚が必要とされたが、四匹の新しいクローンのそれぞれに必要だった胚は五個だった。[88]

最大の酪農産業博覧会であるワールドデイリーエキスポで優勝している。[89] アイオワ州最大のイベントであるアイオワステートフェアで二〇一〇年に優勝した食肉牛のドクは、二〇〇八年に同じ賞をとったウシのクローンだった。[90] イヌよりもウシのクローニングのほうが安くて簡単なだけでなく――ウシは二万ドルでできるが、[91] イヌだと一〇万ドル、ときにはもっとかかる――投資としても魅力がある。遺伝子に恵まれたウシは大きな利益をもたらすから、クローニングで元をとれるどころか余裕でお釣りがくるのだ[92]*（さらに、クローニングが世の中に出現したとき、牧場主たちは繁殖を科学用語で考えるのに慣れていたし、生殖技術の助けを借りて家畜を管理する習慣がついており、家畜繁殖の世界はすでに、研究室で起きた最新のブレークスルーを商品化したい企業にとっての本拠地にもなっていた）。

クローン家畜の需要は豊富で、テキサス州オースティンに本社を構えるヴィアジェン社は年間数百頭の家畜のクローニングを手がけている。[93]** 顧客の大半はウシを複製するが、[94] 次の大ブームはウマが起こしそうな気配だ。ヴィアジェン社はバレルレース（一定の距離で置かれた三つの樽《バレル》のまわりを走ってタイムを競う乗馬競技）のチャンピオンとなったウマのクローンを作製し、[95] アルゼンチンのポロ選手は実績をもつウマを何頭かコピーさせた。[96] そして二〇一二年には、国際的な馬術競技の管理機関である国際馬術連盟がクローンの禁止を解き、オリンピック競技にもクローン参加の道が開かれた[97]（競技に参加しているウマがすべて、これまでの優勝経験馬のクローンだと想像してほしい。あるいは、同じ優勝馬のクローンばかりが走る！　オッズメーカーにとってはどれだけ難題になることか）。

ペットの飼い主がクローニングを求める動機は、ひとつの身体的特徴を利用する金儲けではなく、特徴からクセまですべてを含めたこの世に一匹しかいない動物への愛情だ。賞をとるウシを育てるのは遺伝的特徴だけの問題ではないとはいえ、クローニングはペットを愛する人々の壮大な夢よりも、酪農家たちのもっと限られた目標の達成に適しているということだろう。遺伝子が等しい双子を手に入れても、大好きだったペットを天国の犬小屋から呼び戻すことはできない。だからクローンに六桁もの代金を支払うことを納得してもらうのは難しく、その技術が実験段階で、結果も予測がつかないものならなおさらだ。

＊クローン肉に対する騒動をよそに、[98]米国と欧州の政府機関はどちらも、クローンから得られた食肉とミルクは従来の方法で繁殖させた動物から得られた食品と区別がつかない、またそのようなクローンからの生産品が健康上のリスクを高める見込みはないと結論づけている。[99]それにもかかわらず米農務省（ＵＳＤＡ）は自主的な一時的禁止令を出し、クローン家畜の所有者にそれらの動物を食品として供給しないよう求めている。ＥＵの場合、クローンから得られた食品には一九九七年に採択された「新規食品に関する規則」が適用され、市販するためには事前に正式な承認を得なければならない。これまで、欧州でそのような承認の申請はまだない。おそらく実際の（作り出すのに多大なコストがかかり、すぐれた遺伝子がいっぱい詰まっている）クローンは、所有者にとって、ただ食肉用に処分してしまうには高価すぎるからだ。その代わり、クローン牛はおもに種畜として飼われ、通常の方法で妊娠して生まれたその子孫たちがスーパーマーケットに並ぶ。[100]

＊＊ヴィアジェン社の財政を支援している人物のひとりは、かのジョン・スパーリングだ。[101]

愛したペットにいつかまた会える日まで

だが、夢はまだ生きている。ペット愛好家たちは昔飼っていたポチに再び会える希望を捨ててはいない。ＧＳＣ社とバイオアーツ社が失敗したのは、ただ時代を先取りしすぎただけだとしたら？ 今後数十年のあいだにクローニングの成功率は高まって、価格も下がり、批判的な世論も和らぐだろう。* いくつかの動物遺伝子バンク会社が狙っているのはそこだ。これらの会社は創業当時のＧＳＣ社と同じサービスを低料金で提供するとし、クローニング技術が成熟するまでペットのＤＮＡを冷凍保存する飼い主を募集している。

そのひとつ、パーペチュエイト社は、ずいぶん昔の一九九八年に設立されて今もまだ好調だ[102]。ウェブサイトでは積極的な販売を繰り広げ、「失われたペットたちの、並外れた、唯一無比の、すばらしいからだと聡明さと生来の才能をもつ後継者を生み出します[103]」と謳って、見込み客にそのような機会の提供を約束する。私はこの会社の共同創設者で社長のロン・ガレスピーに電話をかけ、どんな仕組みなのかを尋ねてみた。ガレスピーは一連のプロセスを次のように説明してくれた[104]。もし私が飼っているキャバプーのマイロの細胞を保存したいと希望すれば、会社から組織採取キットが送られてくる。私は獣医の助けを借りて、マイロの首筋から皮膚の「小片を二個」採取し、その試料をパーペチュエイト社宛てに返送する。この会社の研究室では技術者が皮膚細胞を分離し、培養して、ものすごい勢いで増殖させてから、液体窒素のタンクにしまう。マイロの細胞はこのステンレスの「バイオケネル」のなかで、別のペットのイヌ、ネコ、鳥、トカゲのＤＮＡと隣あわせに並び、極低温で冬眠することになる。

パーペチュエイト社では、技術の信頼性が高まって価格も下がったら、これらの細胞のかけらをフワフワの毛をもつペットのクローンに変える機会を顧客に提供する計画だ。そうしているあいだにも顧客の何人かは、イヌのクローニングの事実上の中心地となっている韓国に愛犬の細胞を送ってきた。(105) バイオアーツ社の以前のパートナーだった秀岩生命工学研究院は、今もまだイヌの複製を量産し続けているし、韓国の別のクローニング企業であるRNLバイオ社も同様の仕事をしている。＊＊それでも韓国のクローンに六桁の代金を支払える人はほとんどいない。ガレスピーによれば、価格が大幅に（一万ドル以下）に下がらなければパーペチュエイト社のサービス一覧にクローニングを加えることはできないそうだ。(106)

それでも動物好きはDNAの試料を送り続け、クローンを注文できる日を心待ちにしている。実際、私たちが電話で話をしたときにも、飼っているラットを――ガレスピーは説明をするときにその点をことさらに強調し、「ラットですよ」と念を押した――保存してほしいと、フロリダの女性から電話をもらったばかりだそうだ。残念ながらそのラットは、飼い主がパーペチュエイト社に電

＊二〇一一年のギャラップ調査では、一八歳から三四歳までの回答者はそれより年長の回答者よりクローニングを道徳的に容認できるとみなす割合が高く、その傾向からすると、受け入れる風潮はさらに強まっていくだろう。
＊＊RNLバイオ社にも事業拡大の予定があり、最近のプレスリリースで謎めいた「クローン犬のテーマパーク」(107) 計画について触れている。これは私たちがクローン犬と触れ合える場所を作る構想だと思うが、私としては複製のイヌたちがリラックスして観覧車に乗り、屋台のファンネルケーキに舌鼓を打つようなアミューズメントパークを想像するほうが好きだ。

話をかけてくる前に死んでいて、生細胞はもうなかった。それでもいいから、どうしても組織を保存してほしいと女性は言い張ったらしく、ガレスピーは「それは飼い主に希望をもたらすからだ」[108]と話す。パーペチュエイト社のウェブサイトが将来の顧客を安心させている通り、「将来のいつの日か、あなたの愛するペットと瓜ふたつのペットがやってくる可能性を確保することには、お金では買えない価値[109]」があるのだ。煎じ詰めれば、愛情に値段はつけられない（ただし代金をお支払いいただく際には、およそ一三〇〇ドルに加えて、毎年の保管料も必要になる。[110]大手クレジットカードはすべて利用できるようになっている[111]）。

私の頭のなかでちっちゃいマイロがチョロチョロ走りまわる様子が思い浮かんだものの、近いうちにパーペチュエイト社にマイロの細胞を送るつもりはない。クローニングは、マイロとまったく同じイヌをもう一匹くれるとは限らず、もしそれができたとしても、私はほしくない。マイロが死んだら関係のないイヌとまた一からやり直し、同じ姿や性格を期待するのをやめて、昔のイヌと新しいイヌをいつも比べる重荷から解放されようと思う。

でももし私たちがクローニングの限界をきちんと理解するなら、そして研究者が健康で元気に育つクローンを作ると同時に、その作製に伴って起きる被害を減らす方法を見つけ出すなら、私はペットの飼い主が自由に選択する権利をもっていいと思う。動物をどれだけ大切にするかについては、人それぞれで価値観が異なり、ペットとの絆は感情的なものだ。悲しみに暮れる飼い主が愛犬のDNAに生き続けてほしいと願う気もちに、論理的理由など必要だろうか？　研究室でペットを作ることは、厳密に言えば「必要」ではないが、イヌの保護シェルターはもらい手のいないイヌでいっぱいなのだから、ブリーダーによる繁殖だってほとんどが不必要なものだ。新しい動物を作るひとつの方法が、もうひとつの方法よりほんとうに許しがたいものなのだろうか？

私はクローニングの成果が向上していくことを願っている。この技術からは、死んだペットの複製を何匹か手に入れる以上のものを得られるからだ。たとえばウェストヒューズンはクローニングによって、ブルセラ病というウシの一般的な病気に自然抵抗力をもつ雄ウシを作製した(112)。広い世界のどこかには、狂牛病に抵抗力をもつウシや鳥インフルエンザに免疫をもつニワトリが隠れているかもしれない。そのような遺伝的変種のクローニングによって、より健康で、人間にとってもより安全な家畜を生み出すことができるだろう。同じアプローチを用い、より健康なペットを生み出せるかもしれない。ラブラドール・レトリバーには股関節障害が多発して問題になっているが、障害のない個体のクローニングによって、新たな繁殖用集団をスタートさせることを想像してほしい。

さらに、絶滅危惧種の個体数を増やす方法に知恵をしぼってきた野生生物学者たちがいる。動物園ではこれまで何十年にもわたって繁殖プログラムを実施してきたが、多くの場合、檻のなかで動物を繁殖に導くのは難しい。飼育員にとっては骨の折れる仕事だし、結果には一貫性がない。そこで野生生物繁殖の専門家たちは、家畜の繁殖を革命的に変化させている技術に注目するようになった。ヒツジ、ウシ、ネコ、イヌのＤＮＡ上の双子を作れるようになった科学者たちの努力に、熱い視線を注いできたのだ。そして絶滅の危機に瀕している生きものたちの復活を手助けするのに、その技術を借用することに決めた。

第4章　絶滅の危機はコピーで乗り切る

現代の地球で野生生物として生きるのは難しい。世界は七〇億人の人間で満ちあふれ、人間の欲望と要求——宅地開発、安い食料、最新で最高の電子機器——が、わずかに残された野生まで破壊し続けている。地球上にいる哺乳動物の種の四分の一近くが絶滅の危機に瀕し、両生類ではおよそ三分の一、鳥類では八分の一が同様の状態だ。[1] 歴史上では五回の大絶滅が知られていて、五回目の大絶滅では恐竜が消え去り、多くの科学者は今が六回目のはじまりだと確信している。[2] 自然保護活動家は生息環境の保全にできるかぎりのことをしてきたが、次々に新しい穴があく船から水を汲み出そうとしているように思える。人口統計学者の予測通りなら、二〇五〇年までに地球上の人口は九〇億を超えるだろう。[3]

このような状況だから、科学者たちが別の方法を探りはじめ、絶滅の危機に対処できる解決策としてバイオテクノロジーに目を向けたことも驚くにはあたらない。古い考えに固執しない数人の研究者は、クローニングにその答えがあると考えている。表面上の考えかたはシンプルだ。動物の数が減っている？　それならとにかく科学を利用して、残っているもののコピーを作ろう！　だが思うほど簡単にはいかない。絶滅危惧種で最初に試みられたクローンが誕生して以来、そのことがはっきりしてきた。その個体は、インドと東南アジアに固有の稀少な野牛の一種をそっくりコピーした、ノアという名の小さなインドヤギュウ（ガウル）だった。[4] 二〇〇一年一月のこの野牛の誕生は、絶滅の危機に瀕した動物を印刷するように複製することが、少なくとも技術的には可能なことを証明していた。だがそれは束の間の快挙でもあった。ノアは誕生から三六時間後に消化管感染症の兆候を見せはじめ、その二四時間後に息を引き取ったのだ。ノアを世に送り出したマサチューセッツ州の企業、アドバンスド・セル・テクノロジー社の研究者たちは、クローニングはこの野牛の悲惨な運命とは無関係だと言ったが、ほかのクローンたちで記録されてきた健康上の問題を考えれば、そう言い切るには無理がある。ノアの死は、野生動物の複製でも、ペットと家畜のクローニングを悩ませてきた課題と困難な事態を避けては通れないことを示していた。それでも絶滅危惧種の場合には、なお押し進めるだけのやむにやまれぬ理由がある。これらの稀少動物のクローニングが追い求めているものは、金銭やふれあいどころではない――生き残りだ。

絶滅危惧種をクローニングする

これがいちかばちかの大ばくちであることを念頭に、私はニューオリンズに出かけることにする。

この街では小さな研究グループが絶滅危惧種のクローニングの最前線を突き進んできた。彼らのすばらしい施設は、ミシシッピ川の堤防沿いにある五〇〇ヘクタールほどの広葉樹林に隠れるように建っている。[5] 一見したところ、この林はどこにでもある自然と同じようにしか見えない。だが茂みの奥を覗き込めば、驚くような秘密に気づくだろう。ここには世界有数の珍しい動物たち――ふつうはアフリカのサバンナや中央アジアの山奥にいるはずの生きものたち――がいて、小さな自然のなかでひっそりと暮らしているのだ。木々のあいだをぶらぶら歩けば、羽づくろいしている真っ白なトキの群れや斑点をもった小さなヤマネコが行ったり来たりしているところに、バッタリ出会うかもしれない。

ここはフリーポート－マクモラン・オーデュボン野生種生存センターの敷地で、複合施設のすべてが、鍵のかかった門扉をくぐり抜けてひなびた道を進んだ突き当たりに配置されている。警備員が身分証明書をよくチェックしてから入場を許してくれたので、私は林の奥へとカーブしながら続く細い砂利道を、慎重に運転していく。おおいかぶさるように伸びた枝が青々とした天蓋を形成し、道沿いに並ぶ木々の先は数十センチしか見えない。車の前にいつヒョウが飛び出してくるかと、半ば期待してしまう。*

林が突然開け、広場に出ると、大きなレンガ造りの看板が広大なオーデュボン絶滅危惧種研究セ

＊あとになって、その林には実際にウンピョウが隠れていることを知った。ただし、安全に檻のなかに入れられている。

ンター（ACRES）に私を迎えてくれた。ここは生存センターの遺伝および獣医学研究所がある三三〇〇平方メートルにのぼる複合施設だ。[6]内部の部屋のひとつひとつが、野生動物を救うという遠大な取り組みに向けて、それぞれの小さな課題に集中している。通路を進みながら、並んだドアに掲げられた名称を順に読んでみる――配偶子／胚研究室、分子遺伝学研究室、放射性同位体研究室、低温生物学室。最先端の研究施設なのに、濃い色をした羽目板張りで田舎風の雰囲気がとても居心地よく感じられる。私が豪華なひじ掛け椅子に腰をおろすと、タイミングを合わせたかのようにACRESの責任者、生殖生理学者のベッツィー・ドレッサーがオフィスから姿をあらわした。短く切った髪の色と同じグレーのブレザーに身を包み、握手と笑顔の歓迎が温かい。

ドレッサーはこれまでの人生を、いつも別の種とともに過ごしてきた。[7]子どものころは近くのシンシナティ動物園に連れていってほしいと飽きもせず家族にねだり、働ける年齢になると迷わずそこで働きはじめて、十代の案内係から飼育係、若手動物学者へと着実に歩みを進めた。生殖生物学という分野に出会ったのは、一九七〇年代に大学に入ってからのことだ。実際、テキサスA&M大学のデュエイン・クリーマーの研究室が発表した最新の論文を読み、科学者たちが入念な品種改良、人工授精、その他の生殖技術を用いて畜牛を管理できるようになった過程をじっと見つめてきた。だが、科学者たちが家畜を相手に長い時間をかけているあいだに、世界の野生動物の数はどんどん減りはじめていた。ドレッサーはこう振り返る。「私は科学技術が家畜に積極的に取り組んでいくのを見ながら、いつも『なぜこれと同じことを野生動物にはできないのか？　なぜこの技術の一部だけでも、せめていくつかの種を救う試みに応用できないのか？』って考えていたんです[8]」

動物生殖生理学の博士号を取得したあと、ドレッサーは一九八一年にシンシナティ動物園で絶滅危惧野生動物保護研究センター（ＣＲＥＷ）を設立した。ＣＲＥＷでは同僚たちとともに数多くのブレークスルーを成し遂げ、人工授精によるペルシャヒョウの赤ちゃんや世界初の試験管ゴリラの誕生を成功させている。[9] ニューオリンズで動物園を運営するオーデュボン自然研究所がＣＲＥＷでのこうした研究に感銘を受け、同様のプログラムを立ち上げるにあたってドレッサーの助けを求めた。そして一九九六年、ドレッサーは真新しいＡＣＲＥＳを率いることになったのだった。ドレッサーはＡＣＲＥＳについて、「私たちの施設は未来にも野生動物を見たいという思いで存在しているんですよ。ゾウやライオンやトラを、今の恐竜のように教科書でしか見られないなんて、私には想像もつきませんからね[10]」と話す。

これらの種の姿がいつまでも消えないよう、一五年にわたってＡＣＲＥＳを指揮しながら科学者チームとの協議を続けているドレッサーは、使える生殖技術があれば何でも使ってみたいと考えている。[11] ＡＣＲＥＳのチームが最初に取り組んだのは、ドレッサーがシンシナティで重点を置いていた胚移植と体外受精などの技術で、研究室の壁には科学者たちが誕生させた可愛らしい子ネコや生まれたての鳴き声をあげるツルの写真が飾られている。どの写真にも、誇らしげな親の顔をして動物の子を見せているドレッサーの姿があった。「これはカラカル」と言って彼女が指さすのは、体外受精を用いて誕生させた二匹の子ネコの写真だ。からだ全体は赤みがかった灰色だが、とがった両耳の先から真っ黒な毛の房が突き出している。『スタートレック』のミスター・スポックを彷彿させるので、「スポックネコと呼ぶ人もいます」とドレッサーは話す。

次に何枚も並んだ写真を順に示しながら、サーバルキャット、スナドリネコ、アラビアンサンドキャットなどと、それぞれの名前をあげていく。そのほとんどが、密猟と生息環境の破壊によって絶滅の危機に瀕していっている。急増する人間の数も、別の意味でこれらのネコにとっては痛手だ。人間のペットのトラネコやペルシャネコは野生種のネコにも手を出さずにはいられないらしい。そうした自由奔放な交雑で可愛い雑種の子ネコが生まれても、野生種のネコ科の動物を増やす助けにはならない。[12]

ACRESはこれらの外国産小型ネコの業績で有名になり、技術が進化するにつれて科学者たちの戦略も進化した。体外受精を用いる新しい方法で珍しい動物を繁殖させることができたが、その技術には限界があった。たとえば試験管ネコを生み出すためには、野生のネコから精子と卵子を採取し、卵子を研究室で受精させてから代理母に移植する必要がある。特殊な生殖細胞を採取して保存するのは技術的に難しく、卵子を回収するためには雌ネコに麻酔をかけて開腹手術をしなければならないから、動物たちに危険が及ぶかもしれない。

クローニングにはいくつかの注目すべき利点がある。クローニングに必要なDNAのすべては、動物の皮膚細胞から入手することができる。稀少なネコをすばやく拭うようにして皮膚をこっそり頂戴するのは、外科手術で卵子を採取するよりはるかに簡単だ。クローニングではまた、生殖能力のある精子や卵子がなくても動物の遺伝子を子孫に伝えられる。年老いた動物、不妊の動物、死んだ動物さえ利用できるのだ。[13] ドレッサーはこの技術が絶滅危惧種を救う上であきらかに役立つと考えている。彼女が思い描く手順は次のようなものだ。[14] まず稀少動物から皮膚の試料を収集して、その動物の新しいコピーを研究室で次々に作り出す。一方、野外生物学者はそうして生まれたクローンを生息環境に放し、そこでクローンと野生の仲間が社会的なかかわりの上でも生殖の上でも混じり合って、個体数をゆっくりと増やしていく。

クローニングを利用して絶滅危惧種を救える見込みは壮大な夢であり、成功させるには数多くの研究者と長い年月を必要とするだろう。そこでドレッサーと同僚たちは基本からはじめているところだ。大規模な再生プロジェクトを実施しているわけではない。何百という絶滅に瀕した種のクローンを作製しようとしているわけでもない。ただ、その技術を確実なものにする役割を果たそうとしている。さまざまな種でクローニングをテストし、研究室での手順を微調整し、その結果を発表する。そうすることによって「もし生息環境を守れず、残された個体が自然界で繁殖しなくても、数がどんどん減って最後の五匹になってしまっても、これらの技術に頼ることができますから[15]」と、ドレッサーは話す。

彼女は楽観主義者でありながら現実主義者でもあり、クローニングだけでは種を救うには不十分だということも理解している。たとえば、ＡＣＲＥＳチームはそもそも絶滅の危機を引き起こしている環境問題には対処していないが、ドレッサーには生殖技術がパズルを完成させるための大切なピースだという確信があり、次のように説く。「この惑星の絶滅危惧種や野生動物を救えるひとつの答えがあるわけではないんです。世界には生息環境の保護に取り組んでいるすばらしい組織がたくさんあって、それぞれの最も得意とすることをやっていますよ。私たちだって最も得意とすることをやらなくちゃね。自分たちが解決策の一部になれると思う場所に情熱を注ぐ――解決策の一部だけに重点を置いて取り組むんです」[16]

はじめてのクローニングプロジェクトとして、ドレッサーはアフリカンワイルドキャット（*Felis silvestris lybica*）を選んだ[17]。足と尾に黒い縞模様のある黄褐色をしたネコ科の動物で、アフリカの北部と西部に生息し、イエネコの祖先だと考えられている。すでにＡＣＲＥＳで暮らしていたジャズという名の三歳のアフリカンワイルドキャットを複製することに決めると、技術者が手はじめに皮膚細胞の小さな試料を採取した。クローニングには核移植――ドリーやＣＣなどの作製に用いられた方法――を用いる計画を立てたが、そこにひと工夫を加えた。通常は、複製したい動物のＤＮＡを、同じ種の雌から採取した卵子に挿入する。たとえば、Ａ＆Ｍ大学の科学者たちがレインボーのクローンを作製したときには、レインボーの遺伝子を別のイエネコから採取して核を取り除いた卵子のなかに入れた。

だが野生動物を扱う生物学者の場合、核移植にはまた別のハードルがある。珍しい種では、卵子を提供する雌、または代理母の役割を果たす雌を、そうたくさんは捕らえられないことだ。たとえヤマネコの群れをどうにかしてかき集めたとしても、絶滅の危機に瀕している動物たちを、余計な医療処置でわずらわせるようなことをしたくない。そこで絶滅の恐れがある動物のクローニングを試みる際には、卵子提供者および代理母として、もっと平凡な近縁種の手を借りることが多い。これを異種間核移植と呼んでいる[18]。

ドレッサーらはジャズのクローン作製にあたって、平凡な飼いネコを用いることにした[19]。ごくふつうのトラネコから卵子を採取し、核を取り除き、あとは標準的な核移植の手順でジャズの遺伝子を挿入する。これでイエネコの卵子がヤマネコを生み出す指令を手にしたことになる。* 成功の確率を最大限に高めるために、このクローン胚を五〇匹の異なる雌のイエネコに移植したが、そのうち妊娠に至ったのは一二匹だった。ACRESチームは一般的な超音波診断器を利用して子ネコの発達を確認し、妊娠の状況を注意深く見守った。悲しいことにクローニングの成功率の低さがここでも頭をもたげてきて、長く、ときに悲痛な時間が過ぎていった。まず三匹が流産した。その後一匹は早産になり、生まれた子ネコは生きられなかった。何匹かが死産だった。数匹は無事に生まれたものの、三六時間以内に死んでしまった。

こうして次々に命を奪われていく状況は、クローンを試みたほかの研究者たちが直面した状況と気味が悪いほどよく似ていて、このような治療の手立てのない症状があらわれたのは、核移植に伴う遺伝子発現のリプログラミングが不完全だったせいだろう。だがACRESチームは根気よく続

＊核移植によって生まれた動物は、すでに述べた通り、DNA提供者の完璧な複製ではない。卵子提供者のミトコンドリアDNAをもっているからだ。そのため、異種間核移植によって絶滅危惧種の複製を生み出すことには、興味深い哲学的な問題が浮上する。ラトガース大学の生物学者デイヴィッド・アーレンフェルドが二〇〇六年の論文に書いたように、「ミトコンドリアDNAの少なくとも一部が卵子提供者の種に由来するクローン動物は、果たして保護しようとしている種の正確なコピーなのだろうか？　そしてそれは大切なことなのだろうか……？」[20]。議論を呼ぶ質問だが、長期的には科学者たちが少し慎重に繁殖させれば、野生の集団に異質なDNAが広がるのを防ぐことができるかもしれない。ミトコンドリアDNAは母親からのみ受け継がれるのだから、雌のクローンの雌の子どもに子を産ませないよう、すべての研究者が注意を払わなければならない。雌のクローンから生まれた雄の子ども、雄のクローンのすべての子どもは、自由に繁殖させることができる。

け、二〇〇三年八月六日、ついにブルックという名のイエネコの子宮から小さな――バターの一スティック分、一一三グラムよりも軽い――ヤマネコの子を取り出すことに成功した。獣医師はこの雄ネコの鼻と口をきれいにして、最初の呼吸を見届けた。ブルックの傷を縫い合わせるとすぐ、スタッフがその脇に子ネコを置き、生まれたての赤ちゃんは乳を飲みはじめた。研究者たちはその様子をじっと見守り、ブルックの麻酔が切れて意識が戻ったとき、短い毛でおおわれた小さなボールがピッタリくっついているのに気づいて、その異質なＤＮＡの持ち主と仲良くしてくれることを願った。

このおかしな二匹はうまくいった。ブルックは模範的な母親役に専念し、チビクローンはそのミルクを吸い続けたのだ。何ごともなく何日かが過ぎたとき、ドレッサーらはようやく安堵のため息をもらした。赤ちゃんはどうやら生き延びたようだった。そこでニューオリンズに敬意を表してディットーと名づけ（コピーを意味するDittoを、ニューオリンズなのでフランス風のDitteauxという綴りにした）、ＤＮＡ分析の結果、ディットーではジャズの遺伝子が正確に複製されていることが確認された。

ディットーにはまもなく仲間ができた。その年の一一月にはジャズのクローンがもう二匹（マイルズとオーティス）、ナンシーという名の雌のアフリカンワイルドキャットのコピー（ケイティ）が相次いで誕生したのだ。春になるとナンシーの複製がさらに四匹（マッジ、エミリー、エヴァンジェリン、ティリー）生まれた。それらのクローンはすべて代理母によって育てられ、成熟すると奔放さを発揮して、さまざまな組み合わせで繁殖した。ディットーとマッジ、ディットーとケイティ、クローンとクローンの夫婦だ。生まれた子ネコはすべて正常かつ健康で、多くはのちにさまざまな動物園で暮らすようになった[21]。

これらの成功を受けて、ＡＣＲＥＳの研究者たちは別の外国産小型ネコへと対象を移し、カラカルとアラビアンサンドキャットのクローンに挑戦した。私がドレッサーにはじめて会ったとき、誇らしげに写真を見せてくれたネコたちだ。さて、その次はライオンとカナダオオヤマネコの番で、クローン胚はすでにでき、あとは代理母に移植すればよいだけの状態になっている[22]。そうしているあいだにも、ほかの研究室と研究者がそれぞれ独自のブレークスルーを成し遂げていた。欧州のチームは稀少な野生のヒツジ、ムフロンを、牧場で死んでいるのが見つかった雌から取り出したＤＮＡを使ってクローニングすることに成功し[23]、韓国の研究者は絶滅危惧種のウシとハイイロオオカミのクローンを作製した[24]。二〇一二年にはインドの科学者が、稀少種であるパシュミナというヤギのクローン（名前はヌーリ）を世の中に送り出している[25]。

ただし、それでクローンを次々と野生に放てる準備が整ったわけではない。偉業の成就にはがっかりするような挫折はつきもので、ペット、家畜、野生動物のいずれを複製する場合でも核移植による失敗はまだあるし、犠牲も出る。アドバンスド・セル・テクノロジー社はノアを作製したあと、東南アジア産のもうひとつの絶滅危惧種であるウシの仲間バンテンのクローニングに挑んだ[26]。家畜牛の子として生まれた最初のバンテンのクローンはまったく健康だったが、二日後に別のウシから生まれたその双子は、誕生の時点で極端に大きかった。ウシのクローニングで発生することが多い典型的な過大子症候群で、この二匹目は生後数日で安楽死の処置がとられている。クローンを使って個体数を下支えしたいなら、二次的な被害を減らしながら健康な動物を作り出す方法を見つけるとともに、クローンの長期的な健康についてもっと学ぶ必要がある（ディットーは八歳の今も健在だ。成功例が増えて、もっと多くのクローンがおとなになるまで成長していけば、この知識の不足も埋まるときがくるだろう）。

クローンを野生に放つ

こうした有名無名のさまざまな挑戦が長いこと続いているあいだは、クローンを野生に放つ大規模プロジェクトを開始する準備が整っていないことになる。しかし、その準備が整った暁には、どんな試みが繰り広げられるのだろうか？　研究室で暮らしているネコのクローンを、どうすれば絶滅しない個体数を維持するヤマネコの群れへと移行させることができるのか？　最初の任務としては、ただ数多くのヤマネコを生み出せばよいというのがドレッサーの考えだ。[27]生物学者は、できるかぎり数多くのヤマネコの皮膚試料を収集し、それをACRESのような機関に送る。研究室の科学者たちがその皮膚細胞からクローン胚を作製すると、数か月の妊娠期間を経て胚が元気なヤマネコの赤ちゃんになる。だが、簡単にクローンを野に放つわけにはいかない。[28]野生動物の再生プロジェクトは一大事業で、科学、経済、政治の各領域にわたる長期的な取り組みが求められる。飼育下で生まれたヤマネコは自分で獲物を捕らえるなどの生き残りの技を学ぶ必要があるし、生物学者はアフリカの政府や機関と協力してヤマネコにとって安全な土地を確保する必要がある。そもそもこの小さな外国産のネコを窮地に追いやったのは、生息地の破壊をはじめとするさまざまな人間の干渉であることを考えれば、それは簡単な仕事ではなく、クローンは自然界での生活を自然保護区ではじめなければならないかもしれない。ヤマネコを放ったあとも、科学者たちは長く監視し、死亡する率を分析するとともに、研究室生まれのヤマネコがどのように新しい暮らしに順応しているかをあきらかにする必要がある。そのすべてがうまくいったとき、クローンヤマネコはようやく自然集団に溶け込み、繁殖をはじめる。

数多くの絶滅危惧種の再導入が失敗しており、調査によれば成功率は一一パーセントから五三パーセントの範囲にとどまる。[29] だが、重要な成功例もいくつかある。たとえば米国ではブラックフットフェレット、[30] ブラジルではゴールデンライオンタマリン、[31] オマーンではアラビアオリックスが、[32] それぞれ自然集団を拡大している。

それに加えて、動物の再導入の波及効果が環境そのものの回復を助けることもある。すべての種が複雑な生態系の一部を担っているから、もしひとつの動物集団がとつぜん消えてなくなれば――あるいはその数が急激に減ってしまえば――生態系全体の歯車が狂うかもしれない。たとえば動物に種子を運んでもらって繁殖する植物は、助けてくれる動物がいなくなれば同じように消えてしまう可能性が高まる。大型の草食動物が姿を消すと、乾いた低木と草がはびこって野火の危険が増える。肉食動物が消えれば草食動物の群れが膨れ上がり、あたりの植生が失われていく。[33] 一部の科学者たちは、動物を生息環境に再導入することによって景観を取り戻し、健全な生態系を復活させられると提案してきた。

ひとりの研究者がこの考えをシベリア北部のツンドラ地帯で実行に移している。現在、そのあたりには荒涼とした景色が広がり、雪におおわれた大地には低木とコケ以外の植生はほとんど見当たらない。けれども、これまでずっとそんな状態だったわけではない。今から一万二〇〇〇年ほど前まで続いていた更新世には、ツンドラに青々とした野草が茂り、ケナガマンモス、バイソン、さらに野生のウマがあたりを歩きまわっていた。ロシア科学アカデミー北東科学観測所の所長を務めるセルゲイ・ジーモフは、これらの大型草食動物がこの地の草原を維持する重要な役割を果たしていたと考える。[34] ジーモフは「サイエンス」誌に次のように書いている。「冬になると動物たちが、その前の夏に生えた草を食べた。これらの動物は排泄物によって土壌を肥やし、植物の生産性を高める一方、コケや低木を踏みつけて、しっかり根付かないようにしていた。もしも更新世の動物の大きな群れがここにいて景観を守っていたならば……北方の草原は今もまだ生き残っていたはずだと、私は考えている[35]」

そこでジーモフは更新世の代表的な草食動物――または現代の同等の動物――をツンドラ地帯に連れ戻すことによって、時計の針を逆回りさせようとしている。シベリア北部に設立して「更新世パーク」と名づけた広い保護区に、動物たちを投入していく計画だ。ジーモフは、コケにおおわれた光景をこれらの大型草食動物が一面の草原に戻し、その地域から消えてしまった動植物の多様性を復元する力になってほしいと願う。プロジェクトはこれから数十年をかけて展開されていくことになるが、トナカイ、ヘラジカ、ジャコウウシ、バイソン、野生のウマがすでに更新世パークを歩きまわって、あたりの景色を作りはじめている[36]。

北米の大草原地帯に野生のウマ、ラクダ、ゾウ、チーターなどを放して「再自然化」しようという過激な提案もある[37]（ゾウはマンモスの代役で、アフリカチーターは絶滅したアメリカチーターの代わりを務める）。この考えを支持する科学者たちの意見では、これらの外来の動物たちが、雑草とネズミですっかり疲弊した光景を生物多様性に富んだ青々とした草原に変えてくれるはずだ（さらに、スーパーまでのちょっとした買い物がサファリドライブに変わる様子が思い浮かぶ）。

このような意欲的なプロジェクトが最終的にどんな結果を生むかはわからないが、小規模な再導入でも生態系の復活に役立つ可能性がある。ここで、かつてはたくさんいたが一九二〇年代半ばまでに姿を消したイエローストーン国立公園のハイイロオオカミの例を見てみよう。イエローストーンではハイイロオオカミが姿を消してから数十年のあいだにヘラジカの数が急増し、腹をすかせたこの有蹄動物は公園のポプラやヤナギやハコヤナギを毎日ムシャムシャ食べて過ごし、枝から葉っぱをむしり取り、若木を噛みくだいた。

困った当局は、一九九五年と一九九六年に数十頭のオオカミをカナダから連れてきて公園内に放した。するとオオカミの数はゆっくりと増えていき、ヘラジカの数は少しずつ減って環境に悪影響を及ぼさない水準まで戻った。今では植生も回復していて、木々は伸び、樹冠も厚みを増している。その結果、この地域はほかの種にとっても居心地がよくなったようだ。美しい声で鳴く鳥の数が増え、公園内ではほとんど見かけなくなっていたビーバーも戻ってきている。控えめな再導入プロジェクトとしてスタートした取り組みにより、イエローストーンはさまざまな種がいっしょに繁栄できる場所へと復活を遂げている[38]。

長期的に見ると、個体数を増やすのはドレッサーのような科学者にとっては課題の一部にすぎない。絶滅危惧種の多くは、遺伝的多様性の不足という点でも不利な立場にあるからだ。たとえば人間に見られるとてつもない多様性を考えてみよう。自分の家族、同じ国の人たち、あるいはモザンビーク、スリランカ、アイスランドで暮らす人たちは、それぞれに異なる形質をもっている。そんな地球に隕石が衝突し、自分の家の周辺一区画に暮らす人だけが（奇跡的に！）命拾いした場合を想像してみてほしい。さまざまな家系につながるたくさんの人たちも、それぞれに固有の遺伝的多様体も、すべて消えてしまった。地球上に人間を増やせるのは自分と近所の人たちだけで、可能なかぎりの組み合わせで人口を増やしたとしても、その子孫の遺伝的多様性は隕石落下の前にはとうてい及ばないだろう。

こうした多様性の減少は、あらゆる種類の問題を引き起こす。めったにない悲惨な突然変異が急速に広がるかもしれない。まったくの偶然で隣人のゲノムにハンチントン病を引き起こす遺伝子変異が潜んでいると、周辺一区画の子孫では圧倒的な数がその病気で苦しむことになる。またその地域社会にDNAを提供できる家族が数えるほどしかなければ、近親交配が増えるのは避けられず、独自の問題を引き起こす可能性がある。遺伝子プールが小さいことはほかにも災難を招く。感染症が大流行した場合、みんなが同じように感染しやすい体質なら、一網打尽で人類が滅亡するかもしれない。

これは基本的に、チーターのように急激に数が減ってしまった種に起こり得ることだ。およそ一万年前に何らかの破滅的状況が起きて地球上のチーターの大半が死滅し、残されたわずかな数からその遺伝子が受け継がれてきたことを示す証拠がある。現在生きているチーターは際立って均質で、遺伝的差異がほとんどない。繁殖力が低くて精子異常の割合が高いのは、何世代も続く近親交配の結果だろう[39]。

すでにいる生きものの双子を作るだけのクローニングでは、チーターをはじめとした種の遺伝的多様性の問題は解決しないが、この技術を利用すれば遺伝子プールがこれ以上小さくなるのを防ぐことは可能だ[40]。たとえば科学者がチーターのクローンを作製できるようになれば――まだそうした試みはないが――繁殖しない動物をコピーできる。もし野生のチーターが子どものうちに命を落とし、科学者がその皮膚の試料を手に入れることができるなら、そのクローンを作って遺伝子を伝えるチャンスを生み出せる。子どもを作らずに年老いたチーターでも同じことが言えるだろう。個体数の少ない集団では、ゲノムにはひとつ残らず価値がある。

珍しい動物のＤＮＡを保存しておけば、そもそも遺伝的多様性を壊滅的に損なうという問題を起こさずにすむ。ＡＣＲＥＳでは「低温生物学室」という札のかかったドアの向こうにこうしたＤＮＡの試料を保管しており、ドレッサーが私を案内してくれた。その部屋は寒く、暗く、殺風景だ。いかにもハイテクという実験設備はどこにも見当たらず、ビールの樽くらいの大きさの金属製のタンクが壁に沿ってずらりと並んでいる。だが見かけに惑わされてはいけない。「このなかには長年にわたる科学の成果がはいっているんですよ[41]」と言いながら、ドレッサーはタンクのほうを指さした。

これは「冷凍動物園」で、野生の王国全体が一平方メートルの三分の一か四分の一ほどの大きさに詰まっている。ドレッサーがそのひとつを開くと、摂氏マイナス二二五度に保たれているタンクから窒素の白煙があふれ出た。霧をすかして浮かんでいるように見えるのは金属の棚で、小さな黄色いストローがぎっしり詰まっている。その一本一本に異なる動物の細胞試料がはいっているのだ。何千もの異なる個体から採取した皮膚細胞、精子、卵子、胚で、ゴリラ、ゾウ、サイ、サル、バッファロー、カエル、コウノトリ、ツル、ライオン、トラ、クマなど、数え切れないほどの動物のものがある。[42] ドレッサーが現代のノアだとしたら、これらのタンクは彼女の方舟にちがいない（実際、絶滅危惧種のクローニングの世界にはノアの物語が繰り返し顔を出す。小さなクローンインドヤギュウはこの聖書の人物にちなんで名づけられたし、DNAバンクのプロジェクトについて話し合えば研究者がこの物語を持ち出す）。温度が下がっても細胞が破裂しないように抗凍結剤がいっぱいに注入され、試料が慎重に冷凍されていれば、いつまでも生き残ることができる。

冷凍動物園は、大惨事が襲う前に種の遺伝的多様性を保存する機会を作ってくれる。チーターの個体数が最も豊富な時期にこれがあったなら、何百、何千というチーターの皮膚試料でタンクをいっぱいにできただろう。そして今その細胞があったなら、野生から消えてしまった遺伝的多様体を探すことができたはずだ。そしてそのクローンを作ってアフリカのサバンナに放し、死に絶えた遺伝的系統を復元できるところだった。

デュエイン・クリーマーによれば――彼は、種の保存に学生が興味を示したことから野生動物のDNAを保存する独自のプロジェクトを開始した――私たちがほんとうにする必要があるのは、絶滅の危機に瀕していない動物の細胞を保存し、将来のためにその多様なＤＮＡを残しておくことだ。クリーマーはこう話す。「集団から系統的にサンプリングし、その細胞を保存するべきだよ。われわれ人間という種は、実際に問題に直面するまで解決方法を探そうとしない傾向があるからね」[43]

その傾向を変えることができるのが冷凍動物園で、今では世界のあちこちにできつつある。サンディエゴ動物園のものはとくに有名で、さらに英国のノッティンガム大学が運営する「冷凍方舟プロジェクト」には八か国から一八の機関が参加している。[44] これらの機関は合計で五五〇〇を超える種から四万八〇〇〇のＤＮＡ試料を採取して保存しており、[45] 二〇一五年までに全体で一万種への到達を目標としている。[46] これらの試料を適切に保存していれば、自然界で死に絶えた種を生き返らせるなど、それを利用してめざましい科学の業績を成し遂げられるだろう。たとえばサンディエゴ動物園の冷凍コレクションには、絶滅したとみなされているポオウリというハワイの小さな鳴き鳥の細胞が含まれている[47]（知られている最後のポオウリは二〇〇四年に死んだ）。鳥をクローニングする方法はまだ見つかっていないが、その技術が完成した暁には、液体窒素に包まれているポオウリのＤＮＡはいつでも生き返ることができる。伝説の不死鳥も顔負けだ（実際に生き返る鳥がいれば、灰からよみがえる神話の鳥は見向きもされなくなるだろう）。

科学者たちが種の再生に最も近づいたのは、スペインの野生のヤギの一種、ピレネーアイベックスのクローニングに成功したときだ。一九九九年までに、地球上のピレネーアイベックスは最後の一頭を残すのみとなっていた。その一頭の名前はセリアで、仲間は狩猟によって全滅の憂き目にあった。そして二〇〇〇年一月のある日、セリアはスペインのオルデサ国立公園でたまたま悪い木の下にいあわせてしまったのだ。その木が倒れてセリアを押しつぶし、ピレネーアイベックスは公式に世界から永遠に姿を消した——と思われた。

だが、セリアの死の前年、先見の明のある研究者たちがその皮膚の試料を採取し、細胞を液体窒素のなかで保存していた。そして年老いたヤギが世を去ったあと、それを解凍し、核移植を用いてアイベックスのDNAを家畜のヤギの卵子に入れた。代理母には、ピレネーアイベックスに近い亜種のスペインアイベックスと家畜のヤギとの雑種の雌を用いた。五か月半の妊娠期間が過ぎたあと、一頭の雑種だけがまだ妊娠を維持しており、研究者たちによる帝王切開でセリアのクローンの出産にこぎつけた。生まれた赤ちゃんヤギは目をあけ、足を動かした。しかし呼吸が荒く、その命は誕生からわずか数分しか続かなかった。解剖の結果、ほかの若いクローンでもよく見られる肺の異常が見つかっている[48]。一瞬ではあったが、ピレネーアイベックスの復活は、絶滅したほかの種もクローニングによって実際に復活させることが可能だという希望を科学者に与えるものになった*。

いくつかの研究所が、セリアよりずっと前に死んだ種のクローン作製プロジェクトに着手している。オーストラリアにあるニューサウスウェールズ大学の古生物学者、マイク・アーチャーは、フクロオオカミの復活を長いあいだ夢見てきた[49]。南半球のこの大陸で進化した数多くの珍しい生きもののひとつであるフクロオオカミは、カンガルーと同じ有袋類で、子どもを袋に入れて育てるが、その姿はハイエナに似ている。背中を彩る焦げ茶色の縞模様から、タスマニアタイガーの異名もとっている[50]（タスマニアオオカミとも呼ばれる）。この哺乳動物は一九三六年に絶滅し、最後の一頭はホバート動物園で死んだ[51]。冷凍動物園で細胞を保存できる技術は、フクロオオカミがこの世から消えた時代にはまだなかったが、頼れそうな変わった置き土産がいくつか残されている。フクロオオカミの乾燥した皮膚と、アルコール漬けになっている毛のないフクロオオカミの赤ちゃんだ。

ＤＮＡは時の経過とともに劣化するから、これらはあきらかに理想的なＤＮＡの状態とは言えないものの、オーストラリアの何人かの科学者はこれらの試料を使ってタスマニアタイガーのクローンを作製できると考えている。まだそこに至ってはいないが、こうした試料からまずまずのＤＮＡをなんとか入手した研究者たちがいる。二〇〇八年、ある科学者チームが一〇〇年前にアルコール保存された赤ちゃんフクロオオカミから、ＤＮＡの断片を分離することに成功した。[52]彼らはフクロオオカミのＤＮＡのわずかな断片――それはこの動物の骨と軟骨の形成を制御する部分だった――をマウスのゲノムに導入した。するとそのＤＮＡはすぐに復活し、この遺伝子組み換えマウスの体内で正常な調整の役割を果たした。科学者たちは意気揚々として、「われわれはこの絶滅した哺乳動物のゲノム断片の遺伝的潜在能力を生き返らせた[53]」と書いている。その翌年には別の研究者グループがフクロオオカミの毛を少し入手し、二匹のタスマニアタイガーのミトコンドリアゲノムの全配列を発表した。[54]ウォンバットやワラビーを捕らえるこの縞模様の有袋類の群れを再び目にすることを夢見ている人たちにとって、これらは心躍る進展だった。[55]だが喜ぶのはまだ早い。現存するフ

＊ひとつの夢は、二〇一二年に死んだ有名なガラパゴスゾウガメ、ロンサム・ジョージの復活だ。[56]ジョージはピンタゾウガメの地球上最後の一頭で、その突然の死後、科学者たちは大急ぎで細胞の一部を保存した。エクアドルの大統領は研究者がジョージのクローンを作ることを願っていると話したが、それが可能になるためには、カメの生殖生物学についてもっとよく研究すると同時に、爬虫類のクローニングの方法を見つけ出す必要があるだろう。

クロオオカミの試料ではDNAが劣化しているために、この動物の復活はいまだに望み薄だ。

種が絶滅してから時間が経てば経つほど、再生は難しくなる。そのために、一万年前ごろ地球上から姿を消したケナガマンモスのクローニングは、よく引き合いに出されるものの、とりわけ手ごわい相手だ。近年、シベリアの永久凍土層からミイラ化した試料が発見されるようになってきた。冷凍状態によって死骸が、またそこに含まれているDNAも、良好に保存されているのではないかというのが科学者たちの期待だ。ロシア、日本、韓国の——クローン作製で（悪）名高いファン・ウソクも含めた——研究者たちが力を合わせ、これらの死骸からDNAを抽出し、卵子の提供者と代理母にはゾウを用いて大昔の巨獣を再現する試みを進めている[57]（ファン・ウソクは、詐欺や横領などの違法行為を問われた二〇〇六年の裁判で、ロシアのマフィアからマンモスの組織を購入しようとして研究費の一部を支払ったと供述している[58]）。

科学者たちの前には、まるでマンモスのような巨大な課題が立ちふさがっているのが現状だ。核移植技術を用いるためには傷ついていない状態の細胞を見つけなければならない。それは困難な作業になるだろう[59]。何千年ものあいだ冷凍と解凍が繰り返されてきたうえに、さまざまな微生物が遺伝物質をすっかり傷めてしまうことがあり、これまでに掘り出されたなかで最良の状態のマンモス試料でもDNAは劣化していることがわかっている[60]。もうひとつの選択肢——さまざまなDNAの断片を数多く集めて並べ、エラーのない完全なゲノムを作り出し、ゼロから染色体一式を組み立てる計画——となると、気が遠くなるような難しさだ[61]。さらに、クローニングにつきもののさまざまな課題に加えて、ゾウの生殖器系を扱う苦労もある（障害はいろいろあるが、なかでもゾウの子宮にクローン胚を着床させようとすると、二メートル半近くもある生殖管をうまく通過させる必要がある[62]。

まだあまり大変そうに聞こえないなら、もっと遠い昔のジュラ紀までさかのぼってみてはどうだろう。恐竜のDNAはクローニングには手遅れだが、有名な古生物学者のジャック・ホーナーは、この爬虫類の動物を復活させる別の方法を提案している[63]。鳥類が恐竜の子孫であることは、今では広く科学者の知るところとなった。事実、鳥のゲノムと恐竜のゲノムはあまりにもよく似ているため、ホーナーはリバースエンジニアリング（できているものの構造を分析して、動作原理や設計図をあきらかにする方法）によってニワトリの胚から恐竜を再現できると考えている。先史時代の小型肉食恐竜に似た「チキノサウルス」を生み出すには、ニワトリの胚に新しい遺伝子を追加する必要さえない。ただ現在の遺伝子の発現のしかたを変えるだけでよいと、ホーナーは言っている。鳥の細胞をペトリ皿にのせ、適切な成長因子にさらしてやれば、進化を逆戻りさせて、ニワトリのDNAからジュラシックパークに登場するような生きものが生まれるかもしれない。

残念ながら、もし技術的な課題をすべて乗り越えられるとしても、絶滅した動物を生き返らせる試みはやさしいどころか、むしろ残酷だということがわかるだろう。復活を遂げたマンモスやタスマニアタイガーには、たとえ二、三匹に増えたところで、いったいどんな運命が待ち受けるのか。ただ好奇の目にさらされ、研究室や動物園に閉じ込められて見世物になるのが関の山だ。野生に放たれたとしても、その暮らしがずっとよいものになるとは思えない。ジーモフは未来のマンモスのクローンのために、誠意をもって「更新世パーク」という隠れ家を用意しているものの、動物たちはかつて知っていた世界とはまるでちがう環境に送り込まれることになる。現在の地球はこうした動物が必要とするものをもう与えることはできず、私たちは動物たちをみじめな存在に仕立て上げることになるだろう。

環境保護主義者がクローニングを懸念しているのは、まさにこうした理由からだ。この技術は生息地を復元することも修復することもなしに、ただ新しい動物を量産できるようにする。多くの生物学者にとっては、クローニングは大騒ぎするだけで中身がなく、そもそも野生動物を危機に追いやった生息地の喪失、密猟、環境汚染、その他の人間活動には見向きもしないハイテクの見世物ということになる。[64] ラトガース大学の生物学者、デイヴィッド・アーレンフェルドは「コンサベーションン・バイオロジー」誌の論文でこの懸念を提起し、次のように書いた。クローニングは「魅力的なテクノロジーであり、テクノロジー好きな一般の人々に、絶滅という問題に簡単なハイテクの解決策を提供するという誤った印象を与える危険がある。その結果、はるかに成功の確率が高い保護の手法から人材や資金が流出するだけでなく、繰り返されるクローニングの失敗によって保護活動を支持する一般の人々が幻滅してしまう可能性もある」[65]。そして、クローニングは「保護戦略が手はじめに取り組むものであってはならない」と結論づけた。

しかし、手はじめに取り組むという時期はすでに過ぎ、今や種の保護は総力をあげて取り組むべき事業だ。たしかに、クローニングで本物の成功を実現させるためには、研究室の科学者が自然保護活動家と協力しなければならない。研究者は必要な動物相をそっくり複製できるが、研究室生まれの赤ちゃんには住む場所が必要になる。地球上の森林や大草原に何千頭ものクローンを放す見込みはまったくの夢物語だと言われてもしかたがないとはいえ、クローニングを利用して厳選した集団から厳選した動物を複製し、特定の遺伝系統を生かし続けるというようなもっと控えめな目標の達成を想像するのは、それほど突飛な話ではない。私たちが生息環境を復元できるまで、または野生に放そうとする動物群に大切な遺伝子を戻してやれるまで、人間の手で飼育して種を生かし続けるのにクローニングが役立つだろう。[66] クローニングは万能薬ではないが、この地球の状況を考えれば、選択肢をもつのは悪いことではない。

だから冷凍動物園が究極の安全策になり、未来に向けた遺伝子貯蓄口座になる。* 今から一〇〇年後には、科学者が完璧にクローニングをこなしているかもしれないし、冷凍細胞を生き返らせるもっとよい方法を見つけているかもしれない。興味をかきたてる可能性を秘めているのは幹細胞だ。この細胞は、からだのあらゆる種類の特殊化した細胞に変化することができる。アフリカンワイルドキャットから幹細胞を取り出せば、研究室でそれを誘導し、まったく新しい卵子や精子を作ることができるかもしれない。科学者はすでに絶滅寸前のふたつの種——シロサイとドリル（サルの仲間）——の冷凍された皮膚細胞を利用して、幹細胞を作製することができた。[67] 次の段階はその幹細胞から精子と卵子を作ること、そしてその次は試験管生まれのサイとドリルの誕生と続く。このアプローチは、クローニングより効率が高いかもしれないし、核移植が難しいとわかっている種では

＊アーレンフェルドは冷凍動物園を支持し、ＤＮＡバンクは「リスクが小さいし、現在は知る由もない将来の発見や必要性に備えて保険をかけておくのは有意義だと思われる」と書いている。

クローニングよりよい選択肢になるかもしれない。そのうえ、卵子と精子を使って新しい胚を作れば遺伝子が混ざり合うから、新しい組み合わせの遺伝子をもったサイが生まれ、遺伝的多様性を最大限に増やすにはすぐれた手法になる。幹細胞の利用はまだ初期の段階だが、ドレッサーはその有望な見通しにワクワクし、こう話す。「幹細胞を使うやりかたをトラやライオンやゾウに応用するのを見届けるまで、私は長生きできないかもしれないけれど、そんなことはかまわないんです。誰かがその作業をスタートさせる必要があっただけですから(68)」

長年にわたって数多くの実験技術を開発する先頭に立ってきたドレッサーは、次世代の研究者にバトンを渡し、顕微鏡を覗く毎日からもっと公的な仕事へと活躍の場を移しつつある(69)。絶滅危惧種のための生殖技術を開発する必要性を力強く主張していくのが希望で、手遅れになる前に行動に移したいと考えている。今では全国を駆けまわり、ほかの専門家たちといろいろな方法について議論を重ねている。家畜の繁殖専門の研究室を訪ね、その研究をもっと珍しい動物に応用できないかも話し合った。

技術の進歩は速く、野生生物学者が気を抜いている暇はない。家畜の繁殖、ペット医療、人間の生殖医療技術と、あらゆる分野のブレークスルーが絶滅の危機に瀕した動物たちを救う戦略をどんどん先に進めていく可能性がある。コンピューター技術とエレクトロニクスの進歩さえ何かの役割を果たすかもしれない。そこで、ハイテク追跡装置を武器として絶滅危惧種のために戦っている生物学者たちに尋ねてみることにしよう。

第5章　情報収集は動物にまかせた

アイダホ州、モンタナ州、ワイオミング州に広がるイエローストーンは一八七二年に設立された国立公園で、米国人は誇りをもってここを世界初の国立公園と呼ぶ。一九五〇年代から六〇年代になると公園からハイイロオオカミの姿は消えていたものの、別の野生生物がたくさん暮らしていた。とりわけハイイログマ（グリズリー）が家族連れに大人気で、あまりの人気ぶりに公園管理局はいくつかのゴミ捨て場に傾斜した見物席を設け、クマが残飯やゴミを足でひっかく様子を観光客が座ってゆっくり眺められるようにしたほどだ。

だが公園の入場者数が増えるにつれて、人間とクマの遭遇件数も増えていった。クマと人間の出会いは、どちらの種にとっても、いつも楽しく終わるとは限らない。クマは人間のものを破壊して観光客にけがを負わせ、監視員は人間に対して問題行動を起こしたことのあるクマを殺した。(1)

生物学者で双子のジョンとフランク・クレイグヘッド兄弟は、クマの暮らしぶりをもっとよく理解すれば、イエローストーンの管理者はこうした異種間の衝突を減らせるのではないかと考えた。そこで、第二次大戦後に大幅に進歩した無線とトランジスタ技術を利用して、ハイイログマの調査を実施することに決めた。一九六一年からはじまった、イエローストーンに罠をしかけてクマを捕らえ、麻酔で眠らせてから、無線発信器入りの首輪をつける実験だ（どうすればこんな離れ業ができるのか気になる人のためにつけ加えておくと、クマを罠にかけるには、ベーコン、パイナップルジュース、あるいは定番のハチミツで試すといいらしい）。麻酔にかかってフラフラしているあいだに発信器の装着を終えたクマたちは、やがて思い思いに歩き去った。だがクレイグヘッド兄弟は、首輪から発信される信号に周波数を合わせた無線受信機を用いて、自然のなかを気ままに移動するクマを追跡することができた。* フランク・クレイグヘッドは著書で次のように書いている。

ピーッ、ピーッ、ピーッ。何かの前兆のように意味ありげに、反復する金属的な音がひんやりした秋の空気をゆるがしながら、大きくはっきりと響きわたった。その音に野性味はまったく感じられない。聞いている私たちには、原始的な追跡本能も自然との一体感も沸き上がってこない。それでもこのビープ音は広大なヘイデンバレーを渡って届き、これまでほとんどどんな音にも感じたことのない興奮を感じさせた。こうして力強く鳴り響く信号音はイエローストーンの荒野では聞きなれないものではあったが、私たちがナンバー四〇と名づけたハイイログマと連絡を取り合っている証だった。その感覚は、遠くから聞こえるガンの鳴き声でカナダガンが飛んでいるとわかるように確実なものだ。ただし、信号音はガンやカラスの鳴き声よりも具体的だった。三〇〇〇平方マイルにも及ぶこの公園のどこかにいる、一頭の特定のクマから発せられていたからだ。(2)

この技術は自然の世界と対話するまったく新しい方法をもたらし、クレイグヘッド兄弟のプロジェクト――首輪につけた小型発信器を世界ではじめて大規模に利用したプロジェクトのひとつ――は野生動物追跡の新時代の幕開けを告げた。

こうした無線発信器は、当時の海洋生物学者にとってはあまり役に立たない存在だった。電波が海水を伝わりにくいことがその理由のひとつにあげられる。だがこの分野の科学者たちも、クレイグヘッド兄弟らが陸上で起こした追跡革命に取り残されたくないと考え、一九六〇年代と七〇年代に独自の装置の開発を手がけるようになった。(3) 最初の試みはお粗末なもので、ある科学者が圧力計とネジ巻き式のキッチンタイマーを使ってウェッデルアザラシの潜水行動を測定したものだ。(4) その後、多くの生物学者とエンジニアが粘り強く取り組み続けた成果が実り、海洋哺乳類の潜水に関する情報を何日も何か月も連続で記録できる装置ができあがった。(5) 一方で音響タグを用いた魚の追跡もはじまる。タグから発信される音波を、船に取りつけた水中マイクで探知する方法だ。悲しいか

＊クレイグヘッド兄弟は追跡データを用いてさまざまなことを判断したが、そのひとつは公園管理局に対して、腹をすかせたクマが集まるオープン式のゴミ捨て場を徐々になくしていくよう助言することだった。

な、音波はあまり遠くまで伝わらず、科学者たちは音波が届く範囲にとどまるために魚を近くで追い続けなければならなかった。

それから数十年が経過し、コンピューター技術の進歩によって野生動物のタグはより小さく、より強力なものになった。さらに衛星技術の発達がワクワクするような新たな選択肢をもたらしている。衛星と情報をやりとりするタグのおかげで、生物学者は研究室にいながらにして地球上のはるか遠方にいる動物の正確な位置をつかめるようになった。今では高度な電子タグが急増し、なかにはジェリービーンズより小さいものまであって[6]、いったん装着すれば何か月も何年も続けて野生動物の動きを監視できる。これらの装置はとくに海中の生きものを理解するのに役立つことがはっきりしてきた。海洋生物学者は海に出向いて魚の動きを見守ることはできない。ジェーン・グドールが大好きなチンパンジーを研究するために、タンザニアの鬱蒼とした森の奥をじっと覗き込んだようなわけにはいかないのだ。そこで私たち陸上動物は、追跡装置をサメのヒレにボルトで固定したりマグロの腹に埋め込んだりして、海洋動物の暮らしを密着取材することになる。

世界の海が危機的状況にあることを考えれば、グズグズしている余裕はない。乱獲、汚染、気候変動は、いずれも海で生きる種の暮らしを困難なものにしている[7]。海洋動物――魚類、哺乳類、爬虫類、鳥類――の個体数は、最も多かった時点に比べて平均で八九パーセントも減少してしまった[8]。最新世代の電子タグは、野生動物の健全さと繁栄を守る闘いに欠かせない有力な武器で、なかでもつかまえにくい相手を研究している海洋生物学者にとっては力強い味方だ。

たとえば二〇〇〇年から二〇〇九年までのあいだに、カリフォルニア州の科学者チームが大量の電子タグを用い、二三種、一七九一頭にのぼる海洋動物の移動を追った。ＴＯＰＰ（太平洋捕食動物タグ装着）プロジェクトと呼ばれるこの冒険的な事業によって、研究者たちは新しい回遊経路と海のホットスポット――数多くの種が集まる、さまざまな条件が「ちょうどいい」場所――をあきらかにすることができた。[9]* ＴＯＰＰプログラムの研究責任者のひとりだったスタンフォード大学の海洋生物学者、ランディ・コヘヴァーは、次のように話している。「動物が環境をどんなふうに利用しているかを把握できるようになれば、動物の個体数を管理して守る方法を考える際に、これまでよりずっと情報に基づいた決定を下せるようになりますよ」[10]

ＴＯＰＰはこうして海洋動物へのタグ装着がもつ可能性をとても意欲的に実証してみせたが、それは単なる出発点でもあった。ＴＯＰＰはその後、地域的な取り組みから国際的な取り組み（ＧＴＯＰＰ――グローバル海洋捕食動物タグ装着）へと変身し、科学者たちは絶えず新しい追跡プロジェクトを考え出している。最新世代のタグでは、動物たちが日々の暮らしを送っているあいだ、そのからだに取りつけられたコンピューターが動物の移動を記録するばかりか、海洋および変化する周囲の状況に関するデータも収集している。このように、電子タグは動物の役割を受動的な研究対象から能動的な研究協力者へと変えている。それに加えて、動物たちは自分たちの水の世界を救う

＊ＴＯＰＰは、二〇〇〇年に「海洋生物のセンサス」の一環として開始された一七のプロジェクトのひとつだった。「海洋生物のセンサス」は八〇か国以上から集まった二七〇〇人の科学者たちによる一〇年計画の大規模な世界的協力事業で、サンゴ礁から深海の熱水噴出孔まで、世界のさまざまな海洋環境で暮らすプランクトンからアオザメまでの多様な生物を調査して記録することを目標とした。[11]

ためのパートナーになっているとも言えるだろう。

マグロにタグを装着する

二本足で陸上を歩き、空気を吸って生きている私たち人間は、海の生きものを見過ごしがちだ。私もこれまであまり注意を払ってこなかった。もう何年も前からスパイシー・ツナロールを食べているが、口に入れる前に手をとめて、お皿にのっている魚のことを考えたことは一度たりともない。けれどもカリフォルニア州モントレーにあるマグロ研究保全センター（TRCC）に立つと、その逆にマグロのこと以外は考えられなくなる。スタンフォード大学とモントレーベイ水族館が共同で運営しているこのセンターは、基本的には大きな倉庫で、床面積の大半を占めるのは三つの丸い大型水槽だ。巨大な子どもプールのようなこれらの水槽には六八万リットルもの海水と何十匹ものクロマグロがはいっている。[12]

この様子を見て私の頭に日本食が浮かんだのも無理はないだろう。クロマグロは寿司と刺身に珍重される鮮やかなピンクの肉質をもち、一匹が驚くほどの高値で売買される（二〇一二年には東京の魚市場で、二六九キロのクロマグロが五六四九万円――一キロあたり二一万円――で落札された）。[13]生きているクロマグロをこの目で見るのは生まれてはじめてだ。実に堂々とした魚で、丸々と太って筋肉質ながら、動きにはどこかしなやかさを感じる。銀色にきらめく姿は巨大な銃弾のようにも見える。とてつもないエネルギーで尾ビレを振るから、水槽全体が震え、水面には荒い波が立っている。

ここにいる巨体の持ち主はまだ二歳か三歳の赤ん坊にすぎない。クロマグロの寿命は三〇年で、[14]体長四メートル、体重九〇〇キログラムまで成長できる。強く、速く、最高時速およそ七二キロメートルで泳ぐことができ、大洋の端から端までを数週間で移動してしまう[15]（マグロの活動は地球上の広範囲に及び、南米沖からノルウェー沖までのいたるところで時を過ごす[16]）。ヒレを折りたたむことができ、そうすると全身がきれいな流線形になる。また魚の世界では変わり者の恒温動物なので、氷のように冷たい水のなかを泳ぐときでも体温を保つことができる。

クロマグロはあまりにも速く、遠く、深くまで泳ぐことから、自然界での暮らしについて知るのはこれまで難しかった。[17]海洋生物学者は衛星発信器を用いてサメ、アザラシ、ウミガメを追跡するが、それが可能なのはこれらの動物が海面近くで過ごしているからで、マグロは衛星に電波を届けられない場所に住んでいる。[18]* そのために科学者たちは代替の解決策を考え出さなければならなかった。彼らは一九九〇年代になって、マグロが商業捕獲の対象であるという事実を利用できることに目をつけ、位置情報をリアルタイムで送信するのではなく、あとで読み取るように保存しておくタグを魚に装着するようになった。この「アーカイバルタグ」のついたマグロを水揚げした漁業者は、装置を取り出して研究者に戻す。そうした手数に対しては金銭で報いるようにし、生物学者は数週

＊たとえば、ＴＯＰＰのチームはアオザメとヨシキリザメの背ビレに、トランプ一組ほどの大きさのケースに短いアンテナがついた衛星通信型タグを取りつけた。その後、大きな歯をもつこれら捕食動物の背ビレが水面を切って進むたびにアンテナが海上に顔を出し、衛星通信ネットワークに情報を送りはじめる。衛星はその信号を三角測量してサメのおおよその位置を確定し、この情報を科学者たちに送る。サメがまた海中に潜ると、装置のスイッチは切れる。[19]

間、数か月、あるいは数年分に及ぶ詳細なデータを入手して、そのマグロが通った経路を再現することができる。[20]

ＴＲＣＣを率いるスタンフォード大学の海洋生物学者、バーバラ・ブロックは、マグロでのアーカイバルタグ利用の先駆者で、何百個という装置を用いて大西洋と太平洋の魚の回遊を追ってきた。タグを装着するためにブロックとチームのメンバーが海に出ると、たびたび遭遇する悪天候もものともせず、自分たちよりはるかに重いこともあるマグロを釣る。[21] 苦労して巨体を船に引き上げたら、甲板に横たえ、濡れたタオルで両目をおおってからホースでエラに海水をかけてやる。チームメンバーのひとりがマグロの横腹に三、四センチの切り込みを入れて、腹腔内にアーカイバルタグを挿入する。このタグは小型装置を生み出す工学の驚異的な成果だ。[22] 口紅ケースくらいの小さなステンレス製の筒に、電子機器が山ほど詰め込まれている。環境データを収集するセンサー一式、マイクロプロセッサー、小型電池、そして何年分ものデータをたっぷり保存できるメモリ。* 重さは全部合わせても四五グラムで、水深一五〇〇メートル以上、水温が氷点下の場所でも動作する。マグロの腹のなかに収まったタグは、魚が泳ぐにつれて深度と体内温度を測定するはずだ。

研究者たちは魚の腹を縫合する際に、金属の円筒についている細長い「柄《ストーク》」を体外に出しておく。この柄にはセンサーが装備されているので、マグロが泳ぎまわる海域の海水温と周辺の明るさを測定できる。さらに魚の外側の目立つところに鮮やかな色の外部タグをつけて、体内に隠された電子装置には報奨金がついていることを漁業者に知らせる。のちにこれらのマグロを捕獲する幸運な漁業者は、体内から装置を取り出し、科学者に連絡をとり、タグを戻すことによって、一匹あたり一〇〇〇ドルもの報奨金を受けることができる（「$$$の報奨金」と外部タグに明記されている[23]）。こうしてマグロを捕まえてからあれこれやってタグの装着を終えるまでに、三分とかからない。その後、みんなで船の「マグロ出口」から魚を押し出し、湿ったブルーシートの上を流れるすべり台方式ですべらせて海に返す。

その魚が再び捕まってブロックらの手元にタグが戻ってくるまでの時間は、数週間のこともあれば、数か月、数年になることもある。装置が戻れば、科学者たちは収集されたすべてのデータをダウンロードする。測定した明るさ、水温、時間のデータを組み合わせることによって、それぞれの日付にその魚がいた緯度と経度を計算できる[24]。そうして算出された位置を長い日数にわたってつなげ、一匹ずつ、大洋を回遊した詳細な地図を作る。ブロックはさまざまなプロジェクトやプログラムのために、こうしたマグロの追跡計画を立案しており、一九九〇年代半ばからは「タグ・ア・ジャイアント」として知られる研究保護プログラムの後援で、大西洋のマグロを追跡してきた。また一〇年のあいだＴＯＰＰで太平洋のマグロを追跡し、現在はそのあとを継ぐＧＴＯＰＰの先頭に立っている。だがすべての道筋の出発点となっているのは研究拠点であるＴＲＣＣだ。ブロックと同僚たちはＴＲＣＣでマグロの生態を調べ、新たなタグ装着技術をテストし、それを実際に利用する

＊クマの首輪型無線発信器やサメの衛星発信器などを用いて動物の動きをリアルタイムで送信することを、一般にバイオテレメトリーと呼んでいる。データを瞬時に送信するのではなく、データを保存する装置を利用する場合は、バイオロギングと呼ばれる。

手法に磨きをかけている。

私はＴＲＣＣを見学中に、モジャモジャの金髪にバイザーをかぶったアレックス・ノートンに出会った。ノートンはこの施設でマグロの管理をまかされている。彼が親しみを込めて私のほうにひじを突き出したのは、ここで働くスタッフの手はいつも濡れていて魚くさいことが多いので、ひじとひじを軽くぶつけるのが挨拶になっているからだ。そこで私もひじを差し出す。これで正式な知り合いになった。

これからマグロにエサをやる時間だからちょうどよいタイミングにきたね、と協力を求められた私は、手袋をはめて梯子をのぼり、天井近くの高さで水槽の上に渡された足場に乗る。前かがみになってソロソロ進み、マグロの水槽の真上の位置でしゃがみ込むと、ノートンもすぐうしろをやってきた。ふたりでコース料理のようなエサを少しずつ順番に、眼下の水槽めがけて落としていく。まずはオードブルのビタミン、次はメインディッシュのイカ、それからデザートはマグロの大好物で、脂がのってよく太ったバケツいっぱいのイワシだ。激しい競争が起き、マグロが次々と水面に浮かんできては、差し出された料理をすばやくさらっていく。

自称「クールなサーファー」のノートンは、マグロが動くときの筋肉の美しさをまるで詩のように語る。そこで私は彼に、これほどみごとな海の生きものの体内に電子機器を埋め込むことをどう思っているのか尋ねてみた。彼は、装置そのものが魚のからだを傷つけることはないと答えながらも、タグをつけられるマグロが心理的にどんな経験をしているかに思いをはせていた。「宇宙人による誘拐みたいなものだと思えばいいよね。泳ぎながら、おいしそうなものを見つけてパクッと食べる。そうすると急にものすごい力で引っ張られ、ＳＦのトラクタービームみたいに捕まったら逃げられず、引き寄せられて母船に乗せられ、調べられ、何かを埋め込まれて、放り出されるってわけだ！[25]」

どうみても楽しい経験とは思えず、タグの装着と追跡は長いこと議論を呼んできた。たとえば一九六〇年代には、自然保護活動家がクレイグヘッド兄弟のクマ追跡プロジェクトに理性的な異議を申し立てた。無線発信器入りの首輪は、人間による自然界への望ましくない侵入ではないかという批判だった。動物の福祉に強い関心を寄せ、大きくてかさばる発信器が不快感、苛立ち、苦痛を引き起こすのではないかと心配する別の活動家たちもいた[26]。

一九六〇年代以降、追跡装置は大幅に進化したとはいえ、科学者は今でも装置の影響という問題に取り組んでいる。野生動物のからだにわずかな変化を引き起こすだけでも、生き残りと繁殖に大きな影響を及ぼす可能性がある。たとえばいくつかの調査によれば、ペンギンに時間と深度の記録装置または無線発信器を装着すると、食べものを見つけるまでの時間が長引き、幼鳥の死亡率が高まっていた[27]。装置がペンギンの流線形の輪郭を乱しているために、泳ぐときの抵抗が大きくなり、それに伴って消費するエネルギーも増えたのではないかと研究者たちは考えている。ある魚の種では、タグによって泳ぐ速度が落ち、成長が遅れるとともに、装着した場所で筋肉が傷んだり鱗が剥がれたりした[28]。

外科的な方法で埋め込んだタグの場合は痛みと感染症の原因になることがあるし、体表に取りつけたタグの場合は傷の原因になることがある。ウミガメに発信器を装着するために用いるハーネスによって擦り傷と組織の損傷が生じた例も、生物学者によって記録されている。また、追跡装置が捕食者を引き寄せたり、動物の社会的地位を変化させたり、交尾相手から見た魅力を損なったりするおそれがある。タグの装着場所が悪ければ、木や茂みに引っかかることや、動物の泳ぐ、歩く、または飛ぶ力をそぐことがある。単に人間に捕まって触れられること自体に衝撃を受け、心拍数、呼吸数、体温、ストレスホルモンの分泌量が急上昇して、さまざまな病気や病原体の影響を受けやすくなってしまうかもしれない[29]。

これらの可能性は動物の福祉という観点から問題だが、科学的にも問題だ。私たちは動物をよりよく理解するためにその行動を追跡しているのであり、もしもタグそのものが行動、生理機能、または生存可能性を変化させてしまうなら、データはまったく役に立たないわけではなくても、ゆがんだものになる。だから追跡装置の影響を最小限にとどめたい生物学者たちは、無数の可変要素をじっくり考えなければならない。どの種類のタグを、どこに、どんな方法で装着するかを決定するにあたっては、その動物のからだと行動の特性を熟慮する必要がある。動物をどこで、いつ、どのようにして捕らえ、動きを抑え、タグを装着し、また放すかも重要だ。一部のタグはまったく無害かもしれないが（装置の悪影響を実証する研究と、タグをつけられた動物たちがとても元気に過ごしていることを示す研究は、同じくらいある）、タグ装着の計画に不手際があれば命取りにもなりかねない。

タグが動物の福祉にどう影響するかについて、長期的な比較研究を実施するのは容易ではない[30]。対照群となる、タグをつけていない動物のデータを得るのは難しいからだ。そこでブロックらは飼育しているマグロを用いて、異なるタグの形状、装着方法、外科的技術の試験を行なってきた。ＴＲＣＣにいるマグロにアーカイバルタグを埋め込み、その魚を何か月も監視したところ、傷はすっかり癒え、目についた副次的影響と言えば、光を感知する柄がからだから突き出している場所を「わずかに気にする」ことだけだった[31]。

ウミガメを救うタグ

タグが動物たちにどれだけ悪影響を与えるかについて盛んに議論されている一方、そうした装置がどれだけ動物のためになるかについての議論はあまりない。そこで「タートルウォッチ」を見てみよう。これは、太平洋、大西洋、インド洋で「絶滅危惧」または「絶滅寸前」に分類されている、大型で長命のアカウミガメを守るプログラムだ[32]。北太平洋で暮らすアカウミガメは日本とオーストラリアで産卵するのだが、毎年、大海原を横切って回遊し、茶色と白の斑点模様のヒレのような足を使ってカリフォルニア州の海岸まで渡る[33]。ウミガメは商業的に捕獲されることはないものの、漁業者がしかけた釣り針を飲み込んだり釣り糸に絡まったりすることがある。

このようなウミガメの「混獲」は、カメと漁業者の両方にとって重大な問題だ。ハワイ周辺で操業するメカジキおよびマグロの延縄《はえなわ》漁業では、連邦規制によってアカウミガメの混獲数の上限が年間一七頭に制限されている。これは該当する海域で操業するすべての漁船を合わせた数字なので、誰かが一月一日から数えて一七頭目のウミガメを捕まえてしまったら、その年の一二月三一日まで、すべての漁業者が海に出られないことになる。二〇〇六年には、いつになく早く、三月にこの上限に達したので、それから年末まで操業を停止しなければならなかった。[34]

水産業界にとって大打撃となったその年のあと、米国海洋大気庁（NOAA）太平洋諸島水産センターの海洋学者、ジェフリー・ポロヴィナとエヴァン・ハウエルが、ウミガメの混獲を減らすために「タートルウォッチ」を立ち上げる。ポロヴィナとハウエルおよび同僚たちは、それより前から衛星発信器を利用して若いアカウミガメを追跡し、この動物が摂氏一七・五度から一八・五度までという限られた温度の海水を好むことを発見していた。また、アカウミガメはほとんどいつも、太平洋の大きな海流が合流する海域をめぐって回遊しながら過ごすこともわかっていた。海水が混じって渦を巻くそうした海域には、あらゆる種類のゼラチン質の浮遊性生物が集まっているので、腹をすかせたウミガメが簡単にエサにありつけるからだ。[35]

ポロヴィナとハウエルはこの情報を利用して、特定の日にウミガメがどこにいる可能性があるかを予測し、漁業者にその海域全体を避けるよう働きかけることに決めた。二〇〇六年一二月以降、ふたりは「タートルウォッチ」でそれを続けている。[36] ハウエルは海面温度と海流の最新データを毎日調べ、ウミガメがとくに好む条件が整った領域を黒の太線で囲んで示した漁場の地図を作る。英語版、ベトナム語版、韓国語版があるその地図は、示された海域に延縄をしかけないよう漁業者に勧めるもので、漁業管理者と各漁船に毎日送られる。このプログラムが開始されてから、この漁場でアカウミガメの混獲が上限に達したことは一度もない。[37]*

「タートルウォッチ」のやりかたは、マグロのように漁業者が捕獲したい種には意味をなさない。それでも、乱獲されているマグロの個体数をこれ以上減らさないために追跡データを利用できる方法はいろいろある。[38] 一九八〇年代初頭から、漁業者には厳しい漁獲割り当てが定められてきた。[39] 大西洋まぐろ類保存国際委員会（ＩＣＣＡＴ）が一年ごとに漁獲可能なクロマグロの総重量に制限を加えているためだ。[40] ＩＣＣＡＴは、大洋の中央に文字通り線を引き、それぞれの側にいる魚を異なる個体群とみなして、大西洋クロマグロの個体数を管理している。線の西側にはメキシコ湾で繁殖するマグロがいるのに対し、線の東側の個体群は地中海で繁殖する。西側の個体群は一九七〇年以降九〇パーセント以上減少しており、[41] 東側の個体群よりはるかに小規模だから、大西洋の米国側では漁獲可能量の割り当てが非常に厳しい。[42]

もしも魚たちがＩＣＣＡＴによって決められた線の片側にとどまるなら、これは筋の通ったシステムだ。スタンフォード大学の海洋生物学者、ランディ・コヘヴァーは、「さて、クロマグロにタグをつけて追跡をはじめたら、海のまんなかに引いたこの線のことを誰も当のマグロたちには伝えていないんだなあって、すぐに気づきましたね」と話す。[43] コヘヴァーはブロックの研究所で働いており、そこでは研究者たちが一〇年以上も前から大西洋クロマグロの回遊経路を追跡してきた。その追跡データによれば、春と夏には実際にマグロが東西に分かれ、メキシコ湾で生まれたマグロは繁殖のために再びメキシコ湾に戻ってくる。[44] ところが秋と冬には共通のエサ場を利用し、大西洋全域に広がる。そして西側のマグロが目に見えないＩＣＣＡＴの境界線を越えたとたん、捕獲される

＊二〇〇七年漁期の報告によれば、地図はウミガメの位置をある程度正しく予想した。その年に発生した一二件の混獲のうち八件は、漁業者が地図を無視し、遭遇するリスクの高い水域に延縄をしかけたときに起きたものだった。

確率がグンと跳ね上がる。この調査結果は西側のマグロ個体数が回復していない理由をあきらかにしており、管理計画を改善する方向性を示す[45]。たとえばブロックのチームが提案しているのは、大西洋中央部にある共通のエサ場に新たなICCATゾーンを設け、厳しい漁獲割り当て量を定めて管理するというものだ[46]。このように、マグロ追跡調査のデータを利用すれば本格的な回復を実現する漁業計画を練り上げることができる。*

アザラシによる情報収集

海洋での追跡調査が十分に成熟してくると、海洋学者たちは生物学者のタグ装着プロジェクトに便乗して海そのものを理解できることに気づいた。それが実現したのは、スコットランドにあるセントアンドリューズ大学の海洋生物学者マイケル・フェダックが、ミナミゾウアザラシへのタグ装着を開始したときだった。脂肪をたっぷり蓄え、雄の体重が一八〇〇キログラムを超えるこの巨獣は、人間がなかなか近づけないような場所で暮らし、極寒の南極水域の冬を楽しむ[47]。また屈指の深海ダイバーで、水深一六〇〇メートル以上まで潜水してエサをとる[48]。このアザラシは毎年数か月間だけ換毛と繁殖のために浜に上がって過ごすが、また海へと戻っていけば、フェダックの言葉を借りるなら「まるで別の銀河系へと去ってしまうようなもの[49]」だ。

こうしたアザラシの生息環境をもっとよく知りたいと考えたフェダックは、潜っている海の基本的な物理的特性を測定できるタグをアザラシにつけた[50]。二〇〇三年から二〇〇七年までのあいだに、フェダックと英国、フランス、オーストラリア、米国の協力者たちが一〇二頭のゾウアザラシの毛深い頭に多機能タグを貼りつけた。[51]** ゾウアザラシが海面下に潜るたびに装置が作動し、水圧、温度、塩分濃度を一定間隔で測定する。そしてゾウアザラシが呼吸するために海面に顔を出すと、タグの衛星発信器がデータを研究室に送り返す。[52] フェダックによれば、タグに備わっているセンサーは海洋学者が船から海中に投下して用いるセンサーと基本的に同じもので、ちがいは「毛が生えた温かいものに貼りついている点のみ」[53] だという。

実際、数値が少しずつ送られてくるようになると、アザラシがコツコツ集める情報を海洋学者がしきりに知りたがった。[54]「海洋学者は、海がどんなふうに振る舞うかを知るという、はるかに壮大な研究のためにこのデータを必要としていたんです」[55] と、フェダックは話す。今ではアザラシの深海潜水で得られた水温、塩分濃度、水圧のデータを海洋学者が利用して、海面から海底までの垂直部分全体の詳細な分析結果を組み立てている。[56] 動物は船では行けない氷冠の下にも日常的に潜るので、地球上でこれまですっかり闇に閉ざされていた場所にも光が当たるようになってきた。たとえば、タグを装着したゾウアザラシのおかげで、南極海底で未発見だったトラフの存在があきらかになった。これらの谷は氷冠の下に温かい水を注いでいる可能性があり、一部の棚氷が予想より早く

＊商業的に捕獲される魚のなかで、長期の追跡調査が役立つ種はマグロだけではない。二〇一〇年の時点で、海に住む魚の個体群の二八パーセントは乱獲され、五三パーセントは持続可能性を維持できるギリギリの割合で捕獲されていた。[57] タグはこれらの種の管理についても、もっとよい方法を発見するのに役立つかもしれない。

＊＊アザラシに接着剤とタグがついているのは毎年の換毛を迎えるまでで、どちらも換毛とともに剥がれ落ち、傷跡はいっさい残らない。

融けている理由を説明できるかもしれない[58]。現在、「世界海洋データベース（ＷＯＤ）」の南極海データのうち七〇パーセントは海洋哺乳類が収集したもので[59]、「米国統合海洋観測システム（ＩＯＯＳ）」では、タグを装着したあらゆる種類の生きものによって収集されたデータを海況モデルに組み込もうとしている[60]。

氷の融解ははじまりにすぎない[61]。地球温暖化は海水温度と海面の上昇を引き起こし、海水の酸性度と塩分濃度も変化させている。降水量、暴風の発生頻度、海流と海水の循環も長期的変化を見せるというのが専門家の予測だ。これらの変化はすでに海洋生物に深刻な影響を及ぼしつつある[62]。海水温が上昇するにつれて、魚の種の多くは南北の極地に向かって移動しており[63]、さまざまな栄養物とプランクトン（海洋における多くの食物網の中心となっている浮遊生物）をはじめとした食物源の分布と供給量も変わってきた。これを受けて科学者たちは、「ネズミイルカの成熟に必要な時間が長くなっている」「アザラシの出産が一年のうちの遅い時期に移っている」「クジラが産む子どもの数が減っている」という調査結果を、エサの供給量の変化と関連づけて考えるようになった[64]。もちろん、一部には暖かくなった世界に適応している種もあるが、すばやく適応できない者たちは絶滅への道をまっしぐらだ。

タグを装着したゾウアザラシなどの海の動物から伝えられるデータは、海洋生物を脅かす激しい環境の変化を監視し、予想し、備えると同時に、海の変化に伴って動物に何が起きるかを予測するうえで大いに役立つだろう。たとえば科学者はタグを用いてアザラシの浮力を推定しており、それは間接的に体脂肪の指標になる。脂肪の多いゾウアザラシはよく成長していて栄養も十分なので、浮力、場所、その他タグから得られるデータを利用すれば、どこで食べものを見つけているか、そこでは海況がどのようなものかを示す地図の作成が可能だ[65]。フェダックは次のように説明する。「そうすれば、そのような場所が将来はどこになるのか、動物たちの繁殖地からどれだけ離れているのかを示すモデルを構築できます。それは、海洋の変化が個体群にどんな影響を与えるかを問いかける第一歩、『さて、もし状況が変わったら……動物には何が起きるだろう？』と問いかける、最初の一歩ですよ[66]」。最新世代のタグとセンサーによって、ゾウアザラシなどの海洋動物は単なる科学の研究対象を超える存在になりつつある。「私たちは動物を同僚にしています」と、フェダックは言う。「ここにはほんとうに海を理解できる機会があって、それは人間だけでなく動物たちにとっても好都合なんです。動物と私たちがみんないっしょに加わっているんですよ[67]」

世界に広がる追跡プロジェクト

タグ装着の技術は急速に進歩し、追跡プロジェクトは急増している。何年か前には科学者たちが「海洋追跡ネットワーク（ＯＴＮ）」を立ち上げた[68]。これはカナダのダルハウジー大学を本拠とする一億六八〇〇万ドルのプロジェクトで、一五か国の二〇〇人を超える科学者が力を合わせ、全世界でアシカからウナギまで数千もの海洋動物の動きを追うことを目指している。このプロジェクトでは音響タグを利用し、水中受信機によって検知できる音波をタグから発信する。基本となる技術はすでに数十年も使われてきたものだが、ＯＴＮでは水中にずらりと並んだ「聴取局」を設けて、これを新たな段階に進めている。聴取局は、タグを装着した動物がたまたま近くの海底を泳いで通り過ぎると、そこから発信された信号を受信することができる。受信機は消火器くらいの大きさで、動物がいることを記録し、タグに保存されているデータがあればそれをアップロードして、研究者に情報を中継する。OTNの技術者はすでにカナダ海岸沖の海底にこのような受信機を数百個設置し、オーストラリアと南アフリカの近くでも、それより小規模だが受信機の設置を終えた。さらに世界のすべての海に同様に配備するのが目標だ。

新しい種類のタグは、海の動物の毎日の暮らしについてさらに詳しい情報を伝えてくれる。たとえばハワイの生物学者チームは、ガラパゴスザメに電子「名刺」を渡してある。[69]自然界でサメどうしが出会ったとき、これらの音響タグの名刺によって、同じようにタグをもつ別のサメを検知して記録できるからだ。このような装置を幅広く利用すれば、異なる個体および種がどのように海洋環境を共有しているかを、より深く知ることができるだろう。ほかに加速度を測定するタグを用いている研究室も数多くあり、それによってサメが交尾しているときやアシカが魚を捕っているときを判断できる。[70]

深海魚を追跡する科学者たちは、アーカイバルタグと並んでポップアップ式衛星通信型タグ（ポップアップタグ）という新しい種類の装置を使いはじめている。[71]魚のからだの外部に装着されるポップアップタグは、水温、明るさ、水深に関する通常の情報を収集して保存する。やがて、あらかじめ決められた日数が経過すると、タグは自動的に魚体から切り離されて海面に浮上し、保存されているデータをその場所から衛星に送信する。これらのタグは魚体に埋め込むアーカイバルタグよりも大きくて重く、値段も高い。[72]そのうえ通信速度が遅いから少量のデータしか送信できない。それでも低価格化と小型化が進んでおり、この技術はメカジキ、マカジキ、マグロをはじめとした各種の大型魚で利用されるようになってきた（クロマグロでこれらの装置を試験的に利用したバーバラ・ブロックは、現在では追跡調査にポップアップタグとアーカイバルタグの両方を採用している[73]）。

電子タグの小型化が進み、ほとんど目に見えないまでになるにつれ、追跡が可能な海と陸の生物はますます多種多様に広がってきている。カナダの企業が販売している無線発信器は指の爪より小さく、重さも〇・二五グラムと、ないに等しい[74]。二〇一〇年には、ミニチュア版のタグを用いてパナマの熱帯雨林を飛び交う玉虫色のシタバチを追跡したという研究者の報告があり[75]、スウェーデンの科学者グループはオオミジンコ（*Daphnia magna*）――体長数ミリメートルの淡水甲殻類――の微小な殻に蛍光を発するナノ粒子を付着させて、その動きを追跡できる可能性があることを示した[76]。

『回線につながれた野生――追跡の技術と現代的野生生物の形成』の著者であるエティエンヌ・ベンソンは、こうした進歩に対する複雑な心境を吐露する。「私たちはあらゆるものを追跡していますよ。どこへ行っても、ほとんどの場所に科学者や野生生物管理者の委員会があって、世界を管理しようとしているんですから。あらゆるものを管理して記録したいという、この自分たちが作ろうとしている世界とはいったいどんなものなのか、私たちはきちんと問いかけなくちゃいけませんね。つねに[77]」。ベンソンはベルリンのマックス・プランク科学史研究所の博士研究員で、電子タグが私たちの興味を引くのは自然界を人間の支配下に置く新たな方法をもたらすからだと話す。そもそも追跡装置が生まれたのは、ベンソンの言葉を借りるなら、「野生生物の管理者が管理可能な扱いやすい野生生物を作る必要があった」[78]からだ（クレイグヘッド兄弟の研究は、結局のところ、ハイイログマと人間を互いに引き離したいという希望に駆り立てられたものだった）。

ベンソンは、追跡装置が貴重なデータをもたらすことができると認める一方で、私たち人間は新しい道具によって惑わされてはいまいかと考える。そして、「私たちはほんとうに、あらゆるものにタグをつければ、自然界で平和に共存したり資源の持続可能な世界を作ったりする問題が解決すると思っているんでしょうか？」と問う。「それは『すべてのものにタグをつけさえすれば、世の中に適切なセンサーのネットワークを張りめぐらせさえすれば、すべてがうまくいくだろう』という、一種の夢想家の理想《ユートピアニズム》ですよ[79]」

世界の動物の居場所がわかっても、それ自体が解決策にはなることはもちろんない。居場所がわかったうえで情報を適切に利用しなければならないし、政治的または経済的な判断が保護計画を狂わせることも多い。それでも動物を保護したいなら、その動物と生息地に関する情報は多ければ多いほど役に立つ。さらに追跡装置は、広く一般の関心を集めるという別の観点からも大きなメリットがあることは、ベンソンも認めるところだ。衛星と通信できるタグを用いれば、科学者は自由に暮らす動物の居場所をオンラインでリアルタイムに公開でき、だれでもそれを見られるから、野生生物にそれぞれのパパラッチが生まれる。たとえバーチャルな世界であっても、ほかの種と身近に出会う機会を提供することで、電子ツールが人間と動物を隔てる溝を埋める。

たとえばＴＯＰＰの研究者たちは独自にゾウアザラシ追跡プロジェクトを実施し、アザラシがどこにいるかを公開のウェブサイト上に掲載した[80]。そのサイトでは対話型《インタラクティブ》の地図上に、アザラシ一頭一頭の太平洋上の旅を表示した。私はそこで動物たちをチェックするようになり、雄が太平洋岸を北上するのを見ては応援し、母親アザラシが生後一か月の子どもを置き去りにして暗い夜の海に去っていくのを見ては心配していた。それは遠い海で起きているドラマチックな出来事で、私はアザラシ情報の更新を、まるで親友のフェイスブックへの投稿のように心待ちにしていた（ラッキーなことに、TOPPチームは何頭かのアザラシにフェイスブックのアカウントを開設していた）。

私が大好きになったのは、研究者が（コメディアンのジョナサン・スチュワートにちなんで）ジョナサン・シールワートと名づけた弱虫の雄だった。[81] ジョナサンはゾウアザラシの社会階級の最下層に属し、カリフォルニアの海岸でひとり寂しく眠ることを、私はウェブサイトを通して確認できた。彼を追いかける雌アザラシのハーレムはなく、もしかしたら愛を育むことなく一生を終えるのかもしれない。ルックスには頼れそうもない――世界屈指と思える恐ろしげな顔つきで、たるんだ長い鼻は今にも顔から溶けて落ちそうに見える。さらに追い打ちをかけるように、ジョナサンのフェイスブックの友だちの数は、ゾウアザラシ仲間のステレファント・コルバート（テレビのコメディ番組でスチュワートと共演しているスティーヴン・コルバートにちなんだ名前）が獲得している友だちの数に、遠く及ばなかった。

TOPPに限らず、アホウドリからウミガメまでの多彩な動物を追跡するプロジェクトが一日二四時間、だれでも動物の世界にオンラインでアクセスできるようにしてきた。ベンソンはこう話す。「保護団体や科学者たちがこぞって、こうした技術を用いて関係を築こうとしていますね。これまでにはできなかったやりかたで、みんなに人間以外の動物の日常生活を真に理解してもらうためです。大いに役立つかもしれませんよ[82]」

動物の移動を追うとき、それぞれに名前をつけることが多いが、固有名詞をつけるだけでその動物に愛着を感じさせるのにひと役買うことがある（ペットには名前をつけても、実験動物にはほとんど名前をつけないことを考えてほしい）。固有名詞のおかげで、私はゾウアザラシについて通り一遍の特徴を記憶する以上のことができ、唯一無二の経歴と個性をもつ一頭のゾウアザラシ、ミスター・シールワートとの絆を感じることができた。デンマークにあるオーフス大学の研究者、スーネ・ボークフェルトが、二〇一一年の論文に書いたように、「動物に名前をつけると、たいていは私たちにとって身近になる[83]」。それぞれに名前をつければ、動物はただの物ではなく、自分自身の生活を営む感覚のある主体だと思いだすことができる。そして人間とほかの種の相違点ではなく、共通点に焦点を当てることもできる。野生の動物を何頭か知っただけで種全体への愛着がわき、その生息地と未来を守ろうと努力するようになることもある。タグ装着と追跡の技術は、私たちが海洋動物とその動物たちが直面しているリスクについて知識を深めるのに役立つと同時に、それらの動物を保護したいという気もちにさせ、実際に保護するために必要な知識を与えてくれる。ジョナサン・シールワートはアザラシの世界では敗者かもしれないが、その頭に貼りついた小さな電子装置のおかげで人間の友だちグループをもち——フェイスブックによれば五〇〇人を超えている[84]——少なくとも私たちからは、大きな応援を受けている。

第6章　イルカを救った人工尾ビレ

ウィンターは生まれてまもなく、なんとも大きな不運に見舞われたのだった。

二〇〇五年一二月、生後わずか数か月の雌のハンドウイルカが、フロリダ州中央部の大西洋岸にあるモスキートラグーンで母親といっしょに泳ぎを楽しんでいた[1]。そのとき何かの拍子で、カニ漁のしかけをつなぐ縄が絡みついた。もがくイルカを目のよい漁師が見つけ、すぐ野生動物レスキュー隊に通報したので、まもなくレスキュー隊員がその場に到着した。そして苦しそうにあえぎ、心臓の鼓動を大きく乱した赤ちゃんイルカを発見した。ボランティアたちはそのイルカをそっと担架に乗せて海から引き上げ、フロリダ半島のメキシコ湾岸にあるクリアウォーター海洋水族館まで運んでいった。

ウィンターと名づけられたこのイルカは、消耗し、脱水症状になり、からだじゅう傷だらけという惨憺たる有様で水族館に到着した。ほとんど泳ぐことができず、トレーナーがいっしょに水槽にはいって小さなからだを水中で支えている必要があった。ひと晩を無事に越せるかどうかさえ誰にもわからなかった。それでもウィンターは命強く、はじめの数時間を、そして数日間をもちこたえる。

水族館のチームは哺乳瓶でミルクを与え、二十四時間体制で世話をしながら、赤ちゃんイルカの健康を少しずつ回復させていった。だがウィンターの状態が安定してくると、今度は別の問題が浮上した。カニ漁のしかけをつないでいた縄が尾ビレにきつく巻きついていたせいで血液の循環が途絶え、組織が壊死して皮がはがれ落ち、尾ビレ自体も腐りはじめていたのだ。ある日、飼育係が水槽の底に落ちている二個の椎骨を見つけた。ウィンターは日に日に元気を取り戻していたものの、その尾ビレがまもなく失われるのは確実になった。尾ビレのないイルカには、どんな将来が待っているのだろうか？

もちろんウィンター自身には知る由もなかったが、彼女はある意味でラッキーだった。なにしろこの二一世紀に生まれたのだから。からだの一部を失った動物にとって、これまでになく恵まれた時代だ。炭素繊維複合材や形状が変化する柔軟なプラスチックなど、実に多彩な素材が開発されたおかげで、飛んだり駆けたり泳いだりする患者のために人工の付属器官を作れるようになっている。義肢装具士はこれまで、ワシには新しいくちばし、カメには交換用の甲羅、カンガルーには義足を作ってきた。外科技術の発達により、獣医師はイヌやネコのからだにバイオニック義足（生体工学を用いて製作した義足）を埋め込み、そのままずっと使えるようにすることもできる。さらに神経科学の発達で、脳から直接制御できる人工装具も夢ではなくなった。

　動物の体にセンサーとタグを装着する方法が種全体を救うのに役立つとしたら、人工の尾ビレや足はその対極にあり、運の悪い一頭、一匹、一羽ずつに手を差しのべる方法になる。人工装具はどんな動物にも向いているとは言いがたいものの――実際のところ人工装具が直面する大きな課題のひとつは、人間とはまったく異なる体形の動物に最善の利益となるものを見極めることだ――正しく対応することによって、特注デザインで個別に作られる装置が動物たちの足を、そしてその命を、地道にひとつずつ助けるのに役立っている。

ウィンターの人工尾ビレ

　動物の人工装具の威力と、装具を作る際の課題を探る旅をはじめるにあたり、まずクリアウォーター海洋水族館を訪問することにしよう。イルカ、アカエイ、ウミガメ、ラッコをはじめとしたさまざまな海の生きものが暮らすこの施設は、フロリダ州のメキシコ湾岸に沿った小さな島にあって、港に面して並んだ建物は鮮やかな青に彩られている。よく晴れた春の日の朝、桟橋では一〇隻ほどの小さな船がゆらゆら揺れていた。館内にはにぎやかで陽気な音楽が流れ、途切れることがない。正面ロビーから階段をいくつかのぼって屋外のテラスに出ると、すぐに大きな水槽で泳ぐ二頭のイルカが目にはいり、ウィンターはすぐに見つかる。長い尻尾の代わりに、尻尾がとれて残った部分の小さくて曲がった切り口が、コンマ（，）みたいな形で胴体からぶら下がっているからだ。

　尾ビレがちぎれてしまってもウィンターは水中でのびのびと過ごしている様子で、仲間のイルカたちとまったく同じように泳ぎ、遊んでいる。ちょっと変わった泳ぎかたを取り入れることで、自分だけの体形にうまく適応したらしい。イルカはふつう胸ビレを使ってバランスをとるのだが、ウィンターはうまく工夫して、胸ビレを小さなオールとして利用することにした。ほかのイルカの尻尾の先についている一対の尾ビレがないウィンターには、イルカ固有の推進システムが欠けていることになる。そこで魚のような泳ぎかたを独学で身につけ、からだを通常のイルカのように上下に動かすのではなく、左右に揺らしながら泳ぐ。

残念ながらこの「魚泳ぎ」の姿勢によってウィンターの背骨は無理な力を受け、不自然に曲がりはじめてしまった。[2] 救出から数か月後には、奇妙な泳ぎかたを続けていては二度と治らない損傷が生じるのではないかと飼育係が心配するようになる。そして二〇〇六年九月、公共ラジオ局NPRで放送された番組のウィンター特集コーナーで、インタビューに答えた水族館の職員がその不安な状況を口にした。[3] 義肢装具士ケヴィン・キャロルがこの話を耳にしたのは、そのコーナーの放送中にたまたま車に乗っていて、ラジオのダイアルがNPRに合っていたからだ。キャロルはウィンターの波瀾万丈の物語を聞きながら考えた——自分ならそのイルカに尻尾をつけられるのに。人工尾ビレがあればウィンターはもう一度イルカの泳ぎかたをできるようになり、不治の障害から逃れられるだろうと、キャロルは確信していた。[4]

キャロルはアイルランドの小さな町にある病院の近くで育ち、療養中の子どもやけがをした子どもが行き来するのをよく見かけたので、人間のからだを治すことに関心を抱くようになった。[5] ダブリンで人工装具について学んだあと米国に移り住む。現在はテキサス州オースティンを本拠地とするハンガー人工装具・矯正器具社の副社長で、世界でも有数の義肢装具士になった。国中を縦横無尽に旅しながら、負傷した患者に義肢を装着する毎日だ。両足を切断した南アフリカのスプリンター、オスカー・ピストリウスの義足に取り組み、ワールドクラスの登山家に協力し、自分の患者たちがパラリンピックで競うのをいつも見守っている。

キャロルが重点を置いているのは人間を助けることなのだが、ときどき、三本足のイヌやくちばしのない鳥を抱いた人がクリニックを訪れることがある。そうなると動物好きのキャロルは、週末の休みを返上してなんとかしてやらずにはいられない。こうしてもう長年にわたり、ハンガー社の仲間と協力して、まさに多種多様な動物たちのために人工装具を作ってきた。イヌ、アヒル、ウミガメ……「目の前にあらわれた動物ならどんなものでも[6]」対応したとキャロルは話す。「言ってみれば、人工装具のドリトル先生になったのさ[7]」

水族館はキャロルがイルカの人工尾ビレを試してみることに同意し、キャロルはチーム作りをはじめた。彼にはパートナーとしてぜひとも加わってほしい人物がいた。ハンガー社のサラソタ支店にいるダン・シュトレンプカだ。四歳のとき芝刈り機にひかれてから義足をつけているシュトレンプカはフロリダ生まれで、海と海の生きものに情熱を注いでいる。それでも、ウィンターを患者として引き受けようというキャロルの提案を受けたときには、どう考えればよいのかよくわからなかったそうだ[8]。「最初は冗談かと思ったよ。さもなければ、キャロルはどうかしちゃったのかってね[9]」と、当時を思いだしながら話す。ただしキャロルが本気なことがわかると、すぐその難題に身を投じることに決めた。あれこれ工夫を重ねながら、このチームは小さなイルカのために尻尾を用意していく。

　私はキャロルとシュトレンプカに水族館で会い、この課題にどう取り組んだかを話してもらえることになった。彼らはおかしな二人組だ。細身でスキンヘッド、白いあごひげをたくわえているキャロルに対し、シュトレンプカのほうは長身のがっしりした体つきで、よく日焼けしている。義肢装具士たちがやってきたのを見ると水族館のスタッフは目を輝かせ、まるで家族のように抱きしめるので、私たちは数メートルごとに立ち止まっては次々に挨拶をしながら、ウィンターの水槽にゆっくりと歩を進めなければならなかった。ようやく水槽までやってくると、シュトレンプカは手すりから乗り出すようにしてウィンターに声をかけた。「ヘイ、ガール！　元気かい？」

「グッマーニン！」キャロルのほうはアイルランドなまりでおはようと呼びかける。

　これまでの五年間に、ふたりはこの水槽の脇に立ってどれだけの時間を過ごしてきたことだろう。ウィンターは彼らがそれまで扱ってきたどんな患者とも似ていなかったので、最初の課題はそのからだについて知ることだった。そこで短期集中のイルカ学習をはじめ、生体構造と生理機能に関する本を読む一方、イルカが泳ぐスローモーションビデオを見て生体力学《バイオメカニクス》についても理解を深めていった。[10] 動物の人工装具には人間の医学を利用できるが、成功させるには創意工夫を求められることが多い。人間の肢切断患者に義肢を作る方法を知っていても、ゾウの失った足を元に戻したり、イヌに人工の足をつけたりする場合はうまくいかない。そこで義肢装具士が動物のために人工装具を用意する場合は、たいてい手元にあるものを何でも利用して特注の設計を施し、ひとつひとつを工夫しながら作り上げる。ときにはまだ一度も人工装具に使われたことのない素材や技術を生み出すこともある。

ウィンターの場合、基本的な計画はとても簡単に思えた。キャロルとシュトレンプカはプラスチックの尻尾を作り、ふつうなら背ビレから尾ビレまで続いているイルカのうしろ半身のうち、ウィンターに残されている部分にはめて使うことにした。だが、その装具を固定する方法を考え出すのが難しかった。ウィンターが泳ぐときには尾ビレに途方もなく大きな力がかかるだろうが、人間が義足を使うときのように全体重がのるわけではない。「水というのは、まったく別の環境でね」と、シュトレンプカは私に念を押した。そのうえ、イルカの皮はツルツルしていて、敏感で、繊細だ。簡単に傷ついてしまう。

人間の肢切断患者の場合は一般的に柔らかいライナーを装着し、断端部が受ける衝撃を和らげると同時に皮膚を保護する。ふたりはウィンターにも同じようなものが必要だと考えた。ところが人間用の標準的なライナーは使いものにならないので、ウィンターのためにまったく新しい材料を作り出さなければならなかった。皮を傷つけないだけの柔らかさをもち、ツルツルした表面から離れないだけの粘着性があり、水槽の海水中で毎日激しい使いかたをしても耐えられるだけ丈夫なものが必要だ。

そこで、人間の義肢でよく使われるゲル素材のライナーを研究していた化学エンジニアに協力を求め、もっとイルカに適したものを作ってもらうことにした。最初にできたいくつかの試作品は有望と思えたにもかかわらず、性能にむらがあり、とんでもない失敗も何度かあって、一度などは倉庫が火事で焼け落ちた[11]（「小さい倉庫だった[12]」と、シュトレンプカはつけ加えた）。だが最終的に、そのエンジニアがやりとげてくれた[13]。

「すばらしい素材だよ[14]」。キャロルがそう言いながら水族館のトレーナーの事務所で私に手渡してくれた弾力性のある筒状のゲルは、白い色でプルプルしていて、さわると少しべとついた。強いてたとえるならイカの輪切りを特大にしたような感じだ。専門用語では、熱すると液状になってさまざまに成形できる熱可塑性エラストマーという素材なのだが[15]、みんなは単に「ドルフィン・ゲル」と呼んでいた。その特性を私に見せようと、キャロルは六〇センチほどの長さの細長いゲルを取り出し、一方の端をシュトレンプカに持っているよう頼んでから反対の端を手にして後ずさりをはじめた。一メートル、二メートル、三メートル――ゲルはどんどん伸びていく。ようやくキャロルが手を放したとき、それまで持っていた端は目にもとまらぬ速さで部屋の反対側までシュッと縮んだ。シュトレンプカがしっかり握っているゲルは新品とまったく変わりなく見え、伸びてもいないし、変形もしていない。そのときふたりが同時にニッコリ笑ったので、このパフォーマンスには何度もリハーサルを積んで慣れている様子がうかがえた。ゲルは衝撃もしっかり和らげることができる。キャロルはそれを実証するために、手にゲルライナーを巻きつけてから重い木槌で激しくたたき、やがて笑いながら無傷の手を出して見せた。

ウィンターが不慣れな素材を拒絶しないよう、イルカのトレーナーがゆっくりと慣らすことにし、まずゲルの切れ端を与えて自由に調べさせてから、そのからだにゲルでそっと触れ、最後に尻尾が落ちた部分のまわりをすっかり包んだ。装具そのものでもこの手順を繰り返し、小さくて軽い人工尾ビレをウィンターの尾ビレのあった場所につけて慣らし、だんだん大きくて重いものに変えていった[16]。

ウィンターは今ではベテランの域に達し、解剖学的に適切なフルサイズの人工尾ビレを喜んでつけている。これを装着するときには、トレーナーが水槽の水面近くに設置された台に乗って、すばやい命令を出す。するとウィンターが決められた場所まで泳いできて、頭を下にして垂直の姿勢をとり、尻尾がついていたはずの部分を水上に覗かせる。トレーナーはそこに筒状のドルフィン・ゲルのライナーをかぶせ、さらに人工尾ビレ本体を取りつける。この尾ビレはキャロルとシュトレンプカが、ウィンターのからだの三次元画像作成とスキャンを何度も繰り返して入念に作り上げたものだ。よく曲がるゴム引きプラスチックの「受け口《ソケット》」がついており、それをゲルライナーの上に重ねてはめれば、胴体の後端に固定されるようになっている。この受け口は先がだんだん細くなって薄く細長い炭素繊維の板につながり、そこに尾ビレがボルトで取りつけられている構造だ。人工装具全体が吸着力だけでウィンターに固定される[17]。

この装具はイルカの自然の尻尾を見本として作られたものだが、自然界にはないさまざまな素材が用いられているため、ウィンターが装着しているあいだはずっと監視していなければならない[18]。たとえば尾ビレが急に抜け落ちたり水槽の何かに引っかかったりしていないか、金属部品が仲間のイルカを誤って傷つけないか、ウィンターの飼育係が見守る必要がある。だから一日二四時間ではなく、毎日の治療セッションのときだけ装着するようにして、そのあいだにトレーナーが人工尾ビレをつけたイルカ向けに考えた一連の訓練を施し、筋肉を鍛えるとともに正しい泳ぎの姿勢をとるよう強化している（この訓練のあいだに、ウィンターの残された胴体先端の筋肉をまっすぐに伸ばすよう、トレーナーたちはやさしく圧力をかけてもいる)。人工尾ビレはウィンターの背骨の並びを正しく保つのに役立っており、装着時のウィンターは実際に、尻尾を左右ではなく上下に揺らして泳ぐ。[19]「これをつけると、実にきれいに泳ぐんだよ」[20]と、キャロルは話す。*人工尾ビレをつけはじめてからウィンターの脊柱側弯症は改善されており、[21]キャロルはこの装具と定期的な治療とが役立って、ウィンターが末長く健康的に暮らせるよう願っている。

こうして進歩してはいるものの、ウィンターはこれからもずっと水族館にとどまる予定だ。尾ビレのないイルカ、あるいは人工尾ビレをつけたイルカが、自然界で生き残れる公算は低い。人工装具が何年も連続した利用に耐えられるかどうか、とれたり壊れたりしないか、まったく予想がつかないし、正しい泳ぎの姿勢を訓練するトレーナーと背骨の整合性をチェックする医師による継続的なチェックも要る。さらに義肢装具士が身近に控え、尾ビレの破損の修理とさまざまな調整も続けなければならない。それどころかキャロルとシュトレンプカは今でもまだ、成長しきっていないウィンターのために一年に数個の新しい尾ビレを作っており、体形の変化と筋肉の発達に合わせて設計を微調整している。[22]また人工尾ビレにもっと劇的な改善を加える夢も抱いている。たとえばシュトレンプカは、ウィンターが尾ビレを上下に動かすたびに空気を排出する真空ポンプを組み込む方法を考え出したいと話す。[23]そうすれば吸着力が強化され、人工尾ビレが絶えず自動調整を続けられるようになる。

この尾ビレのおかげでウィンターはスターの仲間入りを果たした。ウィンターの本、ウィンターのビデオゲーム、ウィンターのドキュメンタリーが作られ、二〇一一年にはワーナー・ブラザースがウィンターの物語をもとにした3D映画『イルカと少年』を公開している（義肢装具士を演じたのはモーガン・フリーマンで、キャロルはこの役が「マッドサイエンティストになっている」と言う）[24]。そして水族館のウェブサイトとギフトショップは、Tシャツ、絵葉書、マグネット、尾ビレのないイルカのぬいぐるみなど、ウィンター・グッズでいっぱいだ。

しかしウィンターは単なる強力なマーケティングツールにとどまることなく、人工装具大使の役目も果たしている。義手や義足をつけた子どもたちが水族館を定期的に訪れ、その多くは水槽のなかに招かれてウィンターとふれあう。[25]そのふれあいが子どもたちの心を癒すとキャロルが話してくれた。「手や足を失った子どもにとっての心理的な効果は、とてつもなく大きいからね」[26]

ウィンターは人間の肢切断患者をもっと具体的な方法でも助けている。通称ドルフィン・ゲルの噂が広まるにつれて、義肢装具士たちが人間の患者のために注文するようになったからだ。[27]この素材は、人間用に一般的に使われてきた素材より皮膚に密着して離れにくいので、とくに汗ばんだときに義肢がずれてしまうアスリートの肢切断患者にとって役立つことがわかってきた。大のゴルフ好きとして知られるシュトレンプカは、自分の義足でこのゲルをはじめて試したときからすっかり気に入ってしまった。「粘着力が大きな魅力なんだ、とくにフロリダではね。ゴルフで一日に三六ホールもまわると、皮膚はまるでイルカみたいにツルツルになっちゃうから」[28]。ハンガー社が「ウ

＊ウィンターが泳いでいる様子を、この水族館のウェブサイト（www.seewinter.com）にあるライブカメラ映像で見ることができる。

インターズ・ゲル」という名のライナーを熟練のトライアスロン選手[29]から一一歳の少女[30]にまで販売しはじめたのは、それからまもなくのことだった。[31]「動物は私たちみんなに十分にお返ししてくれる[32]」と、キャロルは言う。「動物と協力すると、山ほど学ぶことがあるからね」

ニューティクルはイヌに必要か？

人は傷ついた動物を見ると心を打たれやすく、その傷を癒してやりたいと考えるのはごく自然なりゆきだ。翼の折れた鳥や病気でダニだらけの捨てイヌや捨てネコを家に連れて帰るのは、こども時代の通過儀礼とも言える（私自身の捨てイヌ経験は弱って腹をすかせたドーベルマンの子イヌで、バージニアの森のなかをさまよっているところを見つけた。皮膚がしわくちゃでダブダブしていたので、名前はレーズンにした）。人間は苦しんでいる生きものにごく自然に共感する。神経科学の研究によれば、窮地にある人間を見たときに活動する脳の領域が、苦しむ動物を見てもピンボールマシンのように明るく発火するという。[33]

動物には苦痛を伝えるさまざまな手段がある。食べなくなったり、身づくろいをやめたりすることもあるし、うろうろ歩く、クンクン鳴く、大声をあげる、からだの一部をしきりになめる、あるいはこすることもある。苦しむヒツジは口をゆがめ、ウマはひどく汗をかき、類人猿やサルは目を白黒させる。[34]マウスは顔をしかめるので、[35]科学者たちは「マウス・グリマス・スケール（グリマスはしかめっ面のこと）」なるものを作って、研究者たちがマウスの表情から苦痛の程度を評価できるようにした。だが同時に動物は信じられないほど「ストイック」でもあり、口をきけないから、治療が必要かどうか、いつもはっきりわかるとは限らない。

傷ついた動物の暮らしに介入するにあたって、人工装具が正しい手段であるとは思わない人たちもいる。キャロルとその仲間はただ患者たちを助けたいという願いだけに突き動かされているわけだが、それでも人間が設計して工場で作る付属物は動物のからだを大きく作りかえてしまう。そのためにキャロルは、反対論者、ほかの義肢装具士、あるいは一般の人たちから、彼の作る装置は役に立たない、あるいは野生動物に不当な苦痛を与えていると批判されることも多い。

人工装具を批判する人たちの懸念の一部は、野生動物の動きを追跡するために電子タグを用いる科学者に寄せられるものと同じで、この装置が肉体的または心理的な苦痛のもとになるのではないかという心配だ。動物たちは自分のからだに異物がつけられたことにどうやって慣れていくのか？獣医師や医師はこの疑問への答えを、動物に人工装具を装着しない場合に考えられる医学的な結果と比較検討しなければならない。クリアウォーター水族館は人工尾ビレをつけるために必要だった医学的なスキャン、何度もの試着、トレーニングセッションを避けることもできたが、それと引き換えに一生涯にわたるからだの奇形と苦痛は避けられなかっただろう。

いつもこれほど単純なわけではない。私はキャロルのクリニックを訪問した際に、左のヒレ足の一部を失ったカリフォルニアアシカの写真とX線写真を見せてもらったことがある。このアシカの世話係から少し前に電話がはいり、人工装具を採用できるかどうかを問い合わせてきたところだった。キャロルは最終的にこのプロジェクトを見送ることに決めたという[36]。そのカリフォルニアアシカは現時点でちゃんと暮らしているし、人工のヒレ足によって生活の質が向上することを確認できなかったからだ。ただし、それが正しい決定だったかどうかを確実に知る方法はない。

　そして、これよりもっと微妙な領域もある。動物の精神的苦痛を和らげるための人工装具の利用だ。愛犬家グレッグ・ミラーの場合を例にとってみよう。[37] ミラーは飼っていたブラッドハウンドのバックが、去勢手術のあと、まぎれもなく鬱になったと断言している。ミラーの回想によれば、バックは手術室から出てきて身づくろいをしようとしたとき、睾丸がないことに気づいて悲しそうに飼い主を見上げたそうだ。「まったく、ぞっとしたよ」と、ミラーはこのときの様子を振り返る。手術直後の悲惨な日々を過ごすうち、ミラーに新奇な考えが浮かんだ。どこかで作りものの睾丸を買って使えば、バックの外見をすっかり元通りにできるかもしれない。「バックを去勢した私のトラウマと、からだの一部を失ったバックのトラウマを小さくできるように、誰かが人工睾丸を作ってはいないだろうか？[38]」

　イヌの人工睾丸が作られていないことを知ると、ミラーは自分で作る決心を固めた。「みんな、私のアタマがおかしくなったと思ったんだ、洒落を言うつもりはないけれど[39]」。こう話すミラーは二年にわたって獣医師と協力し、「ニューティクル」を開発するとともに、それを販売するＣＴＩ（イヌの睾丸インプランテーション）社を立ち上げた。[40] ニューティクルと名づけられたインプラントは特大のソラマメのような形で、本物の「質感と硬さ[41]」を完璧に再現している（私としてはミラーの言葉をそのまま信じるしかない）。

　偽の精巣をもらったイヌが最初に登場したのは一九九五年のことだ。[42]* 手術台の上で本物の睾丸を摘出されたばかりの白いワンコにニューティクルが埋め込まれ、そのために余分にかかった時間はわずか三分ほどだった。[43] 麻酔からさめたイヌは去勢手術を終えたようには見えなかった（「何も変わっていないように」というＣＴＩのキャッチフレーズそのままだ）。この人工睾丸にはさまざまなサイズと材質が揃っており、価格も最初に作られたニューティクル「小」ペアの一〇九ドルから最高級品ニューティクルウルトラプラス「超特大」ペアの一二九九ドルまで、幅広い。[44] ＣＴＩ社はほかにネコ、ウマ、ウシ向けモデルも販売しており、[45] これまでに四九の国で二五万匹以上のペットが偽の睾丸を身につけてきた。[46]

まったく膨大な数の動物が去勢による屈辱をまぬがれてきたものだ……たぶん。イヌがこのインプラントをどう思うのか、それまであったものがある日突然消えてしまっても気づきさえしないのか、私たちには知る由もない。それが動物に人工装具をつけさせる際の大きな課題になる。** 自分自身のからだを作り直してほしいのかどうか、またどのように作り直したいかに関して、人間以外が話し合いに加わることはできない。脳画像を撮影すれば、あちこちの神経回路が発火する様子から

＊この画期的商品はバックには間に合わず、それまでに肝臓がんで世を去っていた。「ニューティクルを身につけることはなかったけれど、バックが世界を変えたんだ」[47] と、ミラーは話している。

＊＊ＭＲＩを使用するためには、被験者が細い筒のなかでかなりの時間じっと動かずに横たわっていなければならないので、目を覚ましている動物の良質のスキャン画像を得るのはこれまで難しかった。エモリー大学の神経科学者グレゴリー・バーンズが最近、簡単な訓練によってイヌをおとなしいＭＲＩ被験者にできることを示している。[48] バーンズと同僚たちは正の強化と呼ばれる、よいことをしたら褒美を与える方法だけを用いて、二歳の雑種カリーと三歳のボーダーコリーのマッケンジーがＭＲＩの検査台に乗り、あご当てに鼻先を落ち着かせ、スキャンが完了するまで身動きせずに寝ているようしつけた。

動物の心の動きを覗き込むことは可能だが、別の種の生きものの暮らしがどのようなものなのかを主観的経験のレベルで真に理解するのは無理だ（人間どうしでさえ、他人の立場でその暮らしがどんなものかを想像するのは難しい）。

哲学者トマス・ネーゲルは有名な随筆『コウモリであるとはどのようなことか』で、まさにこの問題について詳しく述べ、次のように書いている。

> 腕に水かきのような翼がついていて、それを使えば黄昏や夜明けの空を飛びまわりながら、口で虫を捕らえることができる。視力が極端に弱く、高周波音の信号の反響を利用してまわりの世界を把握する。日中は屋根裏に片足でさかさまにぶら下がって過ごす。これらのことを想像しようとしても役には立たない。私が想像できる範囲に限って言うなら（それほど豊かに想像できるとは言えないが）、それでわかるのは、コウモリが行動するように私が行動したらどんな感じなのかということだけだ。だが問題はそれではない。私が知りたいのは、コウモリにとってコウモリであることはどんな感じなのかだ。ところがこれを想像しようとすると私自身の心のなかにあるものを材料にするしかなく、その材料はこの仕事には無力だ[49]。

去勢はトラウマを引き起こすかもしれない。手術は緊張を生み、回復には痛みを伴うこともある。イヌの生殖腺は性ホルモンを分泌し、それを除去してしまえば行動に変化が生じる場合があり[50]、とくにマウンティングやマーキングの行動と攻撃性は減る。けれども去勢によって性行動が変わるからといって、そのせいで性同一性に危機が訪れるわけではない。米国の動物愛護協会が不妊・去勢に関するオンラインガイドで説明している通り、「ペットには性同一性や自我の観念はない」[51]。そして行動の変化は必ずしも苦悩を示すとは限らない。ミラーは、去勢をするのは「ほんとうにゾッとするようなことで、自分のイヌを変えてしまう、神様のまねごとをしているようなもの」[52]だと感じると言う。だが、ニューティクルを使えば動物を変えないですむわけではない。ただ最初の変更の上に二回目の変更を加えているにすぎない。

ニューティクルがイヌの去勢に関連したトラウマを防げるかどうかについて、論文審査を経た研究をまだ見たことはないが、サルの調査がヒントを与えてくれる。サルの去勢の影響を研究した科学者たちが、対照群を作るためにニューティクルを利用した[53]。半数のサルの睾丸を取り除いたあとに、シリコン製の偽物を挿入しておいたのだ。その結果、社会集団のほかのメンバーから見て、すべての雄ザルの見た目はまったく変わらなかった。ところが人工睾丸では、去勢されたサルが無傷の仲間より従順に行動するのを防ぐことはできなかった。その研究結果からすると、去勢された動物で起きる行動変化の原因は、宦官のように見えることからくる性同一性の危機ではなく、ホルモンの欠如のようだ。そしてニューティクルは雄イヌのホルモン量を元に戻すことはなく、外科手術そのもののトラウマもなしにすることはできない。

それなら、ニューティクルはほんとうにイヌのためのものなのか？　あるいは、人間のためのものなのか？　私たちがワンコたちに去勢手術を施すことへの、せめてもの罪滅ぼしになっているだけなのか？　ミラーによれば顧客のほとんどは「愛犬を去勢することにひどくビクついている」[54]が、睾丸の代わりを埋め込むことができれば心の痛みは和らぐ。ニューティクルを推奨している動物愛護団体もある。[55] 去勢に二の足を踏んでいるペットの飼い主が心を決めて手術を受けさせるよう、後押しする力になるかもしれないからだ*（実際、ビル・クリントン大統領が「ファーストドッグ」であるバディの去勢に躊躇していることを耳にしたミラーは、文字通りにも比喩的にも「肝っ玉」が必要な行動を起こし、自由世界の指導者に対して人工睾丸の利用を考えるよう勧めた[56]）。

私は飼っているマイロを去勢したとき、ニューティクルのことはまったく考えなかった。たぶん自分が女性だからだろう。オーストラリアのイヌの飼い主およそ一万六〇〇〇人を対象にした調査によれば[57]、去勢がイヌの「男らしさ」を根本的に変えてしまうと考える人の割合は、男性のほうが女性の二倍高かった**。それを聞いて私の心には、ニューティクルはトラックナッツによく似ているのかもしれないという思いが浮かぶ。トラックナッツというのはプラスチックでできた模造品の睾丸で、男性がときどき自分の車のうしろにぶら下げている代物だ。持ち主の精力と男らしさをそれとなく伝えているらしい。たしかに、ある男性の顧客は、ニューティクルで残念なのはただ自分と妻が愛犬のためにもっと大きいサイズのものを入手できなかったことだと言った[58]。ジェンダー研究および人間と動物の相互作用をテーマにしている学者によれば、「多くの男性は自分が飼っている雄のペットを、自分自身の自我と性衝動《リビドー》の象徴とみなし続ける[59]」

ニューティクルは、まあちょっとイカレているけれど、残酷だとは思わない。イヌのからだに対してやっているほかのことに比べればなおさらだ。たとえば断尾はどうだろう[60]。子イヌの尻尾を根元または途中から切り落とす習慣で、ふつうは麻酔を使わず、ときにはハサミやカミソリといった精巧とは言えない道具を使う。アメリカンケネルクラブ（ＡＫＣ）は、ドッグショーに出場するイヌの審査に用いる「ガイドライン」を作成し、ボクサー、ロットワイラー、コッカー・スパニエルなど、数十の犬種で断尾が望ましいとしている。[61]＊＊＊ つまり、理想的な姿は人間が外科的に手を加えたものなのだ。＊＊＊＊

外科的な処置について言うなら、今では飼い主のためにイヌの美容整形を手がける獣医師もいる。ペットの形成外科は医学的根拠をもつ場合がある——鼻の整形によって呼吸が楽になる犬種がいるし（たとえばパグ）、しわとたるみを取れば細菌のたまりやすい皮膚のひだをなくすことができ、イヌの歯を矯正すればゆがんだ歯からくる痛みを和らげることができる。[62] だがブラジルのある獣医

＊去勢手術はイヌにとっては厳しいかもしれないが、獣医師および動物愛護グループは、世界から望まれないペットの数を大幅に減らす方法としてその実施を圧倒的に支持している。

＊＊ただしミラーは、女性のために特別なニューティクル・ジュエリー・シリーズを販売している。[63] 洞察力に富んだ女性は今やわずかな料金で、一〇〇パーセント純正の偽睾丸をネックレスにして首のまわりを飾ることができる。

＊＊＊ＡＫＣの犬種スタンダードの一部は健康なイヌの特徴を概観し、このイヌは絹のように光沢のある被毛をもつ、足取りがなめらか、すべての歯がきれいに並んでいる、などと説明する。だがそのほかの規定は、一見したところ独断的な美的好みを反映しているようだ。米国の典型的な家庭犬であるラブラドール・レトリバーについて考えてみよう。ドッグショーで賞をとりたいならば、黒または茶色の鼻が好ましい。ＡＫＣによれば、「完全にピンクの鼻は……失格とされる」。また目は褐色または薄茶色でなければならない。「黒または黄色の目はきつい印象を与え、好ましくない」と、ＡＫＣは述べている。では、被毛の色は？　「胸部の白い小さな斑は許されるが、好ましくない」

＊＊＊＊英国では、限られたわずかな例外を除き、イヌの断尾は禁止された。[64]

外科専門医は、純粋に美容の目的で手術をしても問題ないとし、BBCで次のように語っていた。「なぜイヌが美しくなってはいけないのですか？　美は望ましいものです。私たちはみんな、見た目の美しい人、香りの素敵な人の話をするのが大好きでしょう。イヌでも同じことですよ」[65]。しかし美しさだけを求めるのは、それも人間の目から見た美しさを目指すのは、ほんとうにイヌにメスを入れることを正当化するだろうか？

ニューティクルもまた、人間の美的理想をペットに投影する方法であるとはいえ、偽睾丸にはそれよりもっと複雑な一面もある。断尾はコッカー・スパニエルを幸福にすると主張する人はほとんどいないのに、人工睾丸は愛犬のためによいことだと考える顧客は何十万人もいるからだ（ばかげたシリコンの袋だと思う飼い主もいる一方で、医学の奇跡だと思う飼い主もいる）。ニューティクル――そしてそれを買おうという気もちにさせる奇妙に入り交じった動機――は、私たちが動物にとっての最善と自分自身の関心事とを切り離して考えるのがどれだけ難しいかを示している。

人工装具で動物を救う

ほかの生きものへの愛情が自分の仕事の純粋な動機だと話すケヴィン・キャロルさえ、批判に直面している。それでも彼は、動物のための人工装具が時間と金の無駄だと主張する人たちにひるむことなく、こう話す。「私たちは、世の中には選択肢があると考える前向きな人、動物を元に戻してまた歩けるよう手助けしてやれる解決法があると考える人に協力しようとしている。動物が傷ついたときには、世話をして復帰を助けることがとても重要だよ。私たちが出会うのは、たいてい人間によって傷つけられた動物だから、人間が元に戻してやることが大切なんだよ[66]」

キャロルと仲間たちが力を貸してきたのは、人工装具が命を救うことになる動物たちだ。ウィンターの物語が地元紙に掲載されると、フロリダ州サラソタで海鳥を助けて復帰させる団体「セイブ・アワ・シーバーズ」を率いるリー・フォックスがキャロルに電話をかけてきた。フォックスのもとによく運び込まれるのはカナダヅルで、高速で走る車や気まぐれなゴルフボールと衝突し、デリケートな足に取り返しがつかないほどの傷を負ってやってくる。[67]細くて長い足に大きくて重いからだという体形のせいで、足がだめになったツルは、ふつうは安楽死の運命をたどる。

フォックスは、本人の言葉によれば「カナダヅルを次から次へと安楽死させなければならなくて、ほんとうに吐いてしまうほど具合が悪くなり[68]」、塩化ビニールのパイプと流し台の栓といったありあわせの材料で作った義足をツルに取りつけはじめた。その後フォックスの願いを聞いたキャロルが、使い心地も耐久性もよくなるように、足をなくした鳥の石膏型をとり、軽量プラスチックで義足を作るという方法を考え出してくれた。このようにして作られた義足を利用している数ある鳥のなかに、クリシーという名のツルがいる。フォックスは、キャロルがはじめてこの鳥に義足をつけた日のことを、今でもありありと思いだすことができると話す。「クリシーは義足をつけて、まるで自分の足のように歩きましたよ[69]」。鳥たちは義足を使ってからだを掻く動作までする（これは健康なツルが自分の足を使ってする動作だ）。キャロルは、「動物は自然界で生きているから、置かれた状態への適応力がとっても高い。手助けしてやれば、それぞれの短い一生をうまく生き抜くことができるんだ[70]」と言う。

適切な設計と技術を用いて作った義足で救えるのはツルだけではない。ウマは、足を骨折したりひどく傷めたりすると通常は安楽死させられる。また三本足になってしまったイヌは、上手に走れることもあるが、すべてがそう簡単に適応できるわけではない。たとえばコーギーの場合は長くて太い胴体を三本の足では支えきれないと、イングランドのサリーに診療所を構える獣医整形外科医師のノエル・フィッツパトリックは言う。[71] そして、これまでは獣医師が足を失ったペットを安楽死させようとする傾向が強すぎたと考えている。「動物たちは質の高い暮らしを送って然るべきなんです。どんな場合もイヌを安楽死させてはいけないと言っているのではありませんよ。ほかに選択肢がないならしかたのないことです。でも、人工装具を使うべき状況はたくさんあるんです[72]」

とりわけ、獣医学と材料科学が進歩し、傷ついた生きものにとってかつてないほど数多くの選択肢が生まれている現代では、安楽死に言い訳はきかないというのが彼の意見だ。ネコとイヌの場合は独特の生体構造のせいで、ウィンターの場合と同様、人工装具を用いるには特有の問題がある。[73] ネコとイヌのからだにベルトをかけるかたちの義足をつけられるが、それがうまくいかない場合もある。イヌとネコの足を膝より下で切断した場合、外部の器具を固定できるほど十分な筋肉や肉部分は残らず、骨は丸みを帯びているので、義足をしっかりはめるのは難しい。膝より上での切断では骨の周囲に筋肉が多すぎるし、よく伸びる皮膚がたっぷりついている。受け口のある義足を固くはめたとしても、ネコやイヌが自分ではずしてしまうことがある。ベルトで固定するものでも、蹴ったり噛んだりひっかいたりしてとってしまうことが多い。

フィッツパトリックはこうした困難の多くを切り抜けられる別の種類の義足を、先頭に立って開発してきた。[*] 彼が考え出したのはオッセオインテグレーション（チタンと骨が直接結合すること）を利用する方法で、義足の一端を動物の足の切断部分に埋め込み、残された骨に結合させてしまう。金属製のインプラントを皮膚から外に出し、特別設計の義足と接続すれば、フィッツパトリックが「バイオニックドッグ」[74] と呼ぶものが出現する。

オッセオインテグレーションに危険が伴うことはわかっていた。[75] 骨に固定された義足は患者の断端部から皮膚というバリアを破って外に突き出しているので、細菌が侵入しやすくなり、患者は重い感染症にかかる確率が高くなる。だがフィッツパトリックにとって幸運なことに、ユニヴァーシティ・カレッジ・ロンドンの医用生体工学者ゴードン・ブランが、この問題に解決策を見出してくれた。外科医はシカの角から学べると考えたのだ。[76] シカの角は自然界で皮膚と骨がしっかりつながっている稀な例だと言える。ブランが指導していた大学院生のひとりが、この強力な結合の秘密は角の表面に無数にあいている微細な孔にあることを発見した。骨のなかでコラーゲン繊維が成長してこれらの孔にはいり込み、角と周囲の皮膚のあいだをしっかりつないでいる。そこでブランは、シカの角を模して表面に孔のあいた義足にすれば、皮膚とうまく接合して感染を防ぐ保護層になると提案した。

＊外部に取りつける人工装具は人間の患者の場合にも限界がある。フィッツパトリックは少年時代にそれを直接目撃していた。彼のおじは木製の義足を使用していたのだが、ある日いっしょにヨット遊びをしていたとき、フィッツパトリックがうっかりぶつかって義足が船外に落ちてしまったことがある。その光景を思い浮かべながら、彼はこう話す。「私はそれがプカプカ浮かびながら遠ざかるのを見て、『あんなのポンコツだ』と思ったんです」[77]

フィッツパトリックとブランはシカの角を発想の源として、足のない動物のための医療用具、ITAP（骨内経皮切断補綴具）を考案し、二〇〇七年からペットで実際に利用しはじめた。(78)これを装着した最初の患者のなかに、左前足に腫瘍ができたアメリカン・ブルドッグのコールがいる。(79)通常の治療であればその足を切断したままにするところだったが、コールの別の足は関節炎に侵されていて三本足で歩くのは難しいと判断し、フィッツパトリックはコールへのITAP装着に同意した。コールを麻酔で眠らせ、切断した足に残された橈骨の中心にチタン合金でできた棒を埋め込む。この棒の骨から外に出ている部分は、傘がおちょこになった形で丸く広がっている。傘の部分にあたるキャップにはシカの角と同じように小さな孔がたくさんあいており、ここにコールの皮膚を伸ばしてかぶせる。外科医が傷を縫い合わせると、あとは軟部組織が成長して埋め込んだ傘の孔に潜り、皮膚、金属、骨を恒久的につなげるのを待つだけだ。コールの切断された足の先端からは、チタンの短い棒が外に突き出したままになった。傷がすっかり癒えたら、飼い主がその金属棒に義足をつけたりはずしたりできるだろう。

シカの角を見てひらめいた器具は功を奏した。インプラントにコールの組織が少しずつはいり込み、しっかり密封されるとともに、感染の兆候は見られなかった。そしてブルドッグは新しい足にみごとに適応した。「ITAPはコールの暮らしの質を向上させただけでなく、コールに命そのものを与えてくれました」(80)と、飼い主は「利用者の声」に書いている。「コールは手術後もまったくふつうの暮らしを送り、できなくなったことは何もありませんでした。外に出してもらおうと義足を使ってドアをひっかき、義足とふつうの足を使って食べものやおもちゃをもち、ご褒美をほしいときには『お手』もします。一番驚いたのは、ほかの人たちが義足をまじまじと見るまでは、それが義足だと気づかなかったことです」

コールのあとにも成功例は続き、黒ネコのオスカーは機械式の穀物収穫機に巻き込まれる事故でうしろ足を両方失ったあと、ＩＴＡＰを二本埋め込む手術を受けた。[81] ＢＢＣのドキュメンタリー『バイオニックヴェット』で仕事ぶりを特集されたフィッツパトリックは、このような動物のＩＴＡＰ手術を二〇回以上も実施してきた。[82] 動物で大きな成功を果たしたことから、イギリスでは人間にＩＴＡＰを利用する臨床試験が進められている[83]（二〇〇五年七月に起きたロンドン地下鉄同時爆破事件で腕を失った女性も、この方法を最初に試したひとりだ[84]）。

フィッツパトリックの技術はオッセオインテグレーションのひとつの方法にすぎず、ほかにも独自に変化させた形式を試している獣医師が何人かいる。ノースカロライナ州立大学の獣医整形外科医師デニス・マーセリン＝リトルには、体重が重すぎたり活動的すぎたりして、ベルトで固定する従来の義足が合わないイヌの患者がたくさんいる。[85] そこでオッセオインテグレーションの装具を用いて、これまでなら絶望的だったイヌたちの一部が再び自分で歩けるよう手助けをした。一方ではウマの研究者が、骨と一体化したウマ用の義足に利用できるインプラント方式を考案している。[86] これが完成すれば、足の骨折と一連の合併症の悪化から安楽死を余儀なくされたケンタッキーダービー優勝馬バーバロのような、競走馬の命も救えるかもしれない（獣医師たちはバーバロの足の治療を試みたが、順調に治癒しなかったために健康だった別の足に余分な負担がかかった。その結果、それらの足も傷みはじめ、このウマは文字通り、支えとなる足を失ってしまった[87]）。

動物用の人工装具とそれらを作るために必要な研究開発にかかる費用はけっして安いものではなく、フィッツパトリックはときどき、自分は誰かのイヌの足を考案するためになぜこれほどの時間とエネルギーを投じているのかと自問することがあると言う。だが、この努力はペットに新しい足を与えるだけのものではないのだと、次のように話す。「これは命と愛情の問題なんです。動物と人間との愛の絆の問題です。この地球上で、どうすればものごとをもっとよくできるかを写し出す縮図ですよ[88]」

オッセオインテグレーションは、さらに斬新な人工装具に向けた一歩にもなっている。永続的にからだの一部になるだけでなく、神経系とつながって途切れることなく機能する装具の研究が進んでいるのだ。そのようなものができれば、患者は人工の四肢を元からあるように自然に操ることができ、炭素繊維でできた手足の指を意識しただけで動かせるようになるだろう。すでにブレークスルーがあった。脳にインプラントを埋め込まれたサルが、考えるだけで外部に設置されたロボットアームを操作できるよう訓練され[89]、ある実験ではそのアームを使って自分の口にマシュマロを入れた。さらに、麻痺のある人も同じことができた[90]（人間の被験者はマシュマロを食べる代わりに、ロボットアームでガールフレンドとハイタッチをした）。またシカゴ・リハビリテーション協会の科学者は別の方法に成功している[91]。数名の上肢切断患者に対し、通常は失われた腕の動きをコントロールするはずの神経を、胸の筋肉につながるよう移動したところ、患者はこれら胸の筋肉を使うことによって発生する神経信号を利用して、コンピューター画面上の仮想の腕《バーチャルアーム》および電動の義肢をコントロールする方法を身につけた。

このようなロボットアームを開発する最大の目的は、人間の肢切断患者や四肢麻痺患者の暮らしを向上させることにある。とくに米国防総省の国防高等研究計画局（ＤＡＲＰＡ）は、負傷した兵役経験者のためによりよい解決策が見つかる望みを託し、この研究分野に多大な時間と費用を投資してきた[92]。それでも、この研究が目的とした受益者が動物ではないからといって、その途上で動物が利益を受けないことにはならない。人工装具のイノベーションは種の境界線を越えて行き来しながら進んでいるので、傷ついた動物の神経と一体化した義足を科学者が人間のために改良しても、人間の患者で利用されている器具と技術を獣医師が借用しても、驚くにはあたらない。たとえば、年老いたイヌではさまざまな疾患や病状によってうしろ足の麻痺が生じる。脳でコントロールできる義足を用いてこれらのイヌをサイボーグに変えれば、そのイヌたちの神経系にコントロールを取り戻してやれる。

　あるいはもっと極端なことも可能で、バイオニック動物を作り、その神経系を私たち人間がコントロールすることもできるだろう。

第7章　ロボット革命

一九六〇年代にCIAは風変わりな現場捜査官を採用した。[1] 一匹のネコだ。獣医外科の医師が一時間かけて、外耳道にマイクロフォンを、頭蓋骨の底部に小型無線送信器を埋め込み、灰色と白の長い被毛には細いワイヤーアンテナを編み込んで、このネコをエリートのスパイに仕立て上げた。ネコを歩く偵察マシンに変える極秘計画「アコースティック・キティー作戦」だ。このプロジェクトのリーダーは、ネコを訓練して外国政府職員の近くに座らせれば、密談を盗聴できると考えていた。

問題は、ネコがとりわけ訓練しやすい動物とは言えないことで、イヌのように人間の主人を喜ばせたいという深い願望をもっていない。しかも情報局のロボキャットは国家の安全保障にさして興味があるようにも見えなかった。最初の公式試験の日、CIAのスタッフはアコースティック・キティーを車に乗せて公園まで連れていき、ベンチに座っているふたりの男性の会話を盗聴させようとした。だが、放たれたネコは通りにさまよい出ると、すぐさまタクシーにひかれ、つぶされて死んでしまった。これで計画は打ち切りとなり、あちこち編集されて公開された当時のCIA関連文書には、微妙な表現で次のように記録されている。[2]「訓練を受けたネコの最終的な試験により……この計画はわれわれの非常に専門化された責務には実質的に適していないものと確信するに至った」（専門化された責務には、絶対に車にひかれないことも含まれるものと推測できる）。

アコースティック・キティー作戦は先見の明にあふれていたものの不運な結果に終わり、時代を五〇年先取りしすぎていたようだ。米国の諜報機関は再び、動物と機械のハイブリッドが国家と市民の安全を守ってくれると期待を寄せるようになっている。たとえば二〇〇六年には国防高等研究計画局（DARPA）が昆虫に狙いを定め、米国の科学者に「サイボーグ昆虫を作る技術を開発する革新的な提案」を出すよう求めている。[3]

それは政府の普段の要望とは異なっていたが、いたって真面目なものだった。米軍は長年にわたり、「超小型飛行体」を開発したいと望んできた。危険な地域で偵察を行なうことができる超小型の飛行ロボットだ。開発は簡単にはいかない。超小型となると飛行の力学が変化するうえ、飛べるほど軽量でありながら、カメラなどの機器を搭載できるほど頑強でなければならない。最も厄介なのは動力源を必要とすることで、超小型飛行体にふさわしい軽さの電池では、あまり長い時間の飛行を可能にするエネルギーが得られない。[4]これまでにエンジニアが作製できた小さくて完全に人工のドローン（小型無人飛行機）について考えてみてほしい。ハチドリを模した飛行ロボットのナノハミングバードは、翼長が一六・五センチ、最大飛行時間は一一分[5]、デルフライマイクロは翼端から翼端までが一〇センチ、飛行できる時間はたったの三分だ[6]。

DARPAの当局者は、もっとよいものがあるにちがいないと考えた。「小型飛行体の存在証明……は、昆虫という形で自然界に豊富にある」と、DARPAのプログラムマネージャーだったコーネル大学のエンジニア、アミット・ラルが、候補となりそうな研究者向けにこの機関が発行したパンフレットに書いている[7]。今までのところ、自然界の創作物のほうがわれわれ人間の創作物より格段に勝っている[8]。昆虫は空気力学を使いこなし、飛行に適した構造と障害物を回避する技を生まれながらに備えている。しかも自ら動力を供給できる。イエバエは一度に数時間飛びまわることが可能だ。そこでおそらくDARPA当局者は、軍がゼロからはじめる必要はないことに気づいたのだろう。生きている昆虫を出発点にすれば、夢の飛行体実現もすでに半ばまで進んでいるではないか。必要なのは昆虫のからだに侵入し、その動きをコントロールする方法を考え出すことだけだ。もし科学者がこれに成功すればと、DARPAのパンフレットは続ける。「人間が近づくことが不可能または困難な場所に人知れず侵入する必要のある任務に……利用できる、予想通りに動く装置へと、〔昆虫を〕転換できるかもしれない[9]」

DARPAの呼びかけは本質的には大がかりな科学技術コンテストの開始を告げるもので、イノベーションを促進するとともに全国の科学者の競争心をうまく利用するように工夫されていた。そして科学者たちに、自分ならどのように操縦可能なサイボーグ昆虫を作るかを概説した企画案を提出するよう求め、最も有望なプロジェクトには資金を提供すると約束した。この機関が求めていたのは遠隔操縦によって目標の五メートル以内まで近づくことのできるリモコン昆虫だった。[10] いずれはその昆虫にマイク、カメラ、ガスセンサーなどの偵察器具を搭載し、収集したデータを軍当局者に伝える必要もある。パンフレットにはロボ昆虫の具体的な応用例として、化学センサーを搭載し、遠隔地にある建物や洞窟内で爆発物の手がかりを探らせる任務が示されているが、そうしたサイボーグが引き受けられるその他の仕事も容易に想像がつく。ビデオカメラを積んだ昆虫ドローンなら、建物内に人がいるかどうか、なかにいるのが民間人か敵の戦闘員かをあきらかにできるし、マイクを積めば機密事項にかかわる会話も録音でき、盗聴昆虫になる。

ＤＡＲＰＡが描いた操縦可能なロボ昆虫の夢はあまりにも突飛で、ありそうもないように思えるが、最近起きている数多くの科学のブレークスルーから考えれば、アコースティック・キティーよりずっと成功する確率は高いだろう。現代の野生動物追跡装置の開発を可能にした科学技術の進歩――サイズの小型化と、マイクロプロセッサー、受信機、電池のパワーの増大――によって、本物のサイボーグ動物の作製も可能になろうとしている。こうしたマイクロマシンを動物のからだと脳に埋め込めば、人間がその動作と行動をコントロールできるようになる。遺伝学の成果を利用すれば新たな選択肢も可能で、科学者は動物の遺伝子を組み換えて、操作しやすい神経系を作ることもできる。これらの、またその他さまざまな進歩を取り入れることで、超小型飛行サイボーグを作ることができるし、それどころか、もっともっとたくさんのことができる。エンジニア、遺伝学者、神経科学者は、各々が異なる方法、異なる理由で動物の心をコントロールしており、そのツールとテクニックは私たち専門外の人間でも使えるくらい安価で簡単になっている。まもなく誰でも動物のからだをハイジャックできる日がくるかもしれない。問題は、そうしたいかどうかだけだ。

サイボーグ昆虫の誕生

ＤＡＲＰＡのサイボーグ昆虫を求める呼びかけに、カリフォルニア大学バークレー校の電気工学者ミシェル・マハービッツが関心を抱いた。生きもののからだと脳を極小の電子部品と合体させて飛行体を作るという課題を見てワクワクした。当時を思いだして、「最終的に作りたかったのは遠隔操作の飛行機だった。甲虫を利用して遠隔操作飛行機に最も近いものを作るとしたら、どんなふうになるんだろう、と考えたんだ」[11]と話す。

マハービッツは小型の電子機器を作る名手だったが、昆虫学となるとずぶの素人だった。そこで猛勉強を開始した。ＤＡＲＰＡの課題に挑戦する科学者たちが利用するのは研究室で長いこと調べられてきたハエか蛾だろうと予想したが、甲虫《ビートル》のほうが有望だと確信するに至る。ハエと蛾に比べて甲虫のほうが丈夫で、硬い殻をもち、かなりの荷物を運べるくらい大きい種も多い。ただしマイナスの面もあった。甲虫の飛翔に関与する具体的な神経経路と脳回路について、あまりよく知られていなかったことだ。[12]

第一の難関は、甲虫の生態をあきらかにすることだった。マハービッツと彼の率いるチームはいくつかの異なる甲虫の種で実験をはじめ、最終的にクビワオオツノハナムグリ（*Mecynorrhina torquata*）というハナムグリの仲間を採用することに決めた。見た目の恐ろしげな昆虫で、体長は五センチ以上あり、爪は鋭く、額にサイのような角をもっている。[13]試行錯誤の結果、この甲虫の脳の視葉基部にある有望な領域に狙いを定めた。それまでの研究で、この領域の神経活動がハナムグリの翅の振動を保つのにひと役買っていることがわかっており、マハービッツのチームは脳のこの領域を適切な方法で刺激してやれば、ハナムグリの飛翔を開始したり停止したりできることを発見した。この領域に短い電気信号をいくつも続けて送ると、ハナムグリは羽ばたきを開始し、離陸の態勢をとった。一方、同じ領域に長いパルスの信号をひとつ送ると、ハナムグリはすぐに翅の動きを止めた。その効果は劇的なもので、飛んでいる最中であればそのまま地面に落ちた。(14)

この秘訣を発見したことにより、マハービッツにはいよいよ完全な飛行体の作製に取りかかる準備が整った。ハナムグリを変身させる工程は、まず少しのあいだ冷凍庫に入れておく処置からはじまる。(15) 冷気のなかではハナムグリの体温が低下して動かなくなり、麻酔がかかったような状態になる。次に冷凍庫から取り出して器具類を用意する。外骨格に針を突き刺し、脳と視葉基部のすぐ上の位置に小さい穴をあけてから、それぞれの穴に細い鋼のワイヤーを差し込む。

次に、ハナムグリのからだの両側にあって翅の推進力を調整する基翅節片筋の位置にも一組の穴をあける。そして右の基翅節片筋に鋼のワイヤーを押し込む。これを刺激すればハナムグリの右の翅の羽ばたきが力を増すので、針路は左に変わるはずだ。左の基翅節片筋にももう一本のワイヤーを入れ、こちらは針路を右に変えるのに使う。これらのワイヤーの反対の端はどれも、それぞれの穴から出ている状態になるので、それらをハナムグリの背中に蜜ロウで貼りつけた小さな電子装置に接続する。この「バックパック」のなかには、マハービッツが虫の脳に無線で信号を送るために必要な機器一式が揃っていた。

次はテスト飛行だ。マハービッツの学生のひとりがノートパソコンを操作して、自分たちが作った「ビートル・コマンダー」ソフトウェアで信号を発信する。ハナムグリのバックパックから突き出しているアンテナがメッセージを受け取って回路基板に伝えると、基板からワイヤーを経由してハナムグリの視葉に電気が流れる。すると翅が動きはじめる。研究者たちが飛行場として使う防塵空調完備のガランとした部屋にブーンという音が響きわたり、ハナムグリが飛び立った。昆虫は自分の思い通りに飛び、人間のオペレーターがさらに指示を出さなくても飛行を続けている。そこで、部屋を飛びまわる虫に研究者が命令を発信する。左右の基翅節片筋を刺激する命令を出すと、ハナムグリはまるで目に見えない迷路を通り抜けているかのように、クネクネ方向を変えながら部屋中を飛びまわった。航空ショーでスタント・パイロットと競い合っても場違いではなさそうだ。視葉に別の電気的刺激を与えると、ハナムグリはポトリと落下して床を走った。[16]

マハービッツがこの研究を紹介すると、またたくまにニュースが広がり、「サイボーグ昆虫軍の創設が現実に一歩近づいた」[17]「米軍が資金を提供した研究により、まもなくスパイは本物の昆虫を使って盗聴するようになるかもしれない」[18]などのコメントが飛び交った。あるコラムニストは、イナゴの群れをドローンに仕立てて致死性の細菌をまき散らす可能性に思いをめぐらせた。[19]「ゾンビ化」された甲虫の話題が人気を集め、[20]「ロボット対人間の戦争が差し迫っている」[21]と言いだす者もいた。

マハービッツは当時のメディアの熱狂を振り返り、自分の研究が世間の大きな注目を集めたのは驚くにあたらないと話す。[22]その研究はなんといっても、私たちの脳の未来空想中枢を刺激するものなのだ。たとえ人間が手を加えていなくても、昆虫は不気味で未知の生命体のように見えると言う人は多い。マハービッツが説明する通り、「昆虫にはもともと、ウサギにはない、どこか奇怪でSF的なところ[23]」があるのだ。それに加えてミニチュア電子装置、飛行装置、動物と機械のハイブリッド、軍の秘密工作とくれば、まさに暗黒郷《ディストピア》の白昼夢のできあがりだ。

それでも彼は最も悪意を感じる指摘には腹を立てている。自分のハナムグリが、本人の言葉によれば「何か邪悪な政府の陰謀[24]」の産物だとするマスコミ報道だ。米国政府がその虫を利用して、殺人昆虫軍を編成したり自国民をスパイしたりする可能性はないのだろうか？「そんなのはナンセンスだと思うよ[25]」と、マハービッツは言う。そして、まだ実用には至っていないし、実際に配備するまでには調整が必要だし、もしそれができるときがきても、自分の虫は外国で、それも通常の軍事活動で利用されると思うと話す（もちろん一部の人はそれだって「同じように非難に値する[26]」と考えるだろうと、認めながら）。民間利用も可能だ。甲虫ロボ軍団を地震の被災地に出動させる場面を想像してほしいと、マハービッツは訴える。温度感知器を取りつけて、瓦礫のあいだを縫って飛ばし、もし人間の体温に近い何かを検知したら救助隊にメッセージを送るようプログラムしておく。そうすれば救助隊は、どこを探せば生存者がいるのか正確にわかるだろう[27]。

どんな応用方法があるにせよ、未来の昆虫軍の司令官には甲虫以外の虫を選ぶ選択肢もありそうだ。マハービッツは遠隔操縦のハエの研究を進めている。ただし作るのはとりわけ難しい。「ハエはとても小さくて、筋肉がぎっしり詰まって、何もかもがあまりにも細かいから[28]」、電子機器を埋め込むのも厄介だと言う。中国の研究チームはどうにかミツバチの飛行をはじめさせたりやめさせたりするところまでいき、[29] DARPAのプログラムを率いたエンジニアのアミット・ラルは操縦可能な蛾のサイボーグを作った。[30]

ラルの新機軸のひとつは、形態形成——昆虫の多くの種に見られる、クネクネした幼虫から華奢でたくさんの脚をもつ成虫へと変態する過程——を利用する方法を編み出したことにある。赤ちゃん昆虫は蛹化するにあたって、自分自身を保護する殻（繭）で包み込み、そのなかで柔らかくて未熟なからだを複雑な構造をもつ成虫のからだに変える（ラルが選んだ種はタバコスズメガで、鮮やかな緑色の幼虫から、茶色と白の斑点をもつ蛾に変身する）。ラルにとって、昆虫のライフサイクルのうちのこの段階はまたとないチャンスに思えた。まだ小さな蛹のうちにタバコスズメガに電子部品を埋め込んでしまえば、この昆虫はインプラントを包むようにしてからだを作り直すはずだ。[31] ラルたちは一連の実験で、スズメガの蛹の硬い殻に細いワイヤーを何本か突き刺し、その先端を蛾の首の筋肉と脳に配置した。[32] からだの外ではワイヤーの先端を小さい回路基板に接続し、基板は殻の上にそっとのせておいた。同じ作業をさらに二九個の蛹で繰り返してから、そのすべてを恒温器にしまい込んで、自然に成虫になるのを待った。

およそ一週間後、殻を脱ぎすて、すっかり成長した蛾の姿になってあらわれた昆虫のからだは、実際にインプラントを包み込んでいた。組織がワイヤーの周囲に成長し、ワイヤーをあるべき位置に固定していたのだ。ワイヤーは蛾の頭から突き出して、少し後方に垂れ下がり、回路基板につながっていた。蛾を操縦する前に研究者たちに残されていた作業は回路基板に制御システムを接続するだけだから、ほんの数秒で終わってしまった。

このような蛹の段階での手術にはすぐれた点がたくさんあると、研究者たちは話す[33]。電子装置と生体組織のあいだのインターフェースが、より安定し、永続的なものになる。動物にとってのトラウマも少ないかもしれない。蛹化のあいだには昆虫の傷が簡単に癒えるし、成虫は背中に回路基板を背負って生まれるから、それが無関係な物体だという感覚や余分な重さに気づきにくいだろう（なにしろ回路基板がからだについていない暮らしをまったく知らない）。そのうえ、手術をするなら成虫より蛹のほうがずっと簡単だ。手順はとっても単純なので、「ハイブリッド昆虫マシン・システムの大量生産[34]」も可能だという。

　とはいえ、ロボ昆虫の外地勤務への準備は、すっかり整っているとは言いがたい。人間が行なえる方向制御はまだきわめて大ざっぱなものだ。やがては、ただ昆虫の針路を左に曲げる以上のことをしたくなるだろう。たとえば、行先をちょうど三三・五度だけ左方向に変える命令[35]や、煙突、パイプなどの複雑な三次元空間を通り抜けるよう正確に操縦する命令[36]を出したくなる。偵察機器の問題もある。これまでは人間が操縦できる昆虫を作ることに最大の重点が置かれてきたが、できあがったサイボーグを役立てるためには各種のセンサーを身につけさせ、行った先の情報をうまく収集して伝えられるようにしなければならない。さらに、サイボーグ昆虫は飛ぶエネルギーを自力で供給する（完全なロボット飛行体にはできないことだ）が、偵察機器にはどこかから電力を供給する必要がある。

　興味をそそる可能性のひとつは、昆虫の翅自体をエネルギー源に使う方法だろう。ミシガン大学の研究者チームは二〇一一年に、セラミックと真鍮でミニチュア発電機を作って翅発電に成功したと発表している[37]。ミニ発電機は、ひとつが直径約五ミリの平べったい渦巻き型だった。画鋲の頭の部分がぴったりのイメージだが、一枚の薄い金属板ではなく、金属線をきつく巻いたコイルでできている。この発電機を甲虫の胸部に取りつけると、翅の振動を電気エネルギーに変えることができた。さらに改良を加えていけば、この環境発電装置によってサイボーグ昆虫が運ぶ機器に電力を供給できるという。

リモコンで操縦されるラット

昆虫の手を借りれば、空を飛びまわって危険の兆候を探すサイボーグ動物空軍を組織できる可能性がある。だが陸上の作戦に役立つサイボーグ動物陸軍となると、ほかをあたる必要がありそうだ。そこで、リモコンラットを作ったニューヨーク州立大学（ＳＵＮＹ）ダウンステートメディカルセンターの研究室を覗いてみることにしよう。

人間は長年にわたってラットの脳を詳しく調べてきた。神経科学者がある反応や行動を引き出そうと、ラットの頭に電気信号を直接送ることも多い。それでもこのような研究ではラットを一連のケーブルにつながなければならず、たいていはその動きをひどく制限してしまう。神経科学者ジョン・シェーピン率いるＳＵＮＹのチームが一〇年以上も前に研究を開始したとき、それとはちがうものを作りたいと考え、電気パルスを無線で送る方法を探った。そのようなシステムがあれば研究者（とラット）はわずらわしい実験装置から解放され、ありとあらゆる新しい科学の技を試せる[38]。ラットが自由に動きまわっているあいだに科学者は無線でその動きと行動を操ることができ、どんな種類の特殊作戦にも使えるロボラットになる。ラットは鋭い嗅覚を備えているから、たとえばサイボーグラットに爆発物の臭いを嗅ぎ分ける訓練を施し、地雷が埋まっている疑いのある戦場に連れていくこともできる（その任務でラットが危険にさらされることはない。軽くて地雷が爆発しないからだ）。あるいは崩壊した建物に送り込み、瓦礫の下に埋もれた人間の存在を嗅ぎつけさせる――マハービッツが自分のサイボーグ昆虫に想定している仕事に似ている。[39]「ブラッドハウンドなら絶対はいれないような、押しつぶされた狭い空間にもはいれますから」[40]と、当時のSUNYチームに加わっていた神経科学者のリンダ・ハーマー＝バスケスは話す。

だがそれを実現する前に、SUNYの科学者たちはそのようなロボラットを作る方法を考え出す必要があった。手はじめに、ラットの頭部を切り開いて脳に鋼のワイヤーを埋め込む。[41]そのワイヤーのもう一方の端を、頭蓋骨にあけた大きな穴を通して脳から外に出し、ラットに背負わせたバックパックにつなぐ（「バックパック」はサイボーグ動物研究仲間お気に入りの婉曲表現らしい）。この、あえて呼ぶなら「ラットパック」には、マイクロプロセッサー、遠くからの信号を感知できる受信器をはじめ、一連の電子機器が詰め込まれている。シェーピンか誰かがラットから五〇〇メートルくらい離れた場所に座ってノートパソコンで受信器にメッセージを送ると、受信器は信号をマイクロプロセッサーに伝え、マイクロプロセッサーはワイヤーを通してラットの脳に電荷をかける。

科学者たちはラットの動きを操れるように、触覚を処理する脳の領域である体性感覚皮質に電極を埋め込んでいた。この皮質のある場所を刺激すると、ラットは顔の左側を触られたように感じる。皮質の別の場所を刺激すると、ラットの顔の右側に、同じように実体のない感覚が生まれる。目標は、その感覚があったら反対方向に曲がるようラットに教え込むことだった（直観に反するように思えるが、ラットに生まれつき備わっている本能にかなった行動だ。ラットの場合は、顔の右側に感触があればそこに障害物があることを意味し、あわててそれから逃れようとする）。

訓練にあたって、ＳＵＮＹの科学者たちは型破りの強化方法を用いた。ラットが正しい方向に曲がったら、第三のワイヤーを利用して、内側前脳束（ＭＦＢ）と呼ばれる領域に電気パルスを送ったのだ。この脳領域は快楽の処理に関与するとみなされている。これまでの研究によって、人間をはじめとした動物のＭＦＢを直接活性化させると、とにかく気もちよく感じることがわかっている（ラットがレバーを押すと自分のＭＦＢを刺激できるようにしたところ、夢中になって二〇分間に二〇〇〇回も押し続けたという）。だからラットのＭＦＢにビビッと電気を送ってやれば、よい行ないをしたことへの仮想の褒美として役立つ。一〇回の訓練で、ロボラットたちは脳に送り込まれる合図と褒美に反応することを学習した。そこで科学者たちは難しい障害物コースを用意し、ラットが梯子を上り、細い板を渡り、ひと続きの階段を這い下り、輪をくぐり抜け、急な斜面を下るよう指示できるようになった[42]。

最後の実証研究は、ロボラットが実社会で求められると思われる「捜索救助活動」のシミュレーションだった。まず研究者が自分の腕にティッシュペーパーをこすりつけて、その臭いをラットに教えておく。次にアクリル板で仕切った小さな実験用の箱におがくずを厚く敷き詰め、その中に人間の臭いをつけたティッシュペーパーを埋める。この箱にロボラットを放すと、一分もしないうちに目標を掘り当てた。また、ＭＦＢの褒美をもらうラットのほうが従来の食べものの褒美で訓練していたラットより、短時間で目標の臭いを探しあて、より精力的に掘ったという。[43] ハーマー＝バスケスは当時を思いだして、こう話す。「ロボラットは信じられないほどやる気があって、実に正確でした[44]」

動物のサイボーグ化は倫理的に許されるのか？

レスキュー隊のロボラットにしても爆弾探知のビートルドローンにしても、使役動物を新たに生み出すのに役立っているのは電子工学であり、そのおかげで私たちは生きものを最新の動物部隊へと動員することができる。そうした動物はもはや、重い荷物を背負わされ、尻を叩かれて急な坂を上るロバのような単純なものではない。動物たちの脳は人質にとられ、神経系は無理やり人間の計画に協力させられる。マハービッツは自分の研究の説明に、次のように書いた。「われわれは昆虫自身の神経筋回路に信号を直接送り込み、昆虫が何か別のことをしようとしていても、それに反する命令を確実に出せるようにしたかった。われわれの命令を無視するような昆虫は、ポンコツのロボットになるだけだ[45]」

別の生きものの神経系を支配するのは悪いことだろうか？　たしかに悪い感じがする。知覚をもつ生きものの動きを人間が決定するなら、マハービッツがまねようとした遠隔操縦の飛行機とまったく変わらない、ただの機械にしてしまうことになる。たくさんの動物解放運動家と哲学者が、私たち人間の動物に対する義務のひとつは「不干渉」だと論じてきた。[46] 彼らは、動物にはそれぞれ自分の生きかたを自分で決める権利がある、私たちは手を出さない義務があると主張する。動物のサイボーグ化はその義務に著しく反するものだ。しかも、人間による干渉がその種を救うのにひと役買うかもしれない野生動物追跡プロジェクトとはわけがちがい、サイボーグの昆虫やネズミを戦場に駆り出しても、その動物のためになることはまったくない。

厄介なのは、こうした別の生きものの生きかたに介入することと、動物と機械を一体化させることで可能になる善とのあいだで、バランスをとる必要がある点だ。動物を大切にし、不必要な苦痛を与えないように配慮しながら、それでもときには人間の幸福（たとえば兵士の命）が何より大切だと判断することもあるだろう。実際、人間とほかの種との関係を解き明かすことを専門とする心理学者のハロルド・ハーツォグによれば、米国人の大半がそう考えている。[47] 結局、動物の命には人間の命とまったく同じ価値があると主張すれば必ず「抜き差しならない立場に追い込まれることになる」[48]と、ハーツォグは言う（火事で燃えさかる家から子イヌと子どものどちらを救うか、コインを投げて決めざるを得ないと判断する羽目になるなど）。ハーツォグは、ほかの種に対する人間の態度は微妙で、複雑で、たいていは一貫性がないことに気づいている。動物実験なしですませたいと願いながら、動物実験があってこそ実現する命を救う薬品や治療をありがたく思うのは少しも珍しいことではない。科学者がウサギの目にシャンプーを注ぐのをやめてほしいと言いながら、癌の治療法を見つけるためなら必要なだけウサギを利用してほしいと考えるのも、ごく当たり前のことだ。[49]

人間の目的のために動物を利用することをすべて禁じないかぎり、苦しみと得るものを秤にかけながら、ケースバイケースで判断していくしか方法はない。ロボ動物の場合、電子機器をからだに埋め込む際には麻酔が使われるが、外科手術からの回復に痛みがないとは言えない。装置そのものがストレスの原因になるかもしれず、意欲的なポスドク研究員に操縦されて研究室を動きまわっても、ちっとも楽しくないだろう。それでも、この研究のために動物が払わなければならない犠牲は比較的小さい（昆虫の寿命は数か月と短いが、とにかく利用した甲虫は平均的な寿命を全うし、「通常の甲虫とまったく同じように飛び、食べ、交尾した」と、マハービッツは書いている）[50]。遠隔操作できるラットは癌の治療法発見に役立つわけではないが、地雷を発見したり、瓦礫の下敷きになった地震の被災者を見つけたりできれば、確実に人命を救うことになる。だから、サイボーグの研究はちょっと不気味に思えるものの、私はそれに取り組む科学者がいることを嬉しく思う。

とはいえ、細かい点が重要だ。動物の負担がもっと大きくなるようなら――たとえば動物の脳に送る電気刺激が大きな苦痛を引き起こすようなら――私はそのような研究にはあまり夢中になれないだろう。クリスマスツリーの枝に沿って電飾のコードを取りつけていくのにロボラットを利用するのも見たくない。それは実際にＳＵＮＹの研究者たちが特許出願にあたって提案した利用法だった[51]*。それぞれの種がもつ印象もある。私は昆虫にもネズミにも特別な思い入れはないが、ロボドッグやロボボノボの作製を認めるのはずっと難しいと思う**。マハービッツもこのような一貫性のなさに気づいていたが、倫理的に言ってどこに答えがあるのかは、はっきりわからない。「どこで線を引くのかな？　ディズニー効果で、ウサギちゃんより可愛いものに対しては神経をコントロールしたくないとか？」と彼は言う[52]。あるいは、何かほかの基準でサイボーグ研究を判断すべきなのだろうか？　（マハービッツの翅の電極のように）筋肉を無理やり収縮させる場合と、（ハーマーの脳の電極のように）人間の思い通りに動いたら動物に褒美をやる場合を、倫理的に区別すべきだろうか？　あるいは私たちがサイボーグをどのように利用するかが重要なのか？

この点についてマハービッツは、自分の研究が最終的にどう利用されるかを想像するのではなく、自分は昆虫に何をさせることができるかを見極めるのが研究の動機になっていると言う。「道徳心のないひどい科学者の見本なのかもしれないけど、たとえば甲虫に、自然には絶対やらないようなバレルロールなどのアクロバット飛行をさせるのを見せられたら楽しいと思うんだ」[53]。倫理的な指標は人によって異なり、バレルロールをする甲虫という発想を歓迎しない人もいるだろう。マハービッツはそれでかまわないと思っていて、動物のからだを乗っ取るとはどういうことか、その筋肉と心を人間の命令通りに動かすよう物理的に強制するとはどんなことなのか、じっくり考える人はほとんどいないと話す[54]。ではなぜそんなことをするのだろう？　つい最近まで、そうした発想はSFの世界に限られると思われていた。自分の研究が役に立つ道があるとすれば、そのひとつは「これが人間のやりたいことなのかどうかをみんなに考えさせる[55]」ことだというのが、マハービッツの意見だ。

＊公平を期すためにつけ加えておくと、それは彼らが遠隔操作できるネズミの利用法として考案した一〇の用途のうちの一〇番目だった。

＊＊それは珍しいことではない。私たちの態度には相手の種によって実に大きな違いがある（ハーツォグの著書『ぼくらはそれでも肉を食う』の原著のタイトルに、「一部を愛し、一部を毛嫌いし、一部を食べる」とあるように）。

光を使って操作する

心を巧みに操作する方法の選択肢も広がってきている。マハービッツらは電極とワイヤーを用いて強制的にニューロンを発火させるが、遺伝学者と神経科学者の一部はそれに代わる方法として遺伝子の組み換えを利用し、光で脳をコントロールできるような動物を作製しようとしている。その技術は光遺伝学（オプトジェネティクス）という話題の新分野から生まれたもので、オプシンという感光性タンパク質を利用する。[56] オプシンは、細菌、菌類、植物が日光を感知してエネルギーに変えるために用いているタンパク質だ。二〇〇五年にはウイルスという意外な助手を採用することで、オプシンの遺伝子を哺乳動物の脳に導入できることが発見された。ウイルスはDNAを届ける名手で、細胞がウイルスに感染すると、必ずそのウイルスのゲノムが細胞内に放出されてしまう。遺伝子操作がはじまってまもなくのころ、生物学者はウイルスを利用すれば別の遺伝子も細胞まで運べることに気づいた。光遺伝学では、ウイルスにオプシンの遺伝子を組み込んでおき、その加工したウイルスをマウスの脳に注入する。するとニューロンがウイルスに感染して、ウイルスは運んできたオプシンのDNAをニューロンのなかに受け渡す。

その結果、マウスのニューロンは自らオプシンを生産するようになり、細胞を包んでいる脂質の薄い層である細胞膜に組み込んでいく。細胞膜では、オプシンは光に反応するチャネルとして働く。科学者がそのマウスの脳に光を照射すると、オプシンのチャネルが開き、電荷を帯びた粒子（イオン）が細胞内に流れ込むのだ。粒子の流入はニューロン内部の電圧を変化させる。異なるオプシンは光に対する反応がそれぞれに異なり、一部は正の電荷を帯びた粒子をニューロン内に導いて発火しやすくする。そのほか、負の電荷を帯びた粒子を流入させるものもあって、そちらはニューロンの活動を抑制する。* 研究者はオプシン遺伝子の前に調節領域の小さい断片をつけ加えることによって、一定の種類のニューロンだけが確実に感光性分子のオプシンを生産するよう、操作することができる。こうして遺伝子を組み換えたマウスの脳では、ある脳回路または領域内のひとつの種類のニューロンだけが閃光に反応し、周囲のニューロンは影響を受けないようになる。

この技術があれば、人間はマウスにあらゆる種類の変わったことをさせられるようになる。特定のニューロンをオンまたはオフにすることで、マウスを突然眠らせたり、突然目覚めさせたりすることができる。(57) あるいは光線を利用して攻撃性に関与する一連のニューロンを活性化させ、いつもはおとなしいマウスを、見境なく周囲のマウスに（さらには無生物にまで）襲いかかるプロボクサーに変身させることもできる。(58) この種の実験は基礎研究として大きな可能性を秘めている。神経回路のオンとオフを切り替えられれば、それらのニューロンが行動にどのような影響を与えているかを解明するのに役立つからだ。

二〇一一年にはマサチューセッツ工科大学の神経科学者エドワード・ボイデンが、光遺伝学のツールを利用してマウスの動きを無線で指示することに成功した。(59) ボイデンのチームはまず、運動皮質の特定のニューロンでオプシンを発現させるようにマウスの遺伝子を組み換えた。これらの運動

＊オプシンは光の異なる波長にも反応する。ある種類のオプシンをマウスのニューロンに加えると、そのニューロンは青い光を浴びたときにいつも発火する。別のオプシンを用いれば、黄色の光でニューロンを沈黙させられる。

ニューロンは光に当たると発火しはじめる。次に、無線アンテナとたくさんの発光ダイオードが並ぶLEDアレイをつけたマウス用ヘルメットを作り、遺伝子組み換えマウスの一匹にかぶせた。研究者はゆっくり座ったまま、無線発信機を使ってヘルメットのライトをつけたり消したりする。ライトをつけると、それまでケージでおとなしくしていたマウスが急に走りだした（「動きのボリュームを上げるスイッチをまわすようなものだね」と、ボイデンは話す[60]）。また、ヘルメットの片側だけでライトをつけると、マウスはその方向に回転しはじめることもわかった（光遺伝学の他の手法とは異なり、ヘルメットは完全に非侵襲性だ。光は頭の外からニューロンを活性化できる）。

光遺伝学は動物を人間の意のままにするもうひとつの方法をもたらすわけだが、ボイデンは自分のヘルメットを使って遠隔操縦ネズミ軍隊を作ることに興味はない。ボイデンにとってこのヘルメットが大切なブレークスルーなのは、光遺伝学の研究で行なえる実験の種類を増やし、まったく新しい治療機器を生み出す道を切り開くからだ[61]。この分野の多くの科学者たちは「光学式人工装具」を人間の脳に埋め込んで、光によって神経疾患を治療することを思い描いている。彼らが夢見ているのは、パーキンソン病、てんかん、睡眠障害、依存症などに関与するニューロンを選択的に活性化または非活性化できるようになることで、動物の脳を発火させることが、目標達成への第一歩になる。

世界初のサイボーグゴキブリ

科学者たちが動物の脳を乗っ取る奇抜な新手法を考え出す一方で、神経科学のポスドク研究員だったグレッグ・ゲイジとティム・マーズロはそれらの技術に注目し、インターネット接続と一〇〇ドルがあれば誰でも利用できるようにした。ミシガン大学の大学院生時代に、友人だったふたりは地元の公立校で人間と動物の脳について教えるボランティアをしていたことがある。そのとき、神経科学と聞くだけで生徒たちが尻込みしてしまうのにがっかりし、誰でも望遠鏡を手にとって簡単に月を見ることができるのに、ニューロンの発火を見られるのは大学院生だけなのはおかしいという思いがつのった[62]。

そこで二〇〇九年、ゲイジとマーズロはバックヤードブレイン社を設立した。この会社が販売する手ごろな値段のキットは、興味を抱いたアマチュアを短期間ではあれ、にわか神経科学者に変えてしまう（この会社のモットーは「みんなの神経科学！」で、特注の回路基板にこの言葉が刻まれている）。最初の製品は「スパイカーボックス」という名の小さな装置だった。九九・九八ドルでこの装置を買った人は、ゴキブリのニューロンの発火をリアルタイムで観察することができる（一二ドル余分に払えば、ゴキブリ三匹をセットで買える）。手順は簡単だ。二本の針状の電極をゴキブリの脚に差し込みさえすれば、あとはスパイカーボックスが引き受け、この昆虫のニューロンの活動電位を増幅して、接続されたコンピューターやスマートフォンに特徴的な山と谷のある視覚的なパターンを送信してくれる。スパイカーボックスはバックヤードブレイン社を一躍有名にし、高校三五校と大学一〇〇校がこのキットを採用してきた[63]*。

ゲイジとマーズロは第二の製品を開発するにあたり、限界をさらに広げて脳の観察から一歩踏み出し、脳のコントロールへと進むことに決める。そしてサイボーグ動物の世界から発想を得ると、生きているゴキブリの神経系を乗っ取るために必要なツールがすべて揃ったキットを作り上げた。バックヤードブレイン社の「ロボローチ」は、原理の上ではマハービッツが大学の研究室で作っている甲虫とほとんど区別できない。そしてその事実こそが、この製品の注目に値する点なのだ。つまり、誰でも自分の家でバイオニック昆虫の実験をはじめられる。あるいは、近所の混雑したコーヒーショップでも実験できる。私がマサチューセッツ州ウッズホールで朝食がてらゲイジとマーズロに会ったときの計画が、まさにそれだった。

地元で人気のカフェで私は眼鏡の二人組と合流し、外のテラスに席を確保した。マーズロがゴキブリのはいったプラスチックの箱を取り出して、テーブルにドンと置く。動物の心を操る趣味の初心者にとって、ゴキブリは入門におあつらえ向きだと言える。ゴキブリの場合は体液で満たされた長い触角が感覚とナビゲーション機能の多くを担っているので、その神経系を乗っ取る作業は驚くほど簡単だ[64]。ゴキブリ遣いの志願者は、二本の触角にワイヤーを差し込むだけでいい（「ゴキブリは、はじめからサイボーグになるように作られているみたいなものだよ[65]」と、マーズロは言っている）。

マーズロはその日の朝、二匹のゴキブリを遠隔操作用に準備してきた[66]。まず、数時間前にゴキブリを氷水のはいったミニチュア冷却器に放り込んだ。昆虫に麻酔をかける際の推奨されている方法らしい。その後、冷却器から取り出したゴキブリのからだはまったく動かず、感覚は鈍っている（マーズロとゲイジはバックヤードブレイン社のウェブサイトに、「昆虫が痛みを感じるかどうか実際にはわからないが、私たちは感じると仮定し、そのためにまず麻酔をかける」と書いている)[67]。次に、ごくふつうの家庭用のハサミを使って両方の触角の先端を切り落としてから、細い銀のワイヤーをそのなかにすべり込ませた。こうしておけば、このワイヤーを用いて送る電気信号がゴキブリの神経系に直接伝わることになる。

ゴキブリを操縦するには、その生まれながらの本能を利用するだけです[68]。ゴキブリは一方の触角で障害物を察知すれば、反対の方向に曲がる。だから右の触角に電気ショックを与えると、ゴキブリはからだの右側にある壁にぶつかったのだと思い込み、左に方向を変える。同様に、左の触角にショックを与えれば右に方向を変える（ＳＵＮＹの研究者たちも同じ本能を利用して、サイボーグラットが障害物だと感じた側の反対に曲がるよう訓練した。だがサイボーグゴキブリの場合はロボラットとちがい、特別な訓練を施す必要も、進む方向を示す命令に従うよう強化する必要もなかった)。

マーズロは持参した箱をあけて、一匹を取り出す。その触角からはワイヤーが出ていて、マーズロがゴキブリの頭に貼りつけておいた小さくて黒い箱につながっている。そこで彼はこの「コネクタ」を、赤と緑の回路基板を組み合わせた「ゴキブリ用バックパック」に差し込んだ。電子機器は、

＊バックヤードブレイン社のウェブサイトには、スパイカーボックスを使って神経活動にはじめて聞き耳を立てた人の合計数が表示されている。二〇一二年六月の時点で一万五八〇九人だったが、その後も増え続けるばかりだ[69]〔訳注　二〇一六年六月六日の時点では四万一八三四人〕。

市販の玩具（トイザらスで一二ドル払えば買えるプラスチック製のリモコン操縦ロボット昆虫玩具、ヘックスバグ）の回路基板に少しだけ手を加えたものだ。(70) 頭部にくっついたコネクタにこれらの回路基板が接続されていれば、マーズロとゲイジはその玩具に付属のリモコンを使ってゴキブリに電波を送ることができる。

マーズロはゴキブリをいじりながら、隣のテーブルにいる三人連れの家族に気づいた。三人ともじっとこっちを見ている。

「それは何？」と、父親が尋ねる。

「世界初の市販のサイボーグですよ」と、マーズロは答え、「お嬢ちゃん、やってみたい？」と声をかけながら、その男性の一〇歳の娘にリモコンを手渡す。そしてどのボタンを押すかを女の子に教えた。

全員で歩道まで移動し、昆虫を道におろした。少女がリモコンのボタンを押して歩道のあっちこっちとゴキブリを操るあいだ、父親はずっとアドバイスを送る。「車道には行かせないで……こっちの日陰に向かわせるんだ……」

正直なところ、少女がゴキブリをしっかり操縦できているとは言いがたい。動きにスタートとストップをかけることができず、ただまっすぐ進むよう強いることもできない。できることと言えば、まずゴキブリのやりたいようにやらせ、好きな方向に進ませながら、そこに自分の「左」や「右」の命令を重ねて向きを変えさせ、ちがう方向へ進むよう仕向けるだけだ。

だがその小さな力さえ見応えがあり、人だかりができる。人々は笑顔で見守り、ゲイジとマーズロは集まった観客といっしょに大声で笑って冗談をとばす。「ほらね、みんなの神経科学だ」と、マーズロが言った。

「まるで本物みたいね」と、通りすがりの女性が思わず声をあげる。

「ほんとうに本物ですよ。私たちが九九ドルで売っているんですから」と、ゲイジが答える。このキットには、買った人がサイボーグを自作するために必要なすべてがはいっている――回路基板、制御装置、リモコン、昆虫手術の詳しい手順書。

　私の番がきた。私はテーブルに戻り、マーズロが親切に準備してくれた二匹目のゴキブリを手に取る。歩道まで運ぶあいだ、ネバネバした脚で掌がむずがゆい。そっと道におろしてやると、ゴキブリはすぐに逃げ出した。私は大あわてでリモコンを手探りし、やっとの思いで「L」ボタンを押す。そのとたん、ゴキブリはクルッと左に向きを変えた。その後、操縦の効果は目を見張るほどではなかったものの、納得のいくものではあった。

「この実演はみんなに興味をもってもらえるんだ」と、マーズロが話す。「いつも教室に行っているけれど、クラスで一番やる気のない問題児でさえ、これにはちゃんと目を向けてくれる。リモコン昆虫を取り出せば、表情が変わって目を輝かすまでに時間はかからないよ」

　それなのに、ロボローチはゲイジとマーズロが期待していたほど売れてはいない。(71) 二〇一二年六月までで、ようやく五一セットだ。(72) たぶん、別の生きものの心をハイジャックしたいと考える特別なお客様が、なかなかいないからだろう。マーズロは、「不安なんだろうね。誰かに操られるという人間の恐怖心が呼びさまされて、ぼくらはどこか、自然の摂理を尊重しない邪悪な科学者だと思われているみたい」[73]と言う。このふたりも、ほかのサイボーグ動物の研究者たちが受けたのと同じ反論――彼らが動物に対してやっていることは残酷で、むかついて、あきらかにまちがっているという言葉――を耳にしてきた。本人たちによれば、マハービッツのように公的な大学の研究室で研究をしている研究者より、もっと辛辣な言葉を浴びるそうだ。「ぼくらは主流から外れたところでやっているのでね。どこの大学にも所属していないし、人前に出ていくし、やっていることは結構派手だから」[74]*

ゲイジとマーズロのやっていることが議論を呼ぶのは、アラン・ブレイクがグローフィッシュを販売する準備をしていたときと同じ理由からだ。彼らはバイオテクノロジーを研究室の外に持ち出し、一般の人々の手に渡そうとしている。そしてブレイクと同じように、「くだらない」目的で動物のからだに手出しをすると批判される。ほとんどの人は動物を科学的な研究、防衛、食品に利用するのは受け入れてきたと、マーズロは説明する。「それなのに動物を教育のために利用するとなると、みんな黙っていられない」[75]（そしてこうつけ加える。「ぼくからすれば、それが動物の一番の有効利用だよ。未来への投資だもの」）**

神経系について生徒に教えるために動物を利用すれば、新しい世代の神経科学者を育てられる可能性だってある。それでも、鉱山事故や地震災害の生存者を見つけ出すためより正当な理由に欠けるというのだろうか？　今こそ、それをじっくり考えるときがきている。脳をコントロールする道具が研究室から解放されつつあるこの時代、それらがどのように利用されていくのかは誰にもわかっていないからだ。

事実、科学好きな「バイオハッカー」の仲間は増えており、従来の研究室という枠をはずれて遺伝子、脳、からだの実験をしたり、ガレージや屋根裏を使ってわずかな予算で取り組んだり、世界各地に次々と生まれるコミュニティーラボに加わったりしている。[76] 自分で何でもやってしまうこうした優秀な人材のなかには、ふつうなら何千ドルもするハイテク実験機器を自作してしまうような人物もいる。

バックヤードブレイン社はこうした動きをうまく活用し、アマチュアが最も高度な科学技術と道具の一部を利用できるようにしている（偶然にも、彼らが作った最新の製品は顧客が光遺伝学の世界で遊べるキットで、遺伝子組み換えをしたミバエの筋肉をブルーライトでピクピク動かすことができる）。[77] 一方で顧客のほうにも独自のアイデアと発見があり、このうえなく彼らを驚かせている。ニューヨークにある高校のクラスの生徒たちは、ロボローチを使って、刺激すれば昆虫をまっすぐ前に歩かせることができる神経を突き止めた。[78] もうひとりの顧客であるマイクロソフトのプログラマーは脳波キャップ（水泳帽のようにかぶって使える脳波測定用電極）を買い、自分の脳波を使っ

＊ほとんどの場合、無脊椎動物（ゴキブリなど）は動物の実験・研究に関する連邦政府や研究機関の規制によって保護されていない。ゲイジとマーズロが、たとえばロボラットのキットを販売することに決めたら、政府がそれに何らかの反応を示すのか、あるいはどのように反応するかはよくわからない。それでもげっ歯類や鳥類などの脊椎動物を利用する場合は、今より厳しい法的審査に直面することになるだろう。

＊＊このふたりが教育の機会を黙って見過ごすことはほとんどない。[79] いっしょに飛行機に乗ったとき、機内トイレのドアに「座席33Aと33Bで神経科学の無料講習会をします」と書いた告知を貼り出したことがある。

てゴキブリを操縦しようとした[80]（うまくいかなかったが、たしかに創造性に富んでいる）。

こうした自発的な実験が何かの兆しだとすれば、独自に動物改良の研究をしたいと思い、独自のアイデアをもっているアマチュアは数多いことになる。未来の世代は、小さいころからコンピューターではなく生命そのものをいじりながら成長していく。すでに国際遺伝子工学マシン大会という合成生物学の大会が毎年開催され、高校生と大学生が遺伝子の標準パーツ（簡単に入手できる規格化されたDNA配列）を用いて新しい特性をもつ細胞を作製する。[81] これまでの参加チームは、汚染された水から重金属を除去できる細菌、虹色に光る細菌、バナナやミントなどの心地よい香りを放つ細菌などを生み出してきた。[82] そのうち、若者たちに動物と機械の新しいハイブリッドを設計させる、同じような大会ができるかもしれない。もしかしたらDARPAが、その科学的な要請に応えるよう熱心なアマチュアに呼びかけたり、最も差し迫った問題を解決してもらおうと一般の人々を当てにしたりすることさえあるかもしれない。

最新で最大のサイボーグ動物は、最新技術を誇る研究室からではなく、好奇心満点の子どもや愛好家の頭脳から生まれるかもしれない。科学者はサイボーグ動物を作り続けるだろうが、マハービッツは「往年のパソコン、コモドール64の時代に、子どもたちが自分でコードを書いたように、こういうことも子どもたちはやってのけるだろうね[83]」と、大きな期待を口にする。今、私たちは、誰でも少しの時間と資金と想像力があれば動物の脳を乗っ取れる世界に向かっている。だからこそ、今、どこに倫理的な一線を引くべきかを考えはじめる必要がある。動物のサイボーグを目の前にして、ひとりひとりがそれを操縦したいかどうか、自分で決めなければならない。

第8章　人と動物の未来

過去数十年のあいだに、西欧世界での動物の地位は向上してきた。私たちはほかの種を扱う際にモラルを配慮するようになってきているし、家畜、ペット、実験動物は今、かつてないほど手厚く保護されている。たとえば類人猿に法的権利を（人権さえ）認める動きが進んでいて、多くの政府が霊長類を用いる研究を大幅に縮小してきた。[1] 二〇一一年一二月には米国立衛生研究所が、チンパンジーを使う新たな研究への資金提供を、検討の結果がまとまるまで無期限に延期すると発表し、[2] 議会には類人猿すべてに対する侵襲的な研究を禁止する法案が提出されている。[3] 同様の法律は英国、ニュージーランド、オーストラリア、オランダ、ベルギー、スウェーデンをはじめとした多くの国ですでに整備されており、二〇一〇年にはEUが類人猿を用いるほとんどの研究を禁止する法律を通過させ、二〇一三年には施行に至っている。[4]

私たちはペットの地位も向上させてきた。ミズーリ州セントルイス、インディアナ州ブルーミントン、オンタリオ州（カナダ）ウィンザー、カリフォルニア州ビバリーヒルズをはじめとした一部の都市では、人間はコンパニオン・アニマルの所有者ではなく、保護者だとする法律が可決されている。[5] ペットが大好きな米国人は飼っているペットのために合計で年間五〇〇億ドルもの金額を支払い、そのなかにはグルーミングとペットシッティングなどのサービスにかける四一億ドル、「ペット保険」に支払う四億五〇〇〇万ドルが含まれている。英国の市場はもっと小規模で、およそ二七億ポンドだが、不況になっても影響を受けなかったほんのわずかな支出分野のひとつだ。

それでもこうした数字は、米国人が動物の肉を食べるために毎年費やす三〇〇〇億ドルの前では色褪せる。[6] 人と動物との関係を専門とする心理学者のハロルド・ハーツォグが教え子の学生を調査したところ、「動物はあらゆる重要な点で人間にそっくりだ」という文章に同意する者はおよそ半数に達した。ところが、こうして動物と人間を同等視している学生のうち、九〇パーセントは肉を食べ、五〇パーセントは異種移植手術を支持した。[7] 全国調査でも同様の結果が出ている。ギャラップの世論調査では、米国民の七一パーセントが動物は「危害や搾取からある程度の保護を受けるべき」だと考えているうえに、二五パーセントは動物が人間と同じ権利をもつべきだと答えた。[8] だが一方で、全回答者の六四パーセントは医学研究に動物を用いることを受け入れている。さらに驚くことに、動物に人間とまったく同じ権利を認めるべきだと答えた人のうち四四パーセントが、そのような研究に少なくともたまには動物を使ってもよいと答えているのだ。

このような矛盾する態度は、私たちの大半をハーツォグが「悩める中間域」（この言葉は哲学者で生命倫理学者のストラカン・ドネリーが生み出したとされる）と呼ぶ領域に押しやることになる[9]。悩める中間域は矛盾に満ちた場所だ。そこでは動物を心から愛しながら、たまには資源、物体、道具としての役割を負わせることもよしとする。悩める中間域にいる私たちは、動物を大切に扱うべきだと確信しながら、医学研究への利用禁止は望まない。家畜を人道的に飼育してほしいと気づかいながら、肉食をすっかりやめたくはない。「私たちは日和見主義で、モラルの点で臆病者だと論じる者もいる[10]」と、自分自身も悩める中間域に属するハーツォグは書く。「それでも私には、悩める中間域は完璧に筋が通っているという確信がある。モラルの窮地に陥るのは、大きな脳と寛大な心をもつ種では避けられないことだからだ。そのような種にはつきものだと言える」

チャールズ・ダーウィンさえ、悩める中間域の住人だった。ダーウィンは動物虐待を嫌悪したが、侵襲的な動物実験を非難するのを拒んだことで有名だ。「私は、生きている動物を用いる実験なくして生理学の発達は不可能であることを知っており、生理学の発達を妨害する者は人類に対して罪を犯す者だという確たる信念をもっている[11]」と書いた。

悩める中間域に属す私たちの大半にとって、バイオテクノロジーがもたらす倫理的ジレンマに簡単な答えは見つからない。バイオテクノロジーが前進するにつれて応用事例をひとつひとつ詳しく評価し、個々の動物にとっての最大の利益と、その種全体、人類、そして両者が共有しているこの世界にとって役立つことのバランスをとるよう努めなければならない。たとえ動物を苦しめることが正当化される事例があると判断するにしても、その苦しみを真剣に受け止める必要がある。そのためには、動物の苦痛を確実に減らすようにする。たとえば外科的処置をする前には麻酔をかける、研究室で飼育するあいだはその肉体的、精神的要求に応える、実験動物の数をできるかぎり少なくする、という方法があるだろう。

拡大する一方の科学の力がこれから果たす最も重要な役割は、人間と地球で暮らす別の生きものとの相互関係について、本質的な対話のきっかけを作ることなのかもしれない。英国の社会学者リチャード・トワインは、「私たちはつねに、ほかの種に対して強い道徳的責任を負っていて、それは負うべきものだよ。ただ、それをきちんと果たしてこなかった[12]」と言う。バイオテクノロジーは、動物に対する人間の責務について考え直す機会を与えてくれる。私たちはどうすればこの機会をうまくとらえて、ほかの種との関係を再考し、その幸福を再び約束できるのだろうか。

バイオテクノロジーで動物を救う

手はじめに、現在と未来の技術を活用すれば、私たちがこれまで動物界に与えてきた痛みと苦難を解消していくのに役立つかもしれない。たとえば身近なところで、急成長するイヌの遺伝学の分野を見てみよう。私たちはもう幾世代にもわたって友であるイヌの交配と近親交配を続け、とうとう病気や奇形が生じるまでにしてしまった。人気の高い五〇の犬種を調べた分析によれば、イヌ科を侵す遺伝病が合わせて三九六も見つかり、調査対象となったそれぞれの犬種は少なくとも四つ、最大で七七の異なる遺伝病と関係があった[13]。ダルメシアンには聴覚障害が多く見られ、ドーベルマンは発作性睡眠障害《ナルコレプシー》にかかる傾向が強く（獰猛なイヌが急に居眠りをはじめる図は、遺伝病という痛ましい理由でなければ微笑ましいものだろう）、ラブラドール・レトリバーは股関節の形成不全で知られている。[14] こうした病気はときに、遺伝子プールが小さいせいで生じる副次的な弊害の場合がある。それは何世代にもわたって血縁どうしのイヌを交配したり、人気のある数匹の雄親ばかりに頼って子を産ませたりした結果だ。ケネルクラブとドッグショーの審査員が珍重する身体的特徴を強調するために、意図的に選んで交配したせいでもある。*

現代の遺伝学とゲノム研究のおかげで、私たちは今、これまでイヌに与えてきた多くの病気を克服するツールを作り上げようとしている。二〇一二年の時点で北米、欧州、オーストラリアの民間の研究所が、イヌの病気に関連する八〇の遺伝子変異の検査を提供している。[15] たとえばヴェットジエン社は一〇〇ドル以下で、飼っているビーグルが出血性疾患を引き起こす遺伝子変異をもっているかどうか、愛犬のボストンテリアに早発型白内障につながる変異があるかどうかを教えてくれる。[16] それは家族の一員であるワンコに正しい医療を受けさせるための非常に重要な情報だ。ブリーダーも、より健康なイヌを繁殖させることを第一に考えてDNAの検査結果を利用するようになり、重い病気を発症しがちな子イヌの数を減らすよう、慎重に交配の組み合わせを決めている。イヌの病気の多くは劣性遺伝で伝わるため、発症するのは病気の原因となる変異遺伝子のコピーがふたつ揃うときに限られる。このような場合、変異のコピーをひとつだけもつイヌは保因者と呼ばれ、発症

＊たとえば、私の愛犬マイロにDNAの半分をくれた犬種であるキャバリア・キング・チャールズ・スパニエルは、ドーム形の頭をもつよう選択的に繁殖されてきた。[17] その結果、頭蓋骨の発達が抑えられて脳に対して小さすぎるようになり、多くのキャバリアに脊髄の問題、脳の障害、慢性の痛みを引き起こしている。

しないので健康ではあるが、変異した遺伝子を子どもに伝える可能性がある。保因者どうしの交配では、両方の親からそのような遺伝子を受け継いだ子イヌが発症することになる。遺伝子検査をすれば病気の原因となる変異遺伝子をもたないイヌがあきらかになり、制限なしで交配に用いることができる。保因者であっても、保因者でない相手となら交配できる。こうして重い病気になるイヌの数を減らすと同時に、できるだけ多くのイヌの遺伝子を未来の世代に伝える道が開ける。実際、遺伝子検査とそれに基づく慎重な交配によって、代謝性疾患の遺伝子をもつイングリッシュ・スプリンガー・スパニエルの数、アイリッシュ・セッターおよびコーギーで進行性視覚障害をもつ割合は、すでに減少している。[18]

病気の原因となる遺伝子の特定も、治療の新たな可能性を切り開く。遺伝子治療もそのひとつで、獣医師がイヌの患者の壊れてしまった遺伝子の代わりに、「正常な」遺伝子を導入する方法だ。遺伝子治療の試験はイヌでは驚くほどの成功を収めており、盲目のイヌの目が見えるようになったプロジェクトまである。[19] それらのイヌはすべて、視力を得るために不可欠なタンパク質をコードしているRPE65と呼ばれる遺伝子の変異により、生まれつき全盲だった。[20] 二〇〇一年、ペンシルベニア大学の獣医学眼科医で遺伝学者でもあるグスタボ・アギレらが遺伝子操作技術を用いて、正常なRPE65遺伝子を組み込んだウイルスを作り、盲目のイヌの目に注入した。[21] ウイルスがイヌの細胞に新しいRPE65遺伝子を送り込むと、イヌの細胞は正常に働く大切なタンパク質を作りはじめた──目の見えないそのイヌたちにとって、生まれてはじめてのことだった。それから二週間もしないうちにイヌの視力が回復しはじめ、四か月後には研究室の障害物コースをうまく通り抜けられるようになった。またその治癒は永久的なもので、最初の患者だったイヌは遺伝子治療から一一年間生き、最期の日までものを見ることができた[22]（遺伝子治療が適さない盲目の動物と人間のために、科学者たちは別の選択肢として「バイオニック・アイ」という人工網膜装置の研究を進めている[23]。こちらの方法では目に電極を埋め込み、網膜の細胞を刺激する）。

遺伝子工学の技術で対応できるのは、はっきりした遺伝的要素をもつ病気だけではない。薬がいっぱいはいっている卵を産む遺伝子組み換えニワトリの作製に成功したロスリン研究所の発生生物学者、ヘレン・サングは、二〇一一年にもうひとつのブレークスルーを実現している。サングはケンブリッジ大学のウイルス学者ローレンス・タイリーと共同で、遺伝子組み換え技術を用い、群れの仲間に鳥インフルエンザを感染させないニワトリを作製したのだ[24]。この介入はまだ完璧なものではなく、遺伝子組み換えニワトリ自身は鳥インフルエンザにかかる可能性がある（サングはその理由をまだはっきり解明できていない）。ただ、伝染性のあるこの病気をほかの鳥にはうつさない。これははじまりにすぎないのだが、このわずかな遺伝子操作でさえ、数えきれないほどのニワトリの命を救えるとともに、人間の健康への脅威も減らすことになるのだから、まさに両者に利益をもたらす技術と言えるだろう。事実、いくつかの種のクローン作製に手を貸した科学者のデュエイン・クリーマーは、バイオテクノロジーには家畜の健康を向上させ、それに伴って人間の健康も守る大きな可能性があるので、いつかは「クローン」や「遺伝子組み換え」という言葉が「有機」や「放し飼い」と同じ品質保証の地位を獲得する日がくるだろうと考えている。「私が期待しているのは、遺伝子操作で開発された生産物や動物の品種をみんなが大いに誇りに感じて、『これらはクローン技術と遺伝子組み換え技術で生まれた生産品です！　お勧めです！』と、宣伝するようになることなんだ。いつかはそんな日がきて、そのときには一般の人々ももちろん今よりずっと受け入れる気もちになっているだろうね[25]」

もちろん、病気に強い動物を作るというわかりやすく思える取り組みでさえ、倫理的な複雑さをはらむことがある。たとえば家畜を扱う場合など、場合によっては私たちの動機が純粋に利他的なものではないかもしれない。「家畜の命には経済的な事情がかかわっていることを忘れてはだめだ」と、トワインは言う[26]。「動物を病気にかかりにくくする最大の動機は、あきらかに、商品である彼らの収益性を最大化することにある。動物にとっても、おそらく苦しみの程度が減るなどの何らかの利点はあるだろうが、当然ながら商品として扱われる家畜の立場から逃れられるわけではないんだ。食肉処理場での早すぎる死に直面しなければならないことに、変わりはないからね」。さらに工場式畜産場の経営者なら、より健康で丈夫な動物を作れば、家畜を狭い囲いのなかに押し込めて不衛生な環境に住まわせるなどのひどい扱いをする口実になると思うかもしれない。

あるいは、二〇一〇年の「ニューヨークタイムズ」紙の論説欄に「牧草肥育ではないが、少なくとも無痛処理」の見出しで掲載された、もっと極端な可能性を考えてみよう[27]。この論説では、セントルイスにあるワシントン大学で哲学と神経科学を専攻している大学院生のアダム・シュライヴァーが、驚くべき研究の概要を明かしている。記事によれば、科学者たちは遺伝子組み換えの技術を用い、痛みを処理する脳のシステムに不可欠な酵素をもたないマウスを作製する方法を見つけたという。その結果できたマウスは痛みを感じることができず、常時モルヒネの点滴につながれているのと同じ状態になった。そこでシュライヴァーは、次のような過激な提案をする。食肉産業では動物の苦しみを避けられず、人間は近いうちに肉食を放棄する様子もないのだから、私たちは家畜が感じる痛みを減らすような遺伝子組み換えを開始すべきだ。そしてこう書く。「われわれが工場式畜産場をすっかりなくせないのであれば、最低限できるのは、そのような畜産場で生きて死ぬことを余儀なくされる動物たちから痛みによる不快を取り除くことだ」。論理的に考えればたしかにシュライヴァーの言う通りだと思えるものの、感情的に考えると抵抗がある。遺伝子組み換えによって痛みを感じない動物を作るとき、表向きの目的はほかの種が感じる不快を最小限に抑えることだが、実際にしているのは私たち自身の不快感を軽くすることだ。これらの動物があまり痛みを感じられないのを知ると、もっと極端に手を加えて利用する権利が得られるとでもいうのだろうか。

私たち人間が、責任をもって新しい技術を利用したいと少しでも思うなら、この議論を避けて通ることはできない。私たちが遺伝子組み換えで病気に強い家畜を作りたいのは、そうすれば工場式畜産場の劣悪な飼育環境と不十分な医療をうまく言い逃れて、最大の利益を上げられるからなのか？　それともそうした生きものを、家畜の暮らしを向上させる大規模キャンペーンを繰り広げる機会として利用したいからなのか？　ある意味、これらの技術に対して私たち自身が感じる不安は建設的なものだ。私たちは、それが動物たちにどのような影響を及ぼすかについて、評価と再評価を繰り返していかなければならない。

大事なのは、細部に目を奪われて遺伝子組み換えの最も大切な部分を見失わないことだ。新しい科学の力を利用する倫理的な是非を問う議論に時間を使いすぎるあまり、それを利用しないこと自

体に倫理的問題があることを忘れる場合もある。インフルエンザを拡散しない遺伝子組み換えニワ
トリのようなブレークスルーに背を向けるとしたら、どれだけの数の動物（と人間）が苦しむこと
になるのか。バイオテクノロジーは動物を苦しめる問題を解決する唯一の方法ではないが、私たち
が使えるようになった武器であり、動物の健康と福祉を向上させる一連の戦略になる。それを頭か
ら拒否してしまえば、悪いところといっしょに、よいところも失ってしまう。

動物の知覚を高める

　私たちがほんとうに動物の福祉を向上させたいと思うなら、おそらく技術から逃げるのではなく、
受け入れるべきだろう。カナダの生命倫理学者で未来学者でもあるジョージ・ドヴォルスキーはそ
う確信している。倫理および先端技術研究所で「ノンヒューマン・パーソンの権利」プログラムを
率いているドヴォルスキーは、私たちは動物をただ自由にさせておくだけでは報いることができな
いほど、彼らから多くの恩恵をこうむっていると言う。だから、人間の手にある科学技術のすべて
を活用して動物たちの暮らしを向上させる責任があると考える。彼によれば、この社会は薬理学、
遺伝学、電子工学の組み合わせを利用して自分たちのからだと脳を改良する力を手にし、「人間」
を強化できる見通しはますます強まってきている。人間が自分たちの種の改良版を作ろうとしてい
るのなら、動物たちも同じ技術の恩恵を受けるべきだというのが、ドヴォルスキーの考えだ。
　ひとつの選択肢として、動物の知覚能力を高めるというものがある。たとえばイヌの場合、嗅覚
は鋭いが視覚はそれほどでもない。「イヌの地平線は極端に低い位置にあるうえ、私たちのように

222

広範囲の色を見ることはできないんだ」と、ドヴォルスキーは話す[29]。適切な遺伝子操作や脳内チップによって、それを変えられる可能性がある。また、動物の認識力を劇的に高めることも可能だと思い描いていて、たとえばボノボのゲノムに手を加え、記憶力を飛躍的に向上させたり複雑な形式の言語を使える能力を強化したりできると考えている[30]。「ひどく極端に聞こえることはわかってるよ。まったくもって、ぶっ飛んでいる発想だからね。でもぼくは思慮深い人間としての義務を果たしているだけだよ。人間は運よく遺伝子に恵まれたからといって、地球上のほかの動物に対する道徳的責任や義務がないわけじゃない[31]」

ドヴォルスキーの記憶力強化の夢は、思うほど突飛なものではない。科学者たちはすでに遺伝子組み換え技術を用いて、遺伝子操作されていない仲間より短期間で学習して長期間記憶を保つ「スマートマウス」を何十系統も作り出している[32]。また別のチームの研究者たちは、記憶の形成と保存にかかわる脳構造である海馬のニューロンを刺激する電極を脳に埋め込んで、ラットの記憶力テストの成績を上げることに成功した[33]。

動物が人間に似るほど幸せだと提言しているとして、ドヴォルスキーは異種間の帝国主義者と批判されてきた。だが、彼が言っているのはそういうことではない。単に動物の生まれつきの素質と能力を高めたいだけで、それによって人間に似るか似ないかは問題外だ。実際、人間も動物の特性を採用することで向上できるとも言う。たとえばタカの視力や、イルカのように長時間水中で泳げる能力などがある。彼が想像しているのは、「種のあいだの境界線[34]」を完全に曖昧にすることによって実現する「全生物圏[35]」の科学的向上で、人間もイヌもイルカも、いっしょに新しい能力を得ようと考えているのだ。

私たちがボノボの言語能力を高められるようになるのか、もっと道義的に考えて、それによって類人猿の生活の質を向上させられるのかどうかは、まだよくわからない。それでも私は、動物の遺伝子を操作する（あるいは遺伝子を改造する）ことが道徳的に必要な場合もあるというドヴォルスキーの考えに同感だ。

世界はますます人間中心になり、私たちが、私たちのために作り上げる傾向が強まっている。人は流れを堰き止め、土地を耕し、森の木々を切り払って生きものの住みかを狭める。有毒な化学肥料を植物の根元にまき散らし、産業廃棄物を湖や河川に捨てる。休暇で遠くまで足を延ばして外来種を新しい土地に移動させる（私たちは環境をあまりにも徹底的に変えているので、地質学者は人類が支配する地質時代に人新世という新しい名前をつけた）。さらに気候変動が追い打ちをかけ、動物たちに残されたわずかな生息環境を変えている。もちろん適応する種もあり、地球の温暖化が進むにつれて鳥たちは生息域を北方へと広げてきた[36]。だがそのほかの種にとって、人間が引き起こしている急速な変化の影響はあまりにも重い。国連の気候変動に関する政府間パネルは、地球の気温が摂氏三・五度上昇すれば地球上の種の四〇パーセントから七〇パーセントが絶滅する可能性があると予測している[37]。

私たちはすべての種を絶滅に追いやることはないにしても、進化に大きな影響を与え、野生動物のからだを変化させている。人間による狩猟採集があらゆる種に与えた影響を考えてほしい。大きい角をもつ雄のヒツジは野生の肉食動物がまず狙いたくない相手だが、狩猟する人間は見栄えのする角をなんとか手に入れたいと考えて追いかける。私たちはこうして大型のシカ、ヘラジカ、ヒツジを何世紀にもわたって大量に捕らえてきたために、からだも角も小さくなるように進化した種は多い[38]。同様に魚も、網をくぐり抜けられるように体型を細くすることで人間による捕獲に適応してきた[39]。

人間は自然の力であり、ある意味では最強の自然の力とも言え、意図するしないにかかわらず動物たちに影響を与える。そこで現実的な疑問は、今後、私たちが動物のからだと暮らしを決めるべきどうかではなく、私たちはどうやって――どんな道具を使い、どんな状況のもとで、どんな結末を目指して――それを決めるべきかになるだろう。ほかの種が必要としていることに応える最良の方法は、ほんとうに、人間が牛耳るようになったこの世界を自力で生き抜くようにと放っておくことなのか？　人類がこぞって火星に移住し、地球が再び野生に戻るのを待つ計画がないかぎり、人間がいるこの世界では私たちが毛皮や羽をもつ友の生き残りを助ける必要があるだろう。クリーマーは次のように話す。「私たちはこんなに急速に野生生物の生息環境を変えているのだから、これらの種の進化を手助けする必要があると確信しているよ[40]」

科学と動物と私たちの未来

私たちは、まだできることの上っ面を撫でただけだ。これまでに、科学者がすでに動物の暮らしを変えている様子を調べ、科学研究が近い将来どう展開していくのかを考えてきた。だが、もっとずっと遠い先はどうだろう？　今から五〇〇年も一〇〇〇年も先の世界のペットショップ、自然保護区、自営農場を見てまわるなら、何が見えるのだろうか？若者が発光する時代がくる、ヒトラーがよみがえる、殺人サイボーグの軍隊ができると、最悪のシナリオに思いをめぐらすジャーナリスト、政治家、倫理学者が世の中にはたくさんいる。そのような人たちは終末論的なあらゆる光景を予想してきた。だが私には、クローン動物やバイオニック動物をこの目で見たあとで、それとは別の未来を想像する心構えができている。バイオテクノロジーが不安と警鐘ではなく希望と明るい見通しをもたらす未来だ。

私はこの世界に、野原や農場で今より健康な動物が暮らしている様子を思い描くことができる。私たちは生まれつき耐性をもつウシ、ヤギ、ウマを探し出して、それらのクローンを作製するだろう。そのような変異をもつ個体が見つからなければ作ることにして、人間にも動物にも脅威となる病気にかからない家畜を遺伝子組み換えで作り出す。あらゆる牝ウシの遺伝子を組み換えて、抗菌性化合物や心臓によい脂肪を多く含んだ牛乳を生産できるようにし、どこでもふつうにスーパーミルクを作る特別な処方はいらず、どこでもふつうにスーパーミルクを飲めるようになる。そうすればスーパーミルクを飲めるようになる。それと同時に、動物たちも自分自身の子どもをよいミルクで育てる。

すべての家畜に、市場に出まわるようになった温度感知マイクロチップのような小型の電子機器を装着させることも可能だ。皮下に埋め込まれた「バイオサーモ」チップは、動物の体内温度を継続的に監視する。このような装置を大規模に導入し、生まれてくるすべての家畜に装着する場合を想像してほしい。世界中のあらゆる農場にマイクロチップをもつウシ、ヤギ、ブタ、ニワトリが暮らすようになれば、動物たちの急激な体温上昇を監視し、そのような体温上昇を病気発生の早期警

226

報として利用できる[41]。

体温以外にも、血圧やホルモンレベルなどの健康指標を測定するチップを開発して、野生生物のタグに組み込めるかもしれない。未来の追跡装置は動物たちがどこにいるかだけでなく、どんな様子かも教えてくれるだろう。ゾウアザラシたちは元気に育っているのか？　あるいはなんとか生き延びているだけの状態なのか？　アザラシの大規模な代表的サンプル集団にタグをつけ、疾病率や死亡率の予期せぬ上昇に油断なく目を配ることもできる。データは近い将来に生息数が急減することを示す指標になり、手遅れにならないうちに介入する機会を作ってくれる。

もっと身近なところでは、ペットにもこうしたチップを利用できる。私の夢は、ペットに装着した装置と自分のスマートフォンをネットワークでつなぐことだ。作れそうなアプリを想像してみよう。携帯電話にアラート画面があらわれる。ポチの熱が上がっていることを示しているが、そのほかのバイタルサインに問題はないらしい。熱がそれほど高くなければ注意して見守るだけでよいが、ひどい吐き気や下痢があれば獣医師に見せたほうがよいという勧めが書かれている。アプリは、イヌの熱の原因について詳しく読みたい場合に利用できる一連のリンクを示し、ポチの状態が快方に向かうまで一時間ごとに信号音とともに最新情報を伝えてくれる。そんなシステムがあれば、私は少々値段が高くても利用したいと思う（動物救急ホットラインに大あわてで電話した経験が何度もあるが、これがあれば防げたはずだ）。

イヌの病気と言えば、将来のペットの飼い主には、ときおり発症する欠陥や異常を治療する環境が整うかもしれない。子イヌすべてに完全な遺伝子分析情報が添えられるようになったらどうだろう？　頼りになるこの情報があれば、イヌに受けさせる医療を充実させ、病気の兆候を早い段階から把握できるよう監視し、できるだけ長く健康でいられるような治療計画を立てることができる。早い時期に遺伝子治療を施して、あらゆる問題を未然に防ぐことができるかもしれない。その先を行って、卵子、精子、胚のうちに欠陥のある遺伝子を修正できるようになるかもしれない。そうすればそれぞれのイヌの病気を防げるだけでなく、より多くのイヌを交配に動員できるようになって、イヌの遺伝子プールの多様性を最大に保つことができる（イヌ好きではない？　心配ご無用。ネコとウマでもＤＮＡ検査とスクリーニングのプログラムが急増しはじめている）。

研究室で起きているさまざまなブレークスルーを活かして、世界中の動物を一歩ずつ不死に近づけられる可能性もある。大きな将来性を秘めた研究のひとつは、ＰＥＰＣＫ－Ｃという名で知られる代謝酵素をコードする遺伝子に関するものだ（読みにくい名前ではあるが、この酵素の正式名称であるホスホエノールピルビン酸カルボキシキナーゼより、はるかにましだと思う）。ＰＥＰＣＫ－Ｃは体内で、私たちの細胞が燃料として利用するブドウ糖の産生を助けている。二〇〇六年、ケースウェスタンリザーブ大学の科学者たちが、筋肉中のＰＥＰＣＫ－Ｃの値が高いマウスを遺伝子操作で作製した[42]。そしてこのたったひとつの変化が、広範囲に及ぶ効果をもたらした。まず、このマウスは生まれながらのマラソンランナーで、何時間も止まることなく走り続けることができた。通常のマウスをマウス用のルームランナーに乗せると、ちょうど二〇〇メートル走ったところで疲れ、止まってしまう。だが遺伝子組み換えマウスはその二五倍長く走り、休みなしで五キロメートルという記録を達成した。さらに驚くことに、この遺伝子組み換えマウスは通常のマウスより二年も長生きし、雌が繁殖できる期間は二倍になった。これと同じ遺伝子操作を絶滅危惧種に施したらどうなるだろう？　長生きするうえに、野生で繁殖する機会も多い動物ができる。このひとつの小さな遺伝子操作だけで、絶滅の危機にさらされた動物の個体数を回復させられるかもしれないのだ。

バイオテクノロジーの未来を映す私の水晶玉には、動物が生物学的限界を超えられるよう手助けできる別の方法が見える。骨折した競走馬をすべて安楽死させる代わりに、バイオニック義足をつけられたらすばらしいことではないだろうか？（もちろん競馬そのものがなくなればもっとよいが、それが無理でも人工装具があれば、大けがのあとにより多くのウマを生かし続けられる方法を少なくともひとつは提供できることになる）。動物用人工装具の分野をさらに拡大することも考えられるだろう。たとえば年老いたイヌの足をバネつきの義足に代え、子イヌのころよりもっと速く、遠くまで走れるようにするのは？　あるいは、世界中の将来のウィンターにはモーターつきの尾ビレを用意すれば、泳ぎのスピードを上げてジャンプと宙返りも可能になり、ワクワクするような新しい曲芸を見せられるだろう。傷ついた動物や年老いた動物をただ生かすだけでなく、自然にまかせるより、よい状態に戻すことができる。バイオニック義足は、愛すべきコンパニオン・アニマルが年老いても元気なままでいられるよう助け、それぞれが生きる日々を最大限に楽しめるよう後押しできる。

こうしたアイデアは当てにならない空想のように思えるかもしれないが、動物の地位と暮らしを向上させる未来を想像することは、そのような世界を実現するための最初の一歩になる。利益を得るのは動物たちだけではない。実際、技術がどんなふうに種の境界を飛び越えられるのか、私たちはすでに見てきた。こわいもの知らずのイルカのために設計した人工装具のライナーが、やがては人間の肢切断患者の大きな問題を解決することになった。イヌの視覚障害のなかには人間と同様のものがあり、盲目のイヌを治した遺伝子治療が、視覚障害の人たちでも試験されている[43]。光遺伝学からも人間の神経障害に画期的な新治療法を期待できる。科学の発展につれて、このようなクロスオーバーがますます盛んになり、動物の世界のイノベーションからひらめきを得て人間の世界のブレークスルーにつながることも、またその逆も、増えるのではないかと思う。たとえば二〇一二年にはスイスの研究グループが、薬剤注入と埋め込みの電極を用いて麻痺のあるラットの脊髄を刺激した[44]。その治療は麻痺の解消に役立ってラットは回復し、文字通り走り回れるようになっており、いつの日か麻痺のある人間でも同じことができるかもしれない。動物の力を高めることによって、私たちは自分たち自身をより賢く、より強く、より速く、より元気に、より健康に、より幸福にできる方法を見つけられるだろう。

バイオテクノロジーは本質的によいものでも悪いものでもない。ただ一連の技術であり、それをどう利用するかは私たちの選択にゆだねられている。科学の強大な力を賢明に使えば、人は生きとし生けるものの暮らしを向上させることができる。歩いたり飛んだり這ったり泳いだりする動物だけでなく、実験室で暮らす動物、さらに実験を行なう者の暮らしも。だから私たちは今こそ、この惑星の未来を方向づける支配的な力としての役割を受け入れ、地球の管理人であることの真の意味に気づくべきだ。そうすれば、みんなでいっしょに進化することができる。

謝辞

本を書くのは孤独な作業だが、書くために取材し、まとめ、練り上げ、出版する道のりは、孤独とはほど遠い。その過程でたくさんの方々から大きな力添えを得た。

まず誰よりも先に、研究室や自宅に私を快く招いてくれた科学者のみなさんにお礼を申し上げたい。多くの方々については本文中で紹介している。一方で、かけがえのない予備知識と背景情報を提供してくれた方々を本文中で紹介できなかった場合も多い。そのすべてに感謝している。超がつくほど多忙なこれら研究者の寛大さがなければ、この本を完成させることはできなかっただろう。

また、早い段階で原稿に目を通してフィードバックしてくれたすべてのみなさんに感謝している。この本に磨きをかける手助けをしてくれたニック・サマーズ、ミシェル・シピックス、ブレイン・ボーマン、アリソン・アンテス、ゲイリー・アンテス、カロライン・メイヤー、ありがとう。

サイエンティフィック・アメリカン／ファラー・ストラウス・ジロー社のチーム全員にも、心から感謝している。アマンダ・ムーンは最初から最後までまさに最高の編集者だった。このプロジェクトに対するアマンダのエネルギーと情熱は、私のものと完全に一致した。その鋭い意見と穏やかな提案に助けられて、私が書いた原稿は文の寄せ集めから理路整然とした一冊の本に姿を変えた。カレン・メインは引用、書式、表現に関する信頼できる師となり、クリス・リチャーズはみごとにそのあとを引き継いでくれた。キャシー・デインマンをはじめとしたＦＳＧとサイエンティフィック・アメリカンの広告宣伝チームの全員が、この本を読者の手に届ける仕事に辛抱強く取り組んでくれた。

パーク・リテラリー・グループのみなさん、なかでも未熟なライターにチャンスをくれたテレサ・パークと、若い女性の身で望み得る最高のエージェントであるアビゲイル・クーンズには、大変お世話になった。アビーは私がジャーナリストから著者へと変わる道筋を案内し、出版の世界に導くかけがえのないガイド役を務めてくれた。彼女は文章および専門分野の的を射たアドバイスによって、エージェントの役割だけでなく私の意欲をかきたてる役割も果たし、さらに応援団でもあり、友人でもあった。私の本ができたのも、私が健全な精神状態でいられるのも、彼女のおかげだ（アビーの精神状態を健全に保ってオフィスの円滑な運営を維持してくれたブレア・ウィルソンにも、特別な感謝を捧げたい）。

より身近なところでは、ときどき癇癪を起こしそうになる私を巧みに管理してくれたボーイフレンドのブレイン、私の手元にいつもたっぷり焼き菓子を用意してくれた妹のアリ、ここでは詳しく書ききれないほど大きな支えになってくれた両親に、ありがとうと伝えたい。今では大好きになったこの分野に私を導いたのはジャーナリズムに身を置いていた両親であり、その点で——その他のたくさんの点でも——永遠にありがたく思い続けることだろう。

最後に、アルテミス、CC、ブルース、デューイ、ウィンター、クリシー、ジョナサン・シールワート、グローフィッシュ一号から六号まで、ウッズホール一号と二号、そして私が日常の暮らしに遠慮なく侵入したことに果敢に耐えてくれたその他のすべての動物たちにも感謝しなければならない。彼らは自分から進んでモルモットや避雷針になったわけではないが、科学と社会はこれらの動物に感謝の気もちを伝える特大のカードを連名で贈る義務がある。

そしてもちろん、マイロに大きな愛を捧げる。長時間にわたる執筆でも私のからだが引きつらずにすんだのは、マイロが耳を撫でてほしい、散歩に連れていってほしいと絶えずねだってくれたおかげだ。

訳者あとがき

科学技術の進歩はめざましい。日ごろの暮らしではあまり気にとめていなくても、何かの出来事やニュースがきっかけで、世の中はここまで進んでいるのかと驚かされた経験をもつ人も多いのではないだろうか。

バイオテクノロジーの進歩も例外ではなく、人間が生命を自由に操れる時代が着実に近づいている。本書では新進気鋭の科学ジャーナリスト、エミリー・アンテスが、さまざまな技術を駆使して動物のからだに手を加える最先端の取り組みに注目し、ユニークな研究を進めている人々を訪ね歩く。そのような研究で新たに生まれている生きものについて、「厳密に言うと何なのか？　どんなふうに見えるのか？　誰が、どんな理由で作っているのか？　そしてそれらの動物はほんとうに、今までになかったものなのか？」という素朴な疑問を抱き、答えを見つけようと、精力的な旅に出たのだ。読者もその旅に同行し、これまで見たこともないような動物たちに出会うことになる。

著者が自分の目で確かめたのは、サンゴやイソギンチャクのDNAによって蛍光色に光る小さな魚（米国ではじめて市販された遺伝子組み換えペット）、人間の遺伝子を利用した遺伝子組み換えによって細菌破壊酵素が豊富なミルクを出すようになったヤギ、ペット好きの夢を一身に背負うネコのクローン、珍しい動物のDNAを氷点下一二五度で保存している絶滅危惧種研究センターの「冷凍動物園」、クロマグロをはじめとした海洋動物の生態調査と情報収集のためにタグ装着の改善を追求している研究拠点、尾ビレを失いながらも人工装具によって本来の泳ぎ方を取り戻したイルカ、人間がリモコンで操縦できるサイボーグゴキブリと、目的はそれぞれ大きく異なっているものの、人間が動物に何らかの手を加えようという試みや、その成果だ。

だがこれらはわずかな例にすぎず、読み進むにつれて、現実の動物たちは想像をはるかに越えていることがわかってくる。ミュータントマウス、光るネコ、成長の早いサーモン、医薬品を量産するヤギ、ペットや肉牛や競走馬のクローン、南極で海洋調査を担うアザラシ、戦場や災害現場での活躍が期待されるサイボーグ昆虫、電流の褒美をもらって喜んで指示に従うリモコン操縦のラット……遺伝子組み換え技術やクローン技術に加え、電子工学やコンピューター技術を駆使して、人間は自然の姿ではない動物を次々と作りだしている。「サイボーグ」という言葉を聞いて映画の主人公やマンガのタイトルを思い浮かべ、漠然と架空の世界のことだと考えるような時代は、もうとっくに終わっている。

このような試みの目的は多様で、医療の発展や医薬品製造という人間に役立てるための研究がある一方、動物自身を救うため、種の絶滅をくいとめて生物多様性を保つための試みもある。動物の力を借りて環境を調査し、動物と人間の両方に役立てようとする取り組みもあるが、動物の脳を乗っ取って人間の思い通りに動かし、戦場に駆り出すのは、どこから見ても動物のためにはならない。動物に少しでも手を加えることは悪いことなのか、人間の医療の発展に役立つ範囲なら、あるいは動物自身のためになることならよいのか――私たちが人間以外の動物にどこまで手を加えることを許されるかは、とても難しい問題だ。

著者は、こうした研究を推進する流れと同時に一般の人々の拒否反応や反対の声も取り上げ、倫理学者の意見も広く紹介して、「人間と動物との現在の関係を、そしてこれからどんな関係を築いていきたいかを、よく考えてみよう」と読者に促す。さらにこう続ける。「動物を大幅に作りかえることは人間にとっても重要な問題だ。それは自分たちの未来を垣間見ることにもなるからだ――私たちは将来、同じようにして自らの能力強化と改造に手をつけるかもしれない」。動物たちをサイボーグ化した先には、いよいよ人間自身の能力を高めるために、ＳＦの世界の出来事だと思っていた人間のサイボーグ化が現実になる時代がやってくるのだろうか。バイオテクノロジーをただ拒絶するのでも、ただ信奉するのでもなく、ひとりひとりが責任をもって理性的に考えなければ、明るい未来はやってこない。

この本が、バイオテクノロジーの進歩で世界が今どのように変わりつつあるかを知るとともに、その問題について考えるきっかけになれば、さらに人間と動物の未来、自分自身の未来を考えるきっかけになれば、訳者としての役割を果たせたように思う。

なお、本書は二〇一三年に米国で出版された『*Frankenstein's Cat: Cuddling up to Biotech's Brave New Beasts*』を訳したものだが、同年に英国で出版された同書には主に欧州の事情が追記されていたため、重要と思われる追加部分は訳書にも反映した。そのため、米国版とは一部異なる部分もあることをお伝えしておく。

最後になったが、本書の翻訳を支えて数多くのアドバイスで訳文に磨きをかけてくださった白揚社編集部の阿部明子さん、きめ細かく原稿を読んで的確なご指摘をくださった同編集部の筧貴行さん、また幅広い知識と圧倒的な読書量という背景をもって訳文を読み、さまざまな意見と文の修正案を寄せてくださった堀信一さんに、この場をお借りして心からお礼を申し上げたい。

二〇一六年七月

西田美緒子

34. ドヴォルスキーとの会話（2012年）。
35. ドヴォルスキーとの会話（2010年）。
36. *Birds and Climate Change: Ecological Disruption in Motion* (National Audubon Institute, 2009).
37. Intergovernmental Panel on Climate Change, *Climate Change* 2007 (Geneva, Switzerland: United Nations, 2007).
38. Chris T. Darimont et al., "Human Predators Outpace Other Agents of Trait Change in the Wild," *PNAS* 106, no. 3 (2009): 952–54; David W. Coltman et al., "Undesirable Evolutionary Consequences of Trophy Hunting," *Nature* 426 (December 11, 2003): 655–58.
39. Stephen Palumbi, "Humans as the World's Greatest Evolutionary Force," *Science* 293 (September 7, 2001): 1786–90.
40. クリーマーとの会話（2009年10月）。
41. デジタルエンジェル社は2006年にバイオサーモ・マイクロチップの特許を取得した。(Vincent K. Chan and Ezequiel Mejia, "Method and Apparatus for Sensing and Transmitting a Body Characteristic of a Host," US Patent 7015826, filed April 2, 2002, issued March 21, 2006.) デジタルエンジェル社の社長はチップの発表時に、会社として養鶏および鶏肉生産の農家をターゲットとすると発言している。(Ephraim Schwartz, "Could Chips in Chickens Track Avian Flu?" *PC World*, December 6, 2005, www.pcworld.com/article/123845/could_chips_in_chickens_track_avian_flu.html; "Poultry Microchip on Watch for Bird Flu," UPI, December 5, 2005, www.upi.com/ScienceNews/2005/12/05/Poultry-microchip-on-watch-for-bird-flu/UPI-82541133811677/). だがデジタルエンジェル社は2011年に、動物ID部門のデストロンフェアリングを売却した（"Digital Angel Closes Sale of Destron Fearing Unit," Digital Angel, www.digitalangel.com/presspost.php?passedcount=4/. 確認できず）。現在のデストロンフェアリング社のWebサイト (www.destronfearing.com/) は、ニワトリへのチップの使用については触れていない。
42. Richard W. Hanson and Parvin Hakimi, "Born to Run: The Story of the PEPCK-Cmus Mouse," *Biochimie* 90, no. 6 (2008): 838–42.
43. アギレとの会話。
44. Rubia van den Brand, et al, "Restoring Voluntary Control of Locomotion after Paralyzing Spinal Cord Injury," *Science* 336, no. 6085 (2012): 1182–85.

Society for the Prevention of Cruelty to Animals, 2009); Companion Animal Welfare Council, *Breeding and Welfare.*

18. Rooney and Sargan, "Pedigree Dog Breeding in the UK."
19. Glenn P. Niemeyer, "Long-term Correction of Inhibitor-Prone Hemophilia B Dogs Treated with Liver-Directed AAV2-Mediated Factor IX Gene Therapy," *Blood* 113, no. 4 (2009): 797–806; Katherine Parker Ponder et al., "Therapeutic Neonatal Hepatic Gene Therapy in Mucopolysaccharidosis VII Dogs," *PNAS* 99, no. 20 (2002): 13102–13107; S. J. M. Niessen et al., "Novel Diabetes Mellitus Treatment: Mature Canine Insulin Production by Canine Striated Muscle Through Gene Therapy," *Domestic Animal Endocrinology*.
20. グスタボ・アギレとの電話での会話（2012年4月5日）；Gregory M. Acland et al., "Gene Therapy Restores Vision in a Canine Model of Childhood Blindness," *Nature Genetics* 28 (May 2001): 92–95; "RPE65," U.S. National Library of Medicine, National Institutes of Health, http://ghr.nlm.nih.gov/gene/RPE65.
21. 遺伝子治療の詳細は以下。Acland et al., "Gene Therapy Restores Vision"; アギレとの会話。
22. アギレとの会話。
23. この分野に関しては数多くの論文および進行中のプロジェクトがある。以下はその一部。James D. Weiland, et al, "Retinal Prostheses: Current Clinical Results and Future Needs," *Ophthalmology* 11, no. 118 (2011): 2227–37. Gerald J. Chader, et al, "Artificial Vision: Needs, Functioning, and Testing of a Retinal Electronic Prosthesis," *Progress in Brain Research* 175 (2009): 317–32. J. D. Loudin, et al, "Optoelectronic Retinal Prosthesis: System Design and Performance," *Journal of Neural Engineering* 4 (2007): S72–84.
24. サングとの会話；Jon Lyall et al., "Suppression of Avian Influenza Transmission in Genetically Modified Chickens," *Science* 331 (January 14, 2011): 223–26.
25. クリーマーとの会話（2010年12月）。
26. トワインとの会話（2012年）。
27. "Not Grass-Fed, but at Least Pain-Free," *New York Times*, February 19, 2010.
28. ジョージ・ドヴォルスキーとの電話での会話（2010年2月15日、2012年3月16日）；Geroge Dvorsky, "All Together Now: Developmental and Ethical Considerations for Biologically Uplifting Nonhuman Animals," *Journal of Evolution and Technology* 18, no. 1 (2008): 129–42.
29. ドヴォルスキーとの会話（2010年）。
30. 同上。
31. 同上。
32. Ya-Ping Tang et al., "Genetic Enhancement of Learning and Memory in Mice," *Nature* 401 (September 2, 1999): 63–69; Jonah Lehrer, "Small, Furry . . . and Smart," *Nature* 461 (October 14, 2009): 862–64.
33. Theodore W. Berger et al., "A Cortical Neural Prosthesis for Restoring and Enhancing Memory," *Journal of Neural Engineering* 8, no. 4 (2011): 046017.

80. ゲイジおよびマーズロとの会話。
81. “The iGEM Foundation,” The iGEM Foundation, http://igem.org/About.
82. “Team Groningen,” iGEM 2009, http://2009.igem.org/Team:Groningen; “Team Cambridge,” iGEM 2009, http://2009.igem.org/Team:Cambridge; Emily Singer, “Bizarre Bacterial Creations,” *Technology Review*, November 3, 2006.
83. マハービッツとの会話（2011年4月）。

第8章　人と動物の未来

1. 詳細は以下を参照。“Great Ape Project,” Project GAP, www.projetogap.org.br/en/.
2. “Statement by NIH Director Dr. Francis Collins on the Institute of Medicine Report Addressing the Scientific Need for the Use of Chimpanzees in Research,” NIH News, National Institutes of Health, December 15, 2011, www.nih.gov/news/health/dec2011/od-15.htm.
3. Great Ape Protection and Cost Savings Act of 2011, H.R. 1513, 112th Cong. (2011).
4. 289. これらの禁止令の一部についての詳細は、以下を参照。“International Bans,” New England Anti-Vivisection Society, www.releasechimps.org/laws/international-bans. 科学的な目的に使用される動物の保護については、以下を参照。Directive 2010/63/EU, European Parliament (2010).
5. “Guardian Communities,” Guardian Campaign, www.guardiancampaign.com/guardiancity.html（確認できず）
6. Hal Herzog, “Are We Really a Nation of Animal Lovers?” *Animals and Us* (blog), *Psychology Today*, February 14, 2011, www.psychologytoday.com/blog/animals-and-us/201102/are-we-really-nation-animal-lovers.
7. Herzog, *Some We Love*, 239–40（『ぼくらはそれでも肉を食う』).
8. David W. Moore, “Public Lukewarm on Animal Rights,” Gallup News Service, May 21, 2003, www.gallup.com/poll/8461/public-lukewarm-animal-rights.aspx.
9. Herzog, *Some We Love*, 11–12（『ぼくらはそれでも肉を食う』).
10. 同上、12.
11. Charles Darwin, “Mr. Darwin on Vivisection,” *Times* (London), April 18, 1881.
12. トワインとの会話（2009年）。
13. L. Asher et al., “Inherited Defects in Pedigree Dogs. Part 1: Disorders Related to Breed Standards,” *The Veterinary Journal* 182 (2009): 402–11.
14. “Inherited Diseases in Dogs Database.” University of Cambridge, www.vet.cam.ac.uk/idid/.
15. Cathryn Mellersh, “DNA Testing and Domestic Dogs,” *Mammalian Genome* 23 (2012): 109–23.
16. “VetGen—Veterinary Genetic Services,” Vet-Gen, www.vetgen.com.
17. Asher et al., “Inherited Defects in Pedigree Dogs. Part 1”; Nicola Rooney and David Sargan, “Pedigree Dog Breeding in the UK: A Major Welfare Concern?” (UK: Royal

61. 同上。 可能な臨床的応用についての詳細は、 以下を参照。"Enlightened Engineering," *Nature Biotechnology* 29.
62. グレッグ・ゲイジおよびティム・マーズロと著者とのマサチューセッツ州ウッズホールでの会話（2011年8月22–23日)。
63. 同上。スパイカーボックスとその教室での利用方法についての詳細は、以下を参照。 Timothy C. Marzullo and Gregory J. Gage, "The SpikerBox: A Low Cost, Open-Source BioAmplifier Increasing Public Participation in Neuroscience Inquiry," *PLoS One* 7, no. 3 (2012): e30837.
64. ゲイジおよびマーズロとの会話。
65. ティム・マーズロと著者とのマサチューセッツ州ウッズホールでの会話（2011年8月23日)。
66. ゲイジおよびマーズロとの会話。
67. "Ethical Issues Regarding the Use of Invertebrates in Education," Backyard Brains, http://wiki.backyardbrains.com/Ethical_Issues_Regarding_the_Use_of_Invertebrates_in_Education.
68. ゲイジおよびマーズロとの会話。
69. "Spike Counter," Backyard Brains, https://backyardbrains.com/About/SpikeCounter.
70. ゲイジおよびマーズロとの会話。
71. 同上。
72. ティム・マーズロから著者へのEメール（2012年6月4日)。
73. マーズロとの会話。
74. 同上。
75. 同上。
76. バイオハッカーについての詳細は、 以下を参照。Delthia Ricks, "Dawn of the Biohackers," *Discover*, October 2011, http://discovermagazine.com/2011/oct/21-dawn-of-the-biohackers; Erin Biba, "Genome at Home: Biohackers Build Their Own Labs," *Wired*, September 2011, www.wired.com/magazine/2011/08/mf_diylab/all/1; Ritchie S. King, "When Breakthroughs Begin at Home," *New York Times*, January 16, 2012, www.nytimes.com/2012/01/17/science/for-bio-hackers-lab-work-often-begins-at-home.html; Pui-Wing Tam, " 'Biohackers' Get Their Own Space to Create," *Wall Street Journal*, January 12, 2012, www.wsj.com/articles/SB10001424052970204124204577150801888929704; "DIYbio," DIYbio, 2012, http://diybio.org/.
77. "Backyard Brains Returns to the Nature Neuroscience Podcast, Unveils Optogenetics Prototype," Backyard Brains, http://news.backyardbrains.com/?p=962; ゲイジおよびマーズロとの会話。
78. "High School Students Hack Our RoboRoach Kit, Make It Better," Backyard Brains, http://news.backyardbrains.com/2011/08/high-school-students-hack-our-roboroach-kit-make-it-better/.
79. ゲイジおよびマーズロとの会話。

Training of a Freely Roaming Animal Through Brain Stimulation, US Patent application no. 11/547,932, filed April 6, 2005, publication no. US 2009/0044761 A1; ハーマー＝バスケスとの会話。
42. Talwar et al., "Rat Navigation Guided by Remote Control."
43. Linda Hermer-Vazquez et al., "Rapid Learning and Flexible Memory in 'Habit' Tasks in Rats Trained with Brain Stimulation Reward," *Physiology and Behavior* 84 (2005): 753–59; John K. Chapin et al., Method and Apparatus for Teleoperation; ハーマー＝バスケスとの会話。
44. ハーマー＝バスケスとの会話。
45. Maharbiz and Sato, "Cyborg Beetles."
46. Herzog, *Some We Love*（『ぼくらはそれでも肉を食う』).
47. ハロルド・ハーツォグとの電話での会話（2011年11月4日）; Herzog, *Some We Love*（『ぼくらはそれでも肉を食う』).
48. ハーツォグとの会話。
49. ハーツォグとの会話。Herzog, *Some We Love*（『ぼくらはそれでも肉を食う』).
50. Maharbiz and Sato, "Cyborg Beetles."
51. John K. Chapin et al., Method and Apparatus for Guiding Movement.
52. マハービッツとの会話（2011年4月）。
53. マハービッツとの会話（2010年2月）。
54. 同上。
55. マハービッツとの会話（2011年4月）。
56. 光遺伝学の手法に関する一般的情報およびそれらがどのように役立つかについては、エドワード・ボイデンとの電話での会話（2011年9月9日、2012年1月12日）; Edward S. Boyden et al., "Millisecond-Timescale, Genetically Targeted Optical Control of Neural Activity," *Nature Neuroscience* 8 (2005): 1263–68; Edward S. Boyden, "A History of Optogenetics: The Development of Tools for Controlling Brain Circuits with Light," *F1000 Biology Reports* 3 (May 2011); Karl Deisseroth, "Controlling the Brain with Light," *Scientific American*, October 20, 2010, www.scientificamerican.com/article.cfm?id=optogenetics-controlling; editorial, "Enlightened Engineering," *Nature Biotechnology* 29 (October 13, 2011): 849.
57. ボイデンとの会話（2011年）。Tomomi Tsunematsu et al., "Acute Optogenetic Silencing of Orexin/Hypocretin Neurons Induces Slow-Wave Sleep in Mice," *Journal of Neuroscience* 31, no. 29 (July 2011): 10529–39.
58. Dayu Lin et al., "Functional Identification of an Aggression Locus in the Mouse Hypothalamus," *Nature* 470 (February 10, 2011): 221–26.
59. 無線ヘルメットの研究に関する情報は、ボイデンとの会話（2011年、2012年）。Christian T. Wentz et al., "A Wirelessly Powered and Controlled Device for Optical Neural Control of Freely-Behaving Animals," *Journal of Neural Engineering* 8, no. 4 (2011).
60. ボイデンとの会話（2012年）。

22. ミシェル・マハービッツと著者とのカリフォルニア州バークレーでの会話（2011年4月5日）。
23. 同上。
24. マハービッツとの会話（2010年2月）。
25. マハービッツとの会話（2011年4月）。
26. マハービッツとの会話（2010年2月）。
27. 同上。
28. マハービッツとの会話（2011年4月）。
29. Li Bao et al., "Flight Control of Tethered Honeybees Using Neural Electrical Stimulation," *International IEEE EMBS Conference on Neural Engineering* (2011): 558–61.
30. Denis C. Daly et al., "A Pulsed UWB Receiver SoC for Insect Motion Control," *IEEE Journal of Solid-State Circuits* 45, no. 1 (2010): 153–66; W. M. Tsang et al., "Insect-Machine Interface: A Carbon Nanotube-Enhanced Flexible Neural Probe," *Journal of Neuroscience Methods* 204, no. 2 (2012): 355–65; Alper Bozkurt, "Balloon-Assisted Flight of Radio-Controlled Insect Biobots," *IEEE Transactions of Biomedical Engineering* 56, no. 9 (2009): 2304–2307.
31. Alper Bozkurt et al., "Insect-Machine Interface Based Neurocybernetics," *IEEE Transactions of Biomedical Engineering* 56, no. 6 (2009): 1727–33; Defense Advanced Research Projects Agency, *Hybrid Insect Micro Systems*; Sato and Maharbiz, "Recent Developments in the Remote Radio Control of Insect Flight."
32. Bozkurt, "Balloon-AssistedFlight of Radio-Controlled Insect Biobots."
33. 成虫ではなく蛹に電子装置を埋め込む利点については以下。Bozkurt, "Balloon-Assisted Flight of Radio-Controlled Insect Biobots"; Bozkurt et al., "Insect-Machine Interface Based Neurocybernetics."
34. Bozkurt, "Balloon-Assisted Flight of Radio-Controlled Insect Biobots."
35. マハービッツとの会話（2010年2月、2011年4月）。
36. Maharbiz and Sato, "Cyborg Beetles."
37. Aktakka et al., "Energy Scavenging from Insect Flight."
38. S. K. Talwar et al., "Rat Navigation Guided by Remote Control," *Nature* 417, no. 6884 (May 2, 2002): 37–38; Shaohua Xu et al., "A Multi-channel Telemetry System for Brain Microstimulation in Freely Roaming Animals," *Journal of Neuroscience Methods* 133, nos. 1–2 (2004): 57–63.
39. リンダ・ハーマー＝バスケスとの電話での会話（2010年1月13日）。
40. 同上。
41. ラットを作った方法の詳細については以下。Talwar et al., "Rat Navigation Guided by Remote Control"; Xu et al., "A Multi-channel Telemetry System"; John K. Chapin et al., Method and Apparatus for Guiding Movement of a Freely Roaming Animal Through Brain Stimulation, US Patent 7970476, filed February 10, 2003, issued June 28, 2011; John K. Chapin et al., Method and Apparatus for Teleoperation, Guidance, and Odor Detection

6. "DelFly Micro," DelFly, www.delfly.nl/micro.html; G. C. H. E. de Croon et al., "Design, Aerodynamics, and Vision-Based Control of the DelFly," *International Journal of Micro Air Vehicles* 1, no. 2 (2009): 71–97; Maharbiz and Sato, "Cyborg Beetles."
7. Defense Advanced Research Projects Agency, *Hybrid Insect Micro Systems*.
8. 昆虫の利点は、以下をはじめとした多くの論文で取り上げられている。Hirotaka Sato and Michel M. Maharbiz, "Recent Developments in the Remote Radio Control of Insect Flight," *Frontiers in Neuroscience* 4 (December 2010); Ethem Erkan Aktakka et al., "Energy Scavenging from Insect Flight," *Journal of Micromechanics and Microengineering* 21 (2011): 095016; Alper Bozkurt, "Balloon-Assisted Flight of Radio-Controlled Insect Biobots," *IEEE Transactions of Biomedical Engineering* 56, no. 9 (2009): 2304–2307.
9. Defense Advanced Research Projects Agency, *Hybrid Insect Micro Systems*.
10. 同上。
11. マハービッツとの会話（2010年2月）。
12. 同上。Maharbiz and Sato, "Cyborg Beetles."
13. Hirotaka Sato et al., "Remote Radio Control of Insect Flight," *Frontiers in Integrative Neuroscience* 3 (October 2009): article 24; Maharbiz and Sato, "Cyborg Beetles."
14. マハービッツとの電話での会話（2012年1月4日）。Sato et al., "Remote Radio Control of Insect Flight"; Maharbiz and Sato, "Cyborg Beetles."
15. ハナムグリを飛行体に変えるために必要な手順は以下。Sato et al., "Remote Radio Control of Insect Flight"; Maharbiz and Sato, "Cyborg Beetles"; Sato and Maharbiz, "Recent Developments in the Remote Radio Control of Insect Flight"; マハービッツとの会話（2012年1月）。
16. これらの飛行の様子は、マハービッツと学生たちが撮影した多くの映像で見ることができる。映像は2009年の論文 (Sato et al., "Remote Radio Control of Insect Flight") と共に以下に投稿されている：http://journal.frontiersin.org/article/10.3389/neuro.07.024.2009/full.
17. Sharon Weinberger, "Video: Pentagon's Cyborg Beetle Takes Flight," *Wired*, September 24, 2009, www.wired.com/dangerroom/2009/09/video-cyborg-beetle-takes-flight/.
18. "U.S. Military Create Live Remote-Controlled Beetles to Bug Conversations," *Daily Mail*, October 19, 2009, www.dailymail.co.uk/sciencetech/article-1221438/Ssh-conversation-bugged-cyborg-beetle.html<#>ixzz1ic22geJM.
19. Tracy Staedter, "Cyborg Beetles Employed as Military Weapons," *Discovery News*, November 18, 2009, http://news.discovery.com/tech/cyborg-beetles-employed-as-military-weapons.html（確認できず）
20. Stuart Fox, "Video: DARPA's Remote-Controlled Cyborg Beetle Takes Flight," *Popular Science*, September 24, 2009, www.popsci.com/node/38759.
21. Ross Miller, "Cyborg Beetles Commandeered for Test Flight, Laser Beams Not (Yet) Included," *Engadget*, January 29, 2009, www.engadget.com/2009/01/29/cyborg-beetles-commandeered-for-test-flight-laser-beams-not-ye/.

88. フィッツパトリックとの会話。
89. Velliste et al., "Cortical Control of a Prosthetic Arm for Self-feeding"; Carmena et al., "Learning to Control a Brain-Machine Interface for Reaching and Grasping by Primates."
90. "Paralyzed Man Uses Mind-Powered Robot Arm to Touch," *USA Today*, October 10, 2011, http://yourlife.usatoday.com/health/story/2011-10-10/Paralyzed-man-uses-mind-powered-robot-arm-to-touch/50716800/1（確認できず。以下で閲覧可能：http://www.nbcnews.com/id/44843896/ns/health-mens_health/t/paralyzed-man-uses-brain-powered-robot-arm-touch/#.Vx7IyfmLRaQ）
91. Todd A. Kuiken et al., "Targeted Muscle Reinnervation for Real-time Myoelectric Control of Multifunction Artificial Arms," *Journal of the American Medical Association* 301, no. 6 (2009): 619–28.
92. "Revolutionizing Prosthetics," DARPA, http://www.darpa.mil/program/revolutionizing-prosthetics; "DARPA's Revolutionizing Prosthetics Program Approaches Milestones," DARPA, October 10, 2011, www.darpa.mil/NewsEvents/Releases/2011/10/10.aspx（確認できず）

第７章　ロボット革命

1. アコースティック・キティーに関する情報は以下。Robert Wallace and H. Keith Melton, *Spycraft: The Secret History of the CIA's Spytechs from Communism to al-Qaeda* (New York: Dutton, 2008): 200–202; Jeffrey T. Richelson, *The Wizards of Langley: Inside the CIA's Directorate of Science and Technology* (Cambridge, MA: Perseus Books, 2001), 147–48; Charlotte Edwardes, "CIA Recruited Cat to Bug Russians," *Telegraph*, November 4, 2001, www.telegraph.co.uk/news/worldnews/northamerica/usa /1361462/CIA-recruited-cat-to-bug-Russians.html; and Julian Borger, "Project Acoustic Kitty," *Guardian*, September 11, 2001, www.guardian.co.uk/world/2001/sep/11/worlddispatch.
2. "Views on Trained Cats [redacted] for [redacted] Use," memorandum, March 1967, 以下で入手可能 : http://nsarchive.gwu.edu/NSAEBB/NSAEBB54/.
3. Defense Advanced Research Projects Agency, *Hybrid Insect Micro Systems: Proposer Information Pamphlet* (BAA 06-22, March 9, 2006), 以下でダウンロード可能 : https://www.fbo.gov/index?s=opportunity&mode=form&id=ec6d6847537a9220810f4282eedda0d2&tab=core&cview=1.
4. ミシェル・マハービッツとの電話での会話（2010年２月８日）。Michel M. Maharbiz and Hirotaka Sato, "Cyborg Beetles," *Scientific American*, December 2010, 94–99.
5. "Nano Hummingbird," AeroVironment, Inc., www.avinc.com/nano; "AeroVironment Develops World's First Fully Operational Life-Size Hummingbird-Like Unmanned Aircraft for DARPA," AeroVironment, Inc., February 17, 2011, www.avinc.com/resources/press_release/aerovironment_develops_worlds_first_fully_operational_life-size_hummingbird; Dana Mackenzie, "It's a Bird, It's a Plane, It's a . . . Spy?" *Science* 335 (March 23, 2012): 1433.

69. 同上。
70. キャロルとの会話（2010年6月）。
71. ノエル・フィッツパトリックとの電話での会話（2011年3月25日）。
72. 同上。
73. イヌとネコでの一般的な人工装具の限界に関する情報は、フィッツパトリックとの会話およびデニス・マーセリン＝リトルとの電話での会話（2011年3月22日、6月7日）。
74. 同上。
75. 同上。
76. シカの角の詳細および義足との関連性についての情報は、ゴードン・ブランとの電話での会話（2011年4月15日）；C. J. Pendegrass et al., "Nature's Answer to Breaching the Skin Barrier: An Innovative Development for Amputees," *Journal of Anatomy* 209 (2006): 59–67.
77. フィッツパトリックとの会話。
78. フィッツパトリックとの会話およびブランとの会話。
79. コールに関する詳細およびITAPの手順については、フィッツパトリックとの会話；Noel Fitzpatrick et al., "Intraosseous Transcutaneous Amputation Prosthesis (ITAP) for Limb Salvage in 4 Dogs," *Veterinary Surgery* 40, no. 8 (2011): 909–25; Noel Fitzpatrick, "Intraosseous Transcutaneous Amputation Prosthesis: An Alternative to Limb Amputation in Dogs and Cats," *Society of Practising Veterinary Surgeons Review* 2009 (2009): 43–46; "Coal's Story," Fitzpatrick Referrals, www.fitzpatrickreferrals.co.uk/pet-owners/case-studies/coals-itap（確認できず）
80. "Coal's Story," Fitzpatrick Referrals.
81. Liz Thomas, "Oscar the Bionic Cat," *Daily Mail,* June 25, 2010, www.dailymail.co.uk/sciencetech/article-1289281/Oscar-bionic-cat-pioneering-surgery-gave-TWO-false-legs.html; Adam Hadhazy, "Bionic Devices Let Injured Animals Roam Again," *Live Science*, July 15, 2010, www.livescience.com/10742-bionic-devices-injured-animals-roam.html.
82. フィッツパトリックとの会話。
83. ブランとの会話。
84. Fitzpatrick et al., "Intraosseous Transcutaneous Amputation Prosthesis (ITAP)"; Norbert V. Kang et al., "Osseocutaneous Integration of an Intraosseous Transcutaneous Amputation Prosthesis Implant Used for Reconstruction of a Transhumeral Amputee: Case Report," *Journal of Hand Surgery* 35, no. 7 (2010): 1130–34.
85. マーセリン＝リトルの患者および仕事についての詳細は、マーセリン＝リトルとの会話（2011年3月、6月）。
86. 研究者はルイジアナ州立大学のゲイリー・サッド。情報はサッドとの電話での会話（2011年3月10日、4月18日、6月6日）。
87. "Barbaro Euthanized After Lengthy Battle," MSNBC.com, http://nbcsports.msnbc.com/id/16846723/ns/sports-horse_racing（確認できず）

www.humanesociety.org/issues/pet_overpopulation/facts/spay_neuter_myths_facts.html.
52. ミラーとの会話。
53. A. Brent Richards et al., "Gonadectomy Negatively Impacts Social Behavior of Adolescent Male Primates," *Hormones and Behavior* 56, no. 1 (2009): 140–48.
54. ミラーとの会話。
55. これらの団体には、ASPCA 、カナダ動物愛護協会、ニューヨーク動物愛護協会などがある。以下を参照 : www.neuticles.com/facts.php.
56. " 'Buddy Needs Neuticles' Proposal Reviewed by Clinton," CTI Neuticles, www.neuticles.com/press.php.
57. J. K. Blackshaw and C. Day, "Attitudes of Dog Owners to Neutering Pets: Demographic Data and Effects of Owner Attitudes," *Australian Veterinary Journal* 71, no. 4 (1994): 113–16.
58. Bonnie Berry, "Interactionism and Animal Aesthetics: A Theory of Reflected Social Power," *Society and Animals* 16 (2008): 75–89.
59. Julie Urbanik, " 'Hooters for Neuters': Sexist or Transgressive Animal Advocacy Campaign?" *Humanimalia* 1, no. 1 (2009): 40–62.
60. Tom L. Beauchamp et al., "Cosmetic Surgery for Dogs," in *The Human Use of Animals: Case Studies in Ethical Choice*, 2nd ed. (New York: Oxford University Press, 2008), 135–46.
61. 本文中であげたものをはじめとした各犬種の犬種標準（スタンダード）を、AKC の Web サイトで見ることができる。"Breeds," American Kennel Club, 2012, http://www.akc.org/dog-breeds/.
62. Bonnie Berry, "Interactionism and Animal Aesthetics: A Theory of Reflected Social Power," *Society and Animals* 16 (2008): 75–89; Sandy Robins, "More Pets Getting Nipped and Tucked," MSNBC.com, April 27, 2005, www.nbcnews.com/id/6915955/ns/health-pet_health/t/more-pets-getting-nipped-tucked/%3C#>.T2e__syJnZR; James Hall, "Surge in Plastic Surgery for Pets," *Telegraph*, August 16, 2011, www.telegraph.co.uk/news/uknews/8704485/Surge-in-plastic-surgery-for-pets.html.
63. "Merchandise Mart," CTI Neuticles, November 2, 2011, www.neuticles.com/shop/merchandisemart.shtml.
64. "Mutilations and Tail Docking of Dogs," Department for Environment Food and Rural Affairs, http://webarchive.nationalarchives.gov.uk/20130402151656/http://archive.defra.gov.uk/foodfarm/farmanimal/welfare/act/secondary-legis/docking.htm.
65. Steve Kingstone, "Brazilian Dogs Go under the Knife," BBC News, August 16, 2004, http://news.bbc.co.uk/2/hi/americas/3923099.stm.
66. キャロルとの会話（2010 年 6 月）。
67. カナダヅルと、フォックスおよびキャロルがツルのために作った義足に関する情報は、リー・フォックスと著者とのフロリダ州サラソタでの会話（2011 年 3 月 26 日）。
68. 同上。

30. "Megan McKeon," Hanger Prosthetics and Orthotics, www.hanger.com/prosthetics/experience/patientprofiles/winterthedolphin/Pages/MeganMcKeon.aspx（確認できず。以下が閲覧可能：www.hangerclinic.com/success-stories/Pages/Megan-McKeon.aspx）
31. "The Never Ending Tale of WintersGel," Hanger Prosthetics and Orthotics, www.hanger.com/prosthetics/experience/patientprofiles/winterthedolphin/Pages/WintersGel.aspx（確認できず。以下が閲覧可能：www.hangerclinic.com/success-stories/winter-the-dolphin/Pages/default.aspx.
32. キャロルとの会話（2012年3月）。
33. Massimo Filippi et al., "The Brain Functional Networks Associated to Human and Animal Suffering Differ Among Omnivores, Vegetarians and Vegans," *PLoS One* 5, no. 5 (2010). 別の研究は、私たちは人間と最も近い関係にある種に最も共感するとした。H. Rae Westbury and David L. Neumann, "Empathy-Related Responses to Moving Film Stimuli Depicting Human and Non-human Animal Targets in Negative Circumstances," *Biological Psychology* 78, no. 1 (2008): 66–74.
34. Committee on Recognition and Alleviation of Pain in Laboratory Animals, National Research Council, *Recognition and Alleviation of Pain in Laboratory Animals* (Washington, DC: National Academies Press, 2009), 50.
35. Dale J. Langford et al., "Coding of Facial Expressions of Pain in the Laboratory Mouse," *Nature Methods* 7 (May 9, 2010): 447–49.
36. キャロルとの電話での会話（2011年2月8日）。
37. バックの去勢手術およびニューティクル誕生の経緯に関する情報は、グレッグ・ミラーとの電話での会話（2010年6月30日）。
38. 同上。
39. 同上。
40. "Neuticles Inventor Gregg A. Miller," CTI Neuticles, www.neuticles.com/.
41. "Interesting Facts About Neuticles," CTI Neuticles, www.neuticles.com/facts.php.
42. "Neuticles Inventor Gregg A. Miller," CTI Neuticles.
43. "Frequently Asked Questions," CTI Neuticles, www.neuticles.com/faq.php.
44. Neuticles Brochure, CTI Neuticles, www.neuticles.com/NeuticlesBrochure.pdf.
45. Neuticles Brochure, CTI Neuticles.
46. "Interesting Facts About Neuticles," CTI Neuticles.
47. ミラーとの会話。
48. Gregory S. Berns et al., "Functional MRI in Awake Unrestrained Dogs," *PLoS One* 7, no. 5 (2012): e38027.
49. T. Nagel, "What Is It Like to Be a Bat?" *The Philosophical Review* 83, no. 4 (1974): 435–50.
50. M. V. Kustritz, "Determining the Optimal Age for Gonadectomy of Dogs and Cats," *Journal of the American Veterinary Medical Association* 231, no. 11 (2007): 1665–75.
51. "Myths and Facts About Spaying and Neutering," Humane Society of the United States,

templates/story/story.php?storyId=6147502.
4. キャロルとの会話（2010年6月、2012年3月）。
5. キャロルの経歴と経験に関する情報は、2010年から2012年までのキャロルとの数多くの会話。
6. キャロルとの会話（2010年6月）。
7. キャロルとの会話（2012年3月）。
8. キャロルおよびダン・シュトレンプカと著者とのフロリダ州クリアウォーターでの会話（2011年3月25日）。
9. シュトレンプカと著者とのフロリダ州クリアウォーターでの会話（2011年3月25日）。
10. キャロルおよびシュトレンプカとの会話（2011年3月）。
11. 同上。
12. シュトレンプカとの会話（2011年3月）。
13. 新しいゲルを製造しているALPS社は、この素材の正確な配合には所有権があるとして公表していない。だがシュトレンプカは、使用する樹脂の割合を変えるか新しい結合剤――樹脂の混合物を増強しながら結びつける化合物――を選ぶことなどで微調整できると話している。また彼は、熱と圧力を用いて液状の混合物を耐久性のある固体に変える硬化プロセスの詳細に手を加えれば、材料科学者は熱可塑性物質の特性を変えることができるとも話した。
14. キャロルとの会話（2011年3月）。
15. シュトレンプカとの会話（2011年3月）。
16. キャロルとの会話（2010年6月）。
17. キャロルおよびシュトレンプカとの会話（2011年3月）。キャロルとの会話（2010年6月）。
18. シュトレンプカとの会話（2011年3月）。
19. キャロルおよびシュトレンプカとの会話（2011年3月）。
20. キャロルとの会話（2010年6月）。
21. キャロルおよびシュトレンプカとの会話（2011年3月）。キャロルとの会話（2012年3月）。
22. キャロルとの会話（2010年6月）。キャロルおよびシュトレンプカとの会話（2011年3月）。
23. シュトレンプカとの会話（2011年3月）。
24. ケヴィン・キャロルと著者とのコネティカット州ストラトフォードでの会話（2010年10月5日）。
25. キャロルとの会話（2010年6月）。
26. 同上。
27. キャロルとの会話（2010年10月）。シュトレンプカとの会話（2011年3月）。
28. シュトレンプカとの会話（2011年3月）。
29. ダン・シュトレンプカとの電話での会話（2011年6月14日）。

Acceleration to Predict Feeding Behavior," *Endangered Species Research* 10 (2010): 61–69.

71. Block, "Physiological Ecology in the 21st Century," 308; コヘヴァーとの会話（2011年3月）。
72. John Gunn, "From Plastic Darts to Pop-up Satellite Tags," in *Fish Movement and Migration*, ed. D. A. Hancock et al. (Sydney: Australian Society for Fish Biology, 2000), 55–60. 価格と大きさの追加情報は、タグ製造大手のワイルドライフコンピューターズ社が販売するアーカイバルタグおよびポップアップタグの比較による（以下を参照：www.wildlifecomputers.com/default.aspx.〔確認できず〕）。
73. Barbara A. Block et al., "A New Satellite Technology for Tracking the Movements of Atlantic Bluefin Tuna," *Proceedings of the National Academy of Sciences USA* 95 (August 1998): 9384–89.
74. "NanoTag Series Coded Radio Transmitters," Lotek Wireless, Inc., www.lotek.com/nanotag.htm.
75. M. Wikelski et al., "Large-Range Movements of Neotropical Orchid Bees Observed via Radio Telemetry," *PLoS One* 5, no. 5 (2010): e10738.
76. Mercy Lard, et al, "Tracking the Small with the Smallest — Using Nanotechnology in Tracking Zooplankton," *PLoS ONE* 5, no. 10 (2010): e13516.
77. ベンソンとの会話。
78. 同上。
79. 同上。
80. "TOPP," Tagging of Pacific Predators, http://topp.org/.
81. "Jon Sealwart Everybody!! Today, Can Loser Males Have Hope Too??" Tagging of Pacific Predators, http://topp.org/blog/jon_sealwart_everybody_today_can_loser_males_have_hope_too（確認できず）
82. ベンソンとの会話。
83. S. Borkfelt, "What's in a Name?—Consequences of Naming Non-Human Animals," *Animals* 1, no. 1 (2011): 116–25.
84. 2012年4月14日現在。

第6章　イルカを救った人工尾ビレ

1. ウィンターの事故と救出に関する情報は、以下をはじめとした取材による。ケヴィン・キャロルへの複数回のインタビュー、クリアウォーター海洋水族館の展示・発表、水族館が制作したウィンターのドキュメンタリー（*Winter . . . The Dolphin That Could*, produced and directed by David Yates and Steve Brown [Clearwater, FL: Clearwater Marine Aquarium, 2010], DVD）。
2. キャロルと著者との電話での会話（2010年6月8日、2012年3月30日）。
3. ダナ・ズッカーへのメリッサ・ブロックによるインタビュー。*All Things Considered*, NPR, September 26, 2006, インタビューの記録を以下で入手可能：www.npr.org/

Harley et al., "The Impacts of Climate Change in Coastal Marine Systems," *Ecology Letters* 9, no. 2 (2006): 228–41; R. Schubert et al., *The Future Oceans—Warming Up, Rising High, Turning Sour* (Berlin: German Advisory Council on Global Change, 2006); FAO Fisheries and Aquaculture Department, *The State of World Fisheries*, 115–120; K. Cochrane et al., eds., *Climate Change Implications for Fisheries and Aquaculture: Overview of Current Scientific Knowledge* (Rome: FAO Fisheries and Aquaculture Department, 2009).

62. Camille Parmesan, "Ecological and Evolutionary Responses to Recent Climate Change," *Annual Review of Ecology, Evolution, and Systematics* 37 (2006): 637–69.
63. Allison L. Perry et al., "Climate Change and Distribution Shifts in Marine Fishes," *Science* 308 (June 24, 2005): 1912–15.
64. Learmonth et al., "Potential Effects of Climate Change."
65. M. Biuw et al., "Blubber and Buoyancy: Monitoring the Body Condition of Free-Ranging Seals Using Simple Dive Characteristics," *Journal of Experimental Biology* 206 (2003): 3405–23; フェダックとの会話。
66. フェダックとの会話。
67. 同上。 以下も参照。Mike Fedak, "Marine Animals as Platforms for Oceanographic Sampling: A 'Win/Win' Situation for Biology and Operational Oceanography," *Memoirs of the National Institute for Polar Research* 58 (2004): 133–47.
68. 海洋追跡ネットワークの詳細は以下。*An Evolution in Ocean Research*, http://oceantrackingnetwork.org/images/brochure.pdf（確認できず）; Ocean Tracking Network, *Annual Report2010–2011*, 以下で入手可能： http://oceantrackingnetwork.org/wp-content/uploads/2014/07/AR_2010-2011.pdf; "Ocean Tracking Network," Dalhousie University, http://oceantrackingnetwork.org/; "About the Project," Dalhousie University, http://oceantrackingnetwork.org/aboutproject/index.html（確認できず。http://oceantrackingnetwork.org/about/ が閲覧可能。 この項目、 以下同様）; "Ocean Monitoring," Dalhousie University, http://oceantrackingnetwork.org/aboutproject/ocean.html; "Underwater Innovation: Canadian Technology at the Forefront," Dalhousie University, http://oceantrackingnetwork.org/aboutproject/technology.html; "OTN South Africa Phase I Deployments Complete," Dalhousie University, http://oceantrackingnetwork.org/news/safdeploy.html; "Halifax Line Is Now OTN's Longest Listening Line," Dalhouse University, http://oceantrackingnetwork.org/news/hfx166.html.
69. Kim N. Holland et al., "Inter-animal Telemetry: Results from First Deployment of Acoustic 'Business Card' Tags," *Endangered Species Research* 10 (2009): 287–93.
70. Emily L. C. Shepard et al., "Identification of Animal Movement Patterns Using Tri-axial Accelerometry," *Endangered Species Research* 10 (2010): 47–60; Nicholas M. Whitney et al., "Identifying Shark Mating Behaviour Using Three-Dimensional Acceleration Loggers," *Endangered Species Research* 10 (2010): 71–82; John P. Skinner et al., "Head Striking During Fish Capture Attempts by Steller Sea Lions and the Potential for Using Head Surge

電話での会話（2011年10月21日）。
45. コヘヴァーとの会話（2011年3月）；テオとの会話；Block and Miller, “Unveiling the Secret Life of an Ocean Giant.”
46. Mark Shwartz and Ken Peterson, “Study: Better Protections for Bluefin Tuna Needed,” Stanford News Service, April 27, 2005, http://news.stanford.edu/news/2005/may4/tuna-042705.html; Andrew C. Revkin, “Tracking the Imperiled Bluefin from Ocean to Sushi Platter,” *New York Times*, May 3, 2005, www.nytimes.com/2005/05/03/science/earth/03tuna.html?pagewanted=all.
47. ゾウアザラシの生息地に関する情報および科学者がそこに近づく難しさは、マイケル・フェダックとの電話での会話（2011年11月17日）；J. Charrassin et al., “Southern Ocean Frontal Structure and Sea-ice Formation Rates Revealed by Elephant Seals,” *PNAS* 10, no. 33 (2008): 11634–39.
48. J. Charrassin et al., “New Insights into Southern Ocean Physical and Biological Processes Revealed by Instrumented Elephant Seals,” in *Proceedings of OceanObs '09: Sustained Ocean Observations and Information for Society* 2 (Venice, September 21–25, 2009).
49. フェダックとの会話。
50. 同上。
51. Charrassin et al., “New Insights into Southern Ocean.”
52. 同上。フェダックとの会話。
53. フェダックとの会話。
54. 同上。
55. 同上。
56. 同上。
57. 漁獲率は以下。Fisheries and Aquaculture Department, Food and Agriculture Organization of the United Nations, *The State of World Fisheries and Aquaculture* (Rome: FAO, 2010), 8.
58. Laurie Padman et al., “Seals Map Bathymetry of the Antarctic Continental Shelf,” *Geophysical Research Letters* 37, no. 21 (2010): 1–5; Donna Hesterman, “Elephant Seals Improve Maps of Antarctic Seafloor,” University of California, Santa Cruz, October 15, 2010, http://news.ucsc.edu/2010/10/seal-maps.html.
59. M. A. Fedak, “The Impact of Animal Platforms on Polar Ocean Observation” (paper under review); マイケル・フェダックから著者へのEメール（2012年4月3日）。
60. National Oceanic and Atmospheric Administration, “National Ocean Observing System to See Marine Animal Migration, Adaptation Strategies,” March 4, 2011, 以下で入手可能：http://gtopp.org/images/stories/press_releases/03-04-11_Marine_Tagging.pdf; コヘヴァーとの会話（2011年3月）。
61. 気候変動が海洋およびそこで暮らす生物に与える影響について詳細は、以下を参照。 J. A. Learmonth et al., “Potential Effects of Climate Change on Marine Mammals,” *Oceanography and Marine Biology: An Annual Review* (2006): 431–64; Christopher D. G.

31. Block, "Archival Tagging of Atlantic Bluefin Tuna"; Block and Miller, "Unveiling the Secret Life of an Ocean Giant"; コヘヴァーとの会話（2011年3月）。
32. "Loggerhead Turtle (*Caretta caretta*)," NOAA Fisheries, www.nmfs.noaa.gov/prot_res/species/turtles/loggerhead.html.
33. Jeffrey J. Polovina et al., "Turtles on the Edge: Movement of Loggerhead Turtles (*Caretta caretta*) Along Oceanic Fronts, Spanning Longline Fishing Grounds in the Central North Pacific, 1997–1998," *Fisheries Oceanography* 9, no. 1 (2000): 71–82.
34. ジェフリー・ポロヴィナと著者との電話での会話（2011年11月3日）。
35. Polovina et al., "Turtles on the Edge"; J. J. Polovina et al., "The Transition Zone Chlorophyll Front, a Dynamic Global Feature Defining Migration and Forage Habitat for Marine Resources," *Progress in Oceanography* 49 (2001): 469–83; J. J. Polovina et al., "Forage and Migration Habitats of Loggerhead (*Caretta caretta*) and Olive Ridley (*Lepidochelys olivacea*) Sea Turtles in the Central North Pacific Ocean," *Fish Oceanography* 13 (2004): 36–51; Evan A. Howell et al., "TurtleWatch: A Tool to Aid in the Bycatch Reduction of Loggerhead Turtles Caretta caretta in the Hawaii-Based Pelagic Longline Fishery," *Endangered Species Research* 5, no. 2–3 (2008): 267–78; ポロヴィナとの会話。
36. プログラムに関する詳細は、ポロヴィナとの会話および以下。Howell et al., "TurtleWatch"; "EOD TurtleWatch," NOAA Pacific Islands Fisheries Science Center, www.pifsc.noaa.gov/eod/turtlewatch.php.
37. ポロヴィナとの会話。
38. Barbara A. Block et al., "Migratory Movements, Depth Preferences, and Thermal Biology of Atlantic Bluefin Tuna," *Science* 293 (August 17, 2001): 1310–14.
39. Lawson, "Movements and Diving Behavior of Atlantic Bluefin Tuna."
40. ICCATが大西洋クロマグロをどのように管理しているかについての情報は以下。Block et al., "Migratory Movements, Depth Preferences, and Thermal Biology"; Barbara A. Block et al., "Electronic Tagging and Population Structure of Atlantic Bluefin Tuna," *Nature* 434 (April 28, 2005): 1121–27; Charles H. Greene et al., "Advances in Conservation Oceanography: New Tagging and Tracking Technologies and Their Potential for Transforming the Science Underlying Fisheries Management," *Oceanography* 22, no. 1 (2009): 210–23; コヘヴァーとの会話（2011年3月）。
41. Andreas Walli et al., "Seasonal Movements, Aggregations and Diving Behavior of Atlantic Bluefin Tuna (*Thunnus thynnus*) Revealed with Archival Tags," *PLoS One* 4, no. 7 (2009).
42. Greene et al., "Advances in Conservation Oceanography"; コヘヴァーと著者との電話での会話（2011年10月31日）。
43. コヘヴァーとの会話（2011年3月）。
44. Block et al., "Migratory Movements, Depth Preferences, and Thermal Biology"; Block et al., "Electronic Tagging and Population Structure"; Walli et al., "Seasonal Movements, Aggregations and Diving Behavior"; Greene et al., "Advances in Conservation Oceanography"; コヘヴァーとの会話（2011年3月、10月）；スティーヴ・テオとの

タグを装着した経験に基づく説明は、以下を参照。http://trccblog.blogspot.com および http://gtopp.blogspot.com/.
22. ここに示したのは Lotek LTD 2310 アーカイバルタブの仕様。以下を参照。“Lotek Archival Tag Series,” Lotek Wireless, www.lotek.com/lat-geo-ext-mem.pdf; “Locating Tuna in the Open Ocean,” Lotek Wireless, www.lotek.com/locatingtuna.pdf. このモデルはブロックとその同僚をはじめ、広く一般に使用されている（たとえば、以下で結果が発表された研究でもこのモデルが使用された。Boustany et al., “Movements of Pacific Bluefin Tuna (*Thunnus orientalis*) in the Eastern North Pacific.”）
23. “Found an electronic tag? Contact us today, and claim your reward,” Tag-A-Giant Foundation, www.tagagiant.org/science/tag-rewards.
24. コヘヴァーとの会話（2011 年 3 月）。
25. アレックス・ノートンと著者とのカリフォルニア州モントレーでの会話（2011 年 3 月 30 日）。
26. Benson, *Wired Wilderness*; ベンソンとの会話。
27. Cindy L. Hull, “The Effect of Carrying Devices on Breeding Royal Penguins,” *The Condor* 99, no. 2 (1997): 530–34; Sabrina S. Taylor et al., “Foraging Trip Duration Increases for Humboldt Penguins Tagged with Recording Devices,” *Journal of Avian Biology* 32, no. 4 (2001): 369–72; Donald A. Croll et al., “Foraging Behavior and Reproductive Success in Chinstrap Penguins: The Effects of Transmitter Attachment,” *Journal of Field Ornithology* 67, no. 1 (1996): 1–9.
28. C. J. Bridger and R. K. Booth, “The Effects of Biotelemetry Transmitter Presence and Attachment Procedures on Fish Physiology and Behavior,” *Reviews in Fisheries Science* 11, no. 1 (2003): 13–34.
29. タグが野生動物に与える可能性のあるさまざまな影響については多くの研究者が書いてきた。著者は以下をはじめとした資料を参照した。Rory P. Wilson and Clive R. McMahon, “Measuring Devices on Wild Animals: What Constitutes Acceptable Practice?” *Frontiers in Ecology and the Environment* 4, no. 3 (2006): 147–54; Penny Hawkins, “Biologging and Animal Welfare: Practical Refinements,” *Memoirs of the National Institute for Polar Research* 58 (2004): 58–68; Roger A. Powell and Gilbert Proulx, “Trapping and Marking Terrestrial Mammals for Research: Integrating Ethics, Performance Criteria, Techniques, and Common Sense,” *ILAR Journal* 44, no. 3 (2003): 259–76; R. J. Putman, “Ethical Considerations and Animal Welfare in Ecological Field Studies,” *Biodiversity and Conservation* 4 (1995): 903–15; Russell J. Borski and Ronald G. Hodson, “Fish Research and the Institutional Animal Care and Use Committee,” *ILAR Journal* 44, no. 4 (2003): 286–94; American Fisheries Society, *Guidelines for the Use of Fishes in Research* (Bethesda, MD: 2004), 以下で入手可能 : http://fisheries.org/docs/policy_useoffishes.pdf; Robert S. Sikes et al., “Guidelines of the American Society of Mammalogists for the Use of Wild Mammals in Research,” *Journal of Mammalogy* 92, no. 1 (2011): 235–53.
30. コヘヴァーとの会話（2011 年 3 月）。

Science of Maintaining the Sea's Biodiversity, ed. E. A. Norse and L. B. Crowder (Washington, DC: Island Press, 2005).

8. Boris Worm et al., "The Future of Marine Animal Populations," in *Life in the World's Oceans: Diversity, Distribution, and Abundance*, ed. Alasdair D. McIntyre (UK: Wiley-Blackwell, 2010), 315–30.
9. B. A. Block et al., "Tracking Apex Marine Predator Movements in a Dynamic Ocean," *Nature* 475 (July 7, 2011): 86–90.
10. ランディ・コヘヴァーと著者とのカリフォルニア州モントレーでの会話（2011年3月30日）。
11. Jesse H. Ausubel et al., eds., *First Census of Marine Life 2010: Highlights of a Decade of Discovery* (Washington, DC: Census of Marine Life, 2010).
12. "The Facility," Tuna Research and Conservation Center, www.tunaresearch.org/about/history.
13. "Japan Tuna Sale Smashes Record," BBC News, January 5, 2012, www.bbc.co.uk/news/world-asia-pacific-16421231.
14. コヘヴァーとの会話（2011年3月）。
15. "Atlantic Bluefin Tuna (*Thunnus thynnus*)," NOAA Fisheries, www.nmfs.noaa.gov/pr/species/fish/bluefintuna.htm.
16. Gareth L. Lawson, "Movements and Diving Behavior of Atlantic Bluefin Tuna *Thunnus thynnus* in Relation to Water Column Structure in the Northwestern Atlantic," *Marine Ecology Progress Series* 400 (February 11, 2012): 245–65.
17. Barbara A. Block, "Archival Tagging of Atlantic Bluefin Tuna (*Thunnus thynnus thynnus*)," *Marine Technology Society Journal* 32, no. 1 (1998): 37–46.
18. Barbara Block, "Physiological Ecology in the 21st Century: Advancements in Biologging Science," *Integrative & Comparative Biology* 45 (2005): 305–20; コヘヴァーとの会話（2011年3月）。
19. Block, "Physiological Ecology in the 21st Century"; コヘヴァーとの会話（2011年3月）; "About TOPP," Tagging of Pacific Predators, www.topp.org/about_topp（確認できず。以下が閲覧可能：http://www.topp.org/）
20. John Gunn and Barbara Block, "Advances in Acoustic, Archival, and Satellite Tagging of Tunas," in *Tuna: Physiology, Ecology, and Evolution*, ed. Barbara A. Block and E. Donald Stevens (San Diego, CA: Academic Press, 2001), 178–79; Block, "Archival Tagging of Atlantic Bluefin Tuna"; コヘヴァーとの会話（2011年3月）。
21. タグ装着手順の詳細は以下。A. M. Boustany et al., "Movements of Pacific Bluefin Tuna (*Thunnus orientalis*) in the Eastern North Pacific Revealed with Archival Tags," *Progress in Oceanography* 86 (2010): 94–104; Block, "Archival Tagging of Atlantic Bluefin Tuna"; Barbara A. Block and Shana Miller, "Unveiling the Secret Life of an Ocean Giant," in *World Record Game Fishes* (International Game Fish Association, 2007), 84–92. 研究者たちは海でのそれぞれの経験をブログにも投稿している。マグロを捕獲して

Mammoth *Mammuthus primigenius*," *PLoS Biology* 4, no. 3 (2006): e73.
61. Nicholls, "Let's Make a Mammoth."
62. 同上、312.
63. Jack Horner and James Gorman, "Dinosaur Resurrection," *Discover*, April 2009, 50–53. 以下も参照。Jack Horner and James Gorman, *How to Build a Dinosaur* (New York: Penguin, 2009)（ホーナー他『恐竜再生』真鍋真監修、柴田裕之訳、日経ナショナルジオグラフィック社）.
64. Holt et al., "Wildlife Conservation and Reproductive Cloning"; Friese, "Enacting Conservation and Biomedicine"; ドレッサーとの会話（2010年12月）; Ehrenfeld, "Transgenics and Vertebrate Cloning."
65. Ehrenfeld, "Transgenics and Vertebrate Cloning."
66. Andrabi and Maxwell, "A Review on Reproductive Biotechnologies."
67. Inbar Friedrich Ben-Nun et al., "Induced Pluripotent Stem Cells from Highly Endangered Species," *Nature Methods* 8 (2011): 829–31; Ewen Callaway, "Could Stem Cells Rescue an Endangered Species?" *Nature*, September 4, 2011, www.nature.com/news/2011/110904/full/news.2011.517.html.
68. ドレッサーとの会話（2010年12月）。
69. ACRES を離れてからのドレッサーの活動の詳細は、ドレッサーとの会話（2011年3月、2012年4月）。

第５章　情報収集は動物にまかせた

1. イエローストーンのハイイログマ、人間とクマの衝突、クレイグヘッド兄弟の追跡プロジェクトについての情報は以下。Mark A. Haroldson et al., "Grizzly Bears in the Greater Yellowstone Ecosystem: From Garbage, Controversy, and Decline to Recovery," *Yellowstone Science* 16, no. 2 (2008): 13–22; Etienne Benson, *Wired Wilderness: Technologies of Tracking and the Making of Modern Wildlife* (Baltimore, MD: Johns Hopkins University Press, 2010); エティエンヌ・ベンソンと著者との電話での会話（2011年9月30日）。
2. この引用部分が最初に掲載された書籍は1979年出版の Frank Craighead, *Track of the Grizzly*。著者が引用した書籍は Benson の *Wired Wilderness* (pp. 60–61)。
3. Gerald L. Kooyman, "Genesis and Evolution of Bio-logging Devices: 1963–2002," Memoirs of National Institute of Polar Research 58 (2004): 15–22.
4. 同上。
5. 潜水記録装置の歴史と進歩については同上を参照。
6. "Miniaturized Wildlife Tracking Tags Deployed Worldwide Collect Crucial Data," Atlantic Canada Opportunities Agency, www.acoa-apeca.gc.ca/eng/ImLookingFor/ProgramInformation/AtlanticInnovationFund/Pages/LotekWirelessInc.aspx?ProgramID.
7. 海と海洋生物への脅威について詳細は、以下を参照: R. A. Myers and C. A. Ottensmeyer, "Extinction Risk in Marine Species," in *Marine Conservation Biology: The*

List of Threatened Species 2011.2, http://www.iucnredlist.org/details/22720863/0; Mark Szotek, "Tales from a Frozen Zoo," Mongabay.com, February 2, 2010, http://news.mongabay.com/2010/0202-szotek_frozen_zoo.html.

48. セリアの死とその後のクローニングの詳細は以下。J. Folch et al., "First Birth of an Animal from an Extinct Subspecies (*Capra pyrenaica pyrenaica*) by Cloning," *Theriogenology* 71 (2009): 1026–34; Damiani et al., "Cloning Endangered and Extinct Species"; Richard Gray and Roger Dobson, "Extinct Ibex Is Resurrected by Cloning," *Telegraph*, January 31, 2009, www.telegraph.co.uk/news/science/science-news/4409958/Extinct-ibex-is-resurrected-by-cloning.html.
49. Deborah Smith, "Tassie Tiger Cloning 'Pie-in-the-Sky Science,' " *Sydney Morning Herald*, February 17, 2005, www.smh.com.au/news/science/tassie-tiger-cloning-pieinthesky-science/2005/02/16/1108500157295.html; Daniel Dasey, "Researchers Revive Plan to Clone the Tassie Tiger," *Sydney Morning Herald*, May 15, 2005, www.smh.com.au/news/Science/Clone-again/2005/05/14/1116024405941.html; "The Thylacine: A Case Study," Biotechnology Online, Commonwealth Scientific and Industrial Research Organisation, http://archive.industry.gov.au/Biotechnologyonline.gov.au/enviro/thylacine.html.
50. "*Thylacinus cynocephalus* — Thylacine," Department of Sustainability, Environment, Water, Population and Communities, Commonwealth of Australia, www.environment.gov.au/cgi-bin/sprat/public/publicspecies.pl?taxon_id=342.
51. Andrew J. Pask et al., "Resurrection of DNA Function *In Vivo* from an Extinct Genome," *PLoS One* 3, no. 5 (2008): e2240.
52. 同上；Katherine Sanderson, "Tasmanian Tiger Gene Lives Again," *Nature* (May 20, 2008): www.nature.com/news/2008/080520/full/news.2008.841.html.
53. Pask et al., "Resurrection of DNA Function."
54. Webb Miller et al., "The Mitochondrial Genome Sequence of the Tasmanian Tiger (*Thylacinus cynocephalus*)," *Genome Research* 19, no. 2 (2009): 213–20.
55. "*Thylacinus cynocephalus*," Department of Sustainability.
56. Henry Nicholls, "The Legacy of Lonesome George," *Nature*, July 18, 2012, www.nature.com/news/the-legacy-of-lonesome-george-1.11017.
57. Shingo Ito, "Researchers Aim to Resurrect Mammoth in Five Years," AFP, January 17, 2011; "S. Korean, Russian Scientists Bid to Clone Mammoth," AFP, March 12, 2012; Jaeyeon Woo, "Will Resurrecting a Mammoth Be Possible?" *Wall Street Journal*, March 13, 2012, http://blogs.wsj.com/korearealtime/2012/03/13/will-be-resurrecting-a-mammoth-possible/.
58. "Korean Scientist Paid Russia Mafia for Mammoth," NBCNEWS.com, October 24, 2006, www.msnbc.msn.com/id/15399222/ns/technology_and_science-science/t/korea-scientist-paid-russia-mafia-mammoth/#.UCrCPkTTMgq.
59. Henry Nicholls, "Let's Make a Mammoth," *Nature* 456 (November 20, 2008): 311.
60. Evgeny I. Rogaev et al., "Complete Mitochondrial Genome and Phylogeny of Pleistocene

iucnredlist.org/apps/redlist/details/14020/0.

31. M. C. M. Kierulff et al., "*Leontopithecus rosalia*," in *IUCN Red List of Threatened Species* 2011.2, www.iucnredlist.org/apps/redlist/details/11506/0.
32. IUCN SSC Antelope Specialist Group 2011, "*Oryx leucoryx*," in *IUCN Red List of Threatened Species* 2011.2, www.iucnredlist.org/apps/redlist/details/15569/0.
33. James A. Estes et al., "Trophic Downgrading of Planet Earth," *Science* 333 (July 15, 2011): 301–306; C. N. Johnson, "Ecological Consequences of Late Quaternary Extinctions of Megafauna," *Proceedings of the Royal Society B* 276 (2009): 2509–19.
34. Sergey A. Zimov, "Pleistocene Park: Return of the Mammoth's Ecosystem," *Science* 308 (May 6, 2005): 796–98.
35. 同上。
36. 同上。以下も参照。"Pleistocene Park," Pleistocene Park, www.pleistocenepark.ru/en/.
37. Josh Donlan, "Re-wilding North America," *Nature* 436 (August 18, 2005): 913–14; C. Josh Donlan et al., "Pleistocene Rewilding: An Optimistic Agenda for Twenty-First Century Conservation," *The American Naturalist* 168, no. 5 (2006): 660–81.
38. William J. Ripple and Robert L. Beschta, "Trophic Cascades in Yellowstone: The First 15 Years After Wolf Reintroduction," *Biological Conservation* 145 (2012): 205–13; William J. Ripple and Robert L. Beschta, "Wolf Reintroduction, Predation Risk, and Cottonwood Recovery in Yellowstone National Park," *Forest Ecology and Management* 184 (2003): 299–313.
39. Marilyn Menotti-Raymond and Stephen J. O'Brien, "Dating the Genetic Bottleneck of the African Cheetah," *Proceedings of the National Academy of Sciences USA* 90 (April 1993): 3172–76; S. Durant et al., "*Acinonyx jubatus*," in *IUCN Red List of Threatened Species* 2011.2, www.iucnredlist.org/apps/redlist/details/219/0.
40. クローニングが遺伝的多様性の維持にどのように役立つかについての情報は以下。ドレッサーとの会話（2009年11月、2011年3月）; Lanza et al., "Cloning Noah's Ark"; Holt et al., "Wildlife Conservation and Reproductive Cloning"; and Ryder, "Cloning Advances and Challenges for Conservation."
41. ドレッサーとの会話（2010年12月）。
42. "Frozen Zoo," Audubon Nature Institute, www.auduboninstitute.org/saving-species/frozen-zoo（確認できず）
43. クリーマーとの会話（2009年10月）。
44. "Consortium," Frozen Ark Project, www.frozenark.org/consortium（確認できず。www.frozenark.org参照）
45. "Animals in the Ark," Frozen Ark Project, www.frozenark.org/animals-ark（同上）
46. "What We Need," Frozen Ark Project, www.frozenark.org/what-we-need（同上）
47. Andrea Johnson, "Preserving Hawaiian Bird Cell Lines," San Diego Zoo Global, November 7, 2008, http://blog.sandiegozooglobal.org/2008/11/07/preserving-hawaiian-bird-cell-lines/; BirdLife International 2009, "*Melamprosops phaeosoma*," in *IUCN Red*

14. ドレッサーとの会話（2010年12月、2012年4月）。
15. ドレッサーとの会話（2012年4月）。
16. ドレッサーとの会話（2010年12月）。
17. C. Driscoll and K. Nowell, "*Felis silvestris*," in *IUCN Red List of Threatened Species* 2011.2, www.iucnredlist.org/details/60354712/0; ドレッサーとの会話（2010年12月）。
18. ドレッサーとの会話（2009年11月、2011年3月）。Lanza et al., "Cloning Noah's Ark"; Carrie Friese, "Enacting Conservation and Biomedicine: Cloning Animals of Endangered Species in the Borderlands of the United States" (dissertation, University of California, San Francisco, 2007).
19. ジャズのクローン作製の詳細とクローン誕生については以下。Gomez et al., "Birth of African Wildcat Cloned Kittens"; ドレッサーとの会話（2011年3月）。
20. David Ehrenfeld, "Transgenics and Vertebrate Cloning as Tools for Species Conservation," *Conservation Biology* 20, no. 3 (2006): 723–32.
21. "African Wildcat Clone Family Tree," Audubon Center for Research of Endangered Species, www.flickr.com/photos/audubonimages/3910008886/in/set-72157624320538361/; ドレッサーとの会話（2009年11月、2012年4月）。
22. ドレッサーから著者へのEメール（2012年4月23日）。
23. Pasqualino Loi et al., "Genetic Rescue of an Endangered Mammal by Cross-species Nuclear Transfer Using Post-mortem Somatic Cells," *Nature Biotechnology* 19 (October 2001): 962–64.
24. Min Kyu Kim et al., "Endangered Wolves Cloned from Adult Somatic Cells," *Cloning and Stem Cells* 9, no. 1 (2007): 130–37; H. J. Oh et al., "Cloning Endangered Gray Wolves (*Canis lupus*) from Somatic Cells Collected Postmortem," *Theriogenology* 70, no. 4 (2008): 638–47; Kim Tong-hyung, "Endangered Jeju Cattle Cloned," *Korea Times*, August 31, 2009, www.koreatimes.co.kr/www/news/tech/2012/03/129_51015.html.
25. Aijaz Hussain, "Kashmir Scientists Clone Rare Cashmere Goat," Associated Press, March 15, 2012.
26. Constance Holden, "Banteng Cloned," *Science* (April 8, 2003): http://www.sciencemag.org/news/2003/04/banteng-cloned; "Cloned Endangered Species Euthanized," UPI, April 8, 2003, www.upi.com/Science_News/2003/04/08/Cloned-endangered-species-euthanized/UPI-42791049838441/.
27. ドレッサーとの会話（2009年11月、2012年4月）。
28. 飼育下で生まれた動物を野生に戻すために必要なことについての情報は以下。ドレッサーとの会話（2009年11月、2012年4月）；International Union for Conservation of Nature and Natural Resources, *IUCN Guidelines for Re-introductions* (Gland, Switzerland: IUCN, 1998).
29. K. R. Jule et al., "The Effects of Captive Experience in Reintroduction Survival in Carnivores: A Review and Analysis," *Biological Conservation* 141, no. 2 (2008): 355–63.
30. J. Belant et al., "*Mustela nigripes*," *IUCN Red List of Threatened Species* 2011.2, www.

第４章　絶滅の危機はコピーで乗り切る

1. Jean-Christophe Vié et al., eds., *Wildlife in a Changing World: An Analysis of the 2008 IUCN Red List of Threatened Species* (Gland, Switzerland: IUCN, 2009).
2. Richard Leakey and Roger Lewin, *The Sixth Extinction: Patterns of Life and the Future of Humankind* (New York: Random House, 1996); Elizabeth Kolbert, "The Sixth Extinction," *The New Yorker*, May 25, 2009.
3. United Nations, Department of Economic and Social Affairs, Population Division, *World Population Prospects: The 2010 Revision, Highlights and Advance Tables* (New York: United Nations, 2011).
4. ノアとそのクローン作製に関する詳細は以下。Robert P. Lanza et al., "Cloning of an Endangered Species (*Bos gaurus*) Using Interspecies Nuclear Transfer," *Cloning* 2, no. 2 (2000): 79–90; Philip Damiani et al., Cloning Endangered and Extinct Species, US Patent application no. 10/398,608, filed August 1, 2003, publication no. US 2004/0031069 A1.
5. "Species Survival Center," Audubon Nature Institute, http://audubonnatureinstitute.org/home/conservation/conservation-programs/806-survival-center.
6. 同上。
7. ドレッサーの経歴に関する情報は、ドレッサーとの電話での会話（2009年11月23日）、ルイジアナ州ニューオリンズでの会話（2010年12月1日）、電話での会話（2012年4月17日）など、複数の会話より。
8. ドレッサーとの会話（2009年11月）。
9. ドレッサーとの会話（2010年12月）。B. L. Dresser et al., "Induction of Ovulation and Successful Artificial Insemination in a Persian Leopard (*Panthera pardus saxicolor*)," *Zoo Biology* 1, no. 1 (1982): 55–57; C. E. Pope et al., "Birth of Western Lowland Gorilla (*Gorilla gorilla gorilla*) Following In Vitro Fertilization and Embryo Transfer," *American Journal of Primatology* 41, no. 3 (1997): 247–60.
10. ドレッサーとの会話（2009年11月）。
11. 絶滅危惧種での補助的生殖技術の利用について詳細は、以下を参照。S. M. H Andrabi and W. M. C. Maxwell, "A Review on Reproductive Biotechnologies for Conservation of Endangered Mammalian Species," *Animal Reproduction Science* 99 (2007): 223–43.
12. ドレッサーとの会話（2009年11月、2010年12月）；Martha C. Gomez et al., "Birth of African Wildcat Cloned Kittens Born from Domestic Cats," *Cloning and Stem Cells* 6 (2004): 247–58.
13. ドレッサーとの会話（2009年11月）；ドレッサーとの電話での会話（2011年3月25日）；Robert P. Lanza et al., "Cloning Noah's Ark," *Scientific American*, November 2000, 84–89; William V. Holt et al., "Wildlife Conservation and Reproductive Cloning," *Reproduction* (March 2004): 317–24; Oliver A. Ryder, "Cloning Advances and Challenges for Conservation," *TRENDS in Biotechnology* 20, no. 6 (June 2002): 231–32.

90. ウォルトンとの会話(2010年12月)。"Champion Steer at Iowa State Fair Continues Reign," Bovance, www.bovance.com/news_083010.htm（確認できず。以下で閲覧可能：http://www.transova.com/press/BOV_Iowa%20Champion%20Steer%20Press%20Release_FINAL_083010.pdf）
91. ウォルトンとの電話での会話（2012年2月6日）。
92. ウォルトンとの会話（2010年12月）。
93. ウォルトンから著者へのEメール（2011年6月29日）。
94. 同上。
95. "Charmayne James and Scamper," ViaGen, www.viagen.com/benefits/success-stories/horse-owners-and-breeders-james/（確認できず）
96. Rory Carroll, "Argentinian Polo Readies Itself for Attack of the Clones," *Guardian*, June 5, 2011, www.guardian.co.uk/world/2011/jun/05/argentinian-polo-clones-player.
97. "FEI Spring Bureau Meeting Update," Fédération Equestre Internationale, June 18, 2012, http://www.fei.org/news/fei-spring-bureau-meeting-update. Kastalia Medrano, "Cloned Horses Coming to the Olympics?" *National Geographic News*, August 3, 2012, http://news.nationalgeographic.com/news/2012/08/120808-cloned-horses-clones-science-london-olympics-2012-equestrian/.
98. ウォルトンとの会話（2010年12月）。
99. Center for Veterinary Medicine, *Animal Cloning: A Risk Assessment*.
100. ウォルトンとの会話（2010年12月）。
101. 同上。
102. "About PerPETuate, Inc.," PerPETuate, Inc., www.perpetuate.net/about/（確認できず。以下が閲覧可能：http://www.perpetuate.net/index.html）
103. 同上。
104. パーペチュエイト社に関する情報は、ロン・ガレスピーとの電話での会話（2011年6月3日）。
105. 同上。
106. ガレスピーとの会話。
107. "RNL Bio and Start Licensing Settled Patent Disputes and Concluded a License Agreement," PR Newswire, www.prnewswire.com/news-releases/rnl-bio-and-start-licensing-settled-patent-disputes-and-concluded-a-license-agreement-81191552.html.
108. ガレスピーとの会話。
109. "Our Pricing," PerPETuate, Inc., www.perpetuate.net/pricing/（確認できず。以下が閲覧可能：http://www.perpetuate.net/pricing.html）
110. 同上。
111. 同上。
112. クリーマーとの会話（2010年12月）；ウェストヒューズンとの会話（2011年5月）；M. E. Westhusin et al., "Rescuing Valuable Genomes by Animal Cloning: A Case for Natural Disease Resistance in Cattle," *Journal of Animal Science* 85, no. 1 (2007): 138–42.

70. 同上。
71. "A Dog's Life," *Nature* 436 (August 4, 2005): 604.
72. 同上。
73. "Golden Clone Giveaway," BioArts International, July 5, 2008, www.bestfriendsagain.com/goldenclonegiveaway/index.html（サイトはすでに閉鎖。以下を通してアクセス：http://web.archive.org/web/20080705173449/www.bestfriendsagain.com/goldenclonegiveaway/index.html）
74. "Team Trakr," Team Trakr Foundation, www.teamtrakr.org（確認できず）
75. "Animal Welfare," 9 C.F.R., Chapter 1, Subchapter A, Parts 1–3. これらの規制の詳細と法令の全文は以下。"Animal Welfare Act," National Agricultural Library, United States Department of Agriculture, http://awic.nal.usda.gov/government-and-professional-resources/federal-laws/animal-welfare-act.
76. "Exercise for Dogs," 9 C.F.R. Chapter 1, Subchapter A, Part 3, Section 3.8.
77. "Code of Bioethics," Genetic Savings & Clone, May 10, 2006, www.savingsandclone.com/ethics/code_of_bioethics_pet2000.html（サイトはすでに閉鎖。以下を通してアクセス：http://web.archive.org/web/20060510145114/www.savingsandclone.com/ethics/code_of_bioethics_pet2000.html）
78. 「遺伝学と社会センター」では、各種の動物のクローニングに関する世論調査の結果を掲載している。"Animal and Pet Cloning Opinion Polls," Center for Genetics and Society, www.geneticsandsociety.org/article.php?id=470. 以下も参照。"Cloning," Gallup, Inc., www.gallup.com/poll/6028/cloning.aspx; Lydia Saad, "Doctor-Assisted Suicide Is Moral Issue Dividing Americans Most," www.gallup.com/poll/147842/doctor-assisted-suicide-moral-issue-dividing-americans.aspx.
79. Animal Welfare Act, 7 U.S.C., Chapter 54, Sections 2131–2159.
80. Hawthorne, "A Project to Clone Companion Animals," 229–31.
81. ウェストヒューズンから著者へのEメール（2012年2月7日）。
82. ウェストヒューズンから著者へのEメール（2012年2月2日）。
83. Office of Laboratory Animal Welfare, National Institutes of Health, *Public Health Service Policy on Humane Care and Use of Laboratory Animals* (rev. August 2002).
84. ウェストヒューズンから著者へのEメール（2012年2月2日）。
85. 同上。
86. Lou Hawthorne, "Six Reasons We're No Longer Cloning Dogs."
87. 同上。
88. Fiona Macrae, "Dolly Reborn! Four Clones Created of Sheep That Changed Science," *Daily Mail*, November 30, 2010, www.dailymail.co.uk/sciencetech/article-1334201/Dolly-reborn-Four-clones-created-sheep-changed-science.html.
89. ウォルトンとの会話（2010年12月）。"Apple 2 Wins at World Dairy Expo," Bovance, www.bovance.com/news_102008.html（確認できず。以下で閲覧可能：http://www.filamentmarketing.com/NEWS/Bovance_PR101708.htm）

54. クリーマーとの会話（2010年12月）。
55. “Background: Missyplicity Project,” BioArts International; Paul Elias, “Cat-Cloning Company to Close Its Doors,” Associated Press, October 12, 2006.
56. “BioArts Team: Lou Hawthorne,” BioArts International, http://bioartsinternational.com/team.htm.
57. “Missy: Accomplished!” BioArts International, February 3, 2009, http://bestfriendsagain.com/missyplicity/missy.html（サイトはすでに閉鎖。以下を通してアクセス：http://web.archive.org/web/20090203144135/http://bestfriendsagain.com/missyplicity/missy.html）
58. B. C. Lee, “Dogs Cloned from Adult Somatic Cells,” *Nature* 436 (August 4, 2005): 641.
59. “Missy: Accomplished!,” BioArts International.
60. 同上。
61. “A Rose Is a Rose,” BioArts International, February 3, 2009, www.bestfriendsagain.com/missyplicity/rose.html（サイトはすでに閉鎖。以下を通してアクセス：http://web.archive.org/web/20090203042926/http://bestfriendsagain.com/missyplicity/rose.html）
62. ファンの信用失墜については以下。David Cyranoski, “Verdict: Hwang's Human Stem Cells Were All Fakes,” *Nature* 439 (January 12, 2006): 122–23; David Cyranoski, “Woo Suk Hwang Convicted, but Not of Fraud,” *Nature* 461 (October 26, 2009); and “Timeline of a Controversy,” *Nature*, December 19, 2005, www.nature.com/news/2005/051219/full/news051219-3.html.
63. Ed Pilkington, “Dog Hailed as Hero Cloned by California Company,” *Guardian*, June 18, 2009, www.guardian.co.uk/world/2009/jun/18/trakr-dog-september-11-clone.
64. ウェストヒューズンとの会話（2011年5月）。マーク・ウォルトンと著者のテキサス州オースティンでの会話（2010年12月3日）。Lou Hawthorne, “Six Reasons We're No Longer Cloning Dogs,” BioArts International, September 10, 2009, http://www.bioartsinternational.com/press_release/ba09_09_09.htm; Woestendiek, *Dog, Inc.*
65. “Auction Information,” BioArts International, May 25, 2008, www.bestfriendsagain.com/auction/index.html（サイトはすでに閉鎖。以下を通してアクセス：http://web.archive.org/web/20080525201755/www.bestfriendsagain.com/auction/index.html）; “Golden Clone Giveaway: Rules,” BioArts International, June 4, 2008, www.bestfriendsagain.com/goldenclonegiveaway/rules.html（サイトはすでに閉鎖。以下を通してアクセス：http://web.archive.org/web/20080604090315/www.bestfriendsagain.com/goldenclonegiveaway/rules.html）
66. Nuffield Council on Bioethics, *The Ethics of Research Involving Animals*, 7.
67. 身体的苦痛と精神的苦痛の相違について、また実験動物に対してこれらの苦痛を与える可能性のある原因については、同上、61–81.
68. マーク・ベコフとの電話での会話（2011年11月2日）。
69. The Humane Society of the United States and the American Anti-Vivisection Society, *Pet Cloning Is NOT for Pet Lovers* (May 22, 2008).

36. 同上。
37. 同上。
38. 同上。
39. シャーリー・クリーマーと著者とのテキサス州カレッジステーションでの会話（2010年12月5日）。
40. クリーマーとの会話（2010年12月）。
41. クリーマーとの会話（2011年6月）。
42. クリーマーとの会話（2010年12月、2011年6月）。
43. チャンスのクローン作製に関する詳細はウェストヒューズンとの会話（2011年5月）。チャンス2号が2回目にフィッシャーを襲ったとき、フィッシャーと彼の雄ウシたちの番組を撮影していたテレビ版『This American Life』の取材チームがたまたま牧場に居合わせた。その翌日、番組のホストを務めるアイラ・グラスが、病院のベッドにいるフィッシャーにインタビューした（"Reality Check," *This American Life*, season 1, episode 1, 2007年3月27日放送）。
44. ウェストヒューズンとの会話（2011年5月）。
45. クリーマーとの会話（2010年12月）。
46. クリーマーとの会話（2009年10月）。
47. "Nine Lives Extravaganza," Genetic Savings & Clone, August 8, 2004, http://savingsandclone.com/services/9lives.html（サイトはすでに閉鎖。以下を通してアクセス：http://web.archive.org/web/20040808043806/http://savingsandclone.com/services/9lives.html）; John Suval, "Cloning for Cash: A&M's Pet Project Spawns a Company to Mix DNA with Possible IPOs," *Houston Press*, April 20, 2000; Wade Roush, "Genetic Savings & Clone: No Pet Project," *Technology Review*, March 2005; Ivan Oransky, "Cloning for Profit: Cloned Kittens Are Cute, but How Profitable Are Animal Cloning Companies?" *The Scientist*, January 31, 2005; Maryann Mott, "Cat Cloning Offered to Pet Owners," *National Geographic News*, March 25, 2004; "Bereaved Cat Owner Gets $50,000 Clone," *New York Times*, December 23, 2004, http://query.nytimes.com/gst/fullpage.html?res=9503E1DE1130F930A15751C1A9629C8B63.
48. "Cat Cloning," Genetic Savings & Clone, April 27, 2006, http://savingsandclone.com/services/cat_cloning.html（サイトはすでに閉鎖。以下を通してアクセス：http://web.archive.org/web/20060427120819/http://savingsandclone.com/services/cat_cloning.html）
49. "First-Ever Presentation of Pet Clone to Paying Client," Genetic Savings & Clone, December 23, 2004, www.savingsandclone.com/news/press_releases_11.html（サイトはすでに閉鎖。以下を通してアクセス：http://web.archive.org/web/20060510143749/www.savingsandclone.com/news/press_releases_11.html）
50. 同上。
51. クリーマーとの会話（2010年12月）。Woestendiek, *Dog, Inc.*
52. ウェストヒューズンとの会話（2011年5月）およびEメール（2012年6月）。
53. ウェストヒューズンとの会話（2011年5月）。

詳しく書いている。

15. Schaffer, *One Nation Under Dog*, ペットの死を扱う業界の急成長ぶりにも注目している。
16. Hawthorne, “A Project to Clone Companion Animals.”
17. “Genetic Savings & Clone Gift Certificates: The Perfect 21st Century Stocking Stuffer,” Genetic Savings & Clone, November 20, 2001, www.savingsandclone.com/news/press_releases_05.html（サイトはすでに閉鎖。以下を通してアクセス：http://web.archive.org/web/20060510144138/www.savingsandclone.com/news/press_releases_05.html）
18. マーク・ウェストヒューズンから著者へのEメール（2012年6月12日）。
19. Taeyoung Shin et al., “A Cat Cloned by Nuclear Transplantation,” *Nature* 415 (February 21, 2002): 859.
20. 体細胞核移植法の基礎については以下。Wilmut and Highfield, *After Dolly*, 116–18; and Nicholl, *An Introduction to Genetic Engineering*.
21. レインボーのクローン作製手順の概要は以下。Shin et al., “A Cat Cloned by Nuclear Transplantation.”（より詳細な手順が掲載された、この論文の補足情報は以下で入手可能：www.nature.com/nature/journal/v415/n6874/suppinfo/nature723.html）
22. この「だまされた」という説明は、ドリーのチームを率いた科学者のイアン・ウィルマットによる。体細胞核移植法についてのウィルマットの説明は以下。Wilmut and Highfield, *After Dolly*, 118.
23. Shin et al., “A Cat Cloned by Nuclear Transplantation.”
24. ウェストヒューズンから著者へのEメール（2012年2月22日）。
25. ミトコンドリアDNAについて、また体細胞核移植法で作製された動物が遺伝子提供者と完全に同じではない理由についての説明は以下。Wilmut and Highfield, *After Dolly*, 133–34; “Mitochondrial DNA,” National Library of Medicine, National Institutes of Health, https://ghr.nlm.nih.gov/mitochondrial-dna. ウェストヒューズンから著者へのEメール（2012年2月2日）。
26. Wilmut et al., “Viable Offspring”; Wilmut and Highfield, *After Dolly*, 124.
27. Wilmut and Highfield, *After Dolly*, 25–31.
28. Center for Veterinary Medicine, U.S. Food and Drug Administration, *Animal Cloning: A Risk Assessment* (Rockville, MD: January 8, 2008), 以下で入手可能：www.fda.gov/AnimalVeterinary/SafetyHealth/AnimalCloning/UCM055489.
29. 同上。
30. 同上、10.
31. ウェストヒューズンとの会話（2011年5月）。
32. リプログラミングの失敗およびクローンでの異常な遺伝子発現について詳細は、以下を参照。Center for Veterinary Medicine, *Animal Cloning: A Risk Assessment*, 59–92.
33. Shin et al., “A Cat Cloned by Nuclear Transplantation.”
34. クリーマーとの会話（2010年12月）。
35. クリーマーの経歴の詳細は同上。

January 28, 2009（確認できず。以下で閲覧可能：http://www.today.com/id/28892792/ns/today-today_pets/t/couple-spend-clone-dead-dog/#.Vx2OpvmLRaQ）

3. ドリーについては以下を参照。Ian Wilmut et al., "Viable Offspring Derived from Fetal and Adult Mammalian Cells," *Nature* 385 (February 27, 1997): 810–13; Ian Wilmut and Roger Highfield, *After Dolly: The Uses and Misuses of Human Cloning* (New York: W. W. Norton & Co., 2006).
4. Nicholl, *An Introduction to Genetic Engineering*.
5. National Agricultural Statistics Service, United States Department of Agriculture, *Census of Agriculture State Profile*: Texas (USDA, 2007), 以下で入手可能：www.agcensus.usda.gov/Publications/2007/Online_Highlights/County_Profiles/Texas/cp99048.pdf.
6. O・J・バトラーJr・アニマルサイエンス・コンプレックスには、あわせて580エーカーの広さをもつシープ、ゴート、およびビーフセンターと、120エーカーのホースセンターがある。"O. D. Butler, Jr., Animal Science Complex," Texas A&M University, http://animalscience.tamu.edu/about/facilities/butler-ansc-complex/; "Horse Center," Texas A&M University, http://animalscience.tamu.edu/about/facilities/horse-center/.
7. デュエイン・クリーマーと著者のテキサス州カレッジステーションでの会話（2010年12月5日）。
8. 同上。マーク・ウェストヒューズンとの電話での会話（2011年5月26日）。"Missy: Our Inspiration," Genetic Savings & Clone, April 27, 2006, www.savingsandclone.com/about_us/missy.html（サイトはすでに閉鎖。以下のインターネットアーカイブを通してアクセス：http://web.archive.org/web/20060427111502/www.savingsandclone.com/about_us/missy.html）; "Background: Missyplicity Project," BioArts International, January 31, 2009, http://bestfriendsagain.com/missyplicity/index.html（サイトはすでに閉鎖。以下を通してアクセス：http://web.archive.org/web/20090131060948/http://bestfriendsagain.com/missyplicity/index.html）; "About the Original," BioArts International, February 3, 2009, http://bestfriendsagain.com/missyplicity/original.html（サイトはすでに閉鎖。以下を通してアクセス：http://web.archive.org/web/20090203144140/http://bestfriendsagain.com/missyplicity/original.html）; John Woestendiek, *Dog, Inc.* (New York: Penguin, 2010), 96.
9. Woestendiek, *Dog, Inc.*
10. ウェストヒューズンとの会話（2011年5月）および著者へのEメール（2012年2月22日）。クリーマーとの会話（2010年12月）。
11. Lou Hawthorne, "A Project to Clone Companion Animals," *Journal of Applied Animal Welfare Science* 5, no. 3 (2002): 229–31.
12. クリーマーとの会話（2010年12月）。
13. Hawthorne, "A Project to Clone Companion Animals."
14. Michael Schaffer, *One Nation Under Dog* (New York: Henry Holt and Co., 2009), 18. この本は、人間社会でのペットの立場の向上とそれに伴うあらゆる成り行きについても

by RNA Interference," *PNAS* 103, no. 14 (2006): 5285–90.
77. Richard Gray, "Cows Genetically Modified to Produce Healthier Milk," *The Telegraph*, June 17, 2012, www.telegraph.co.uk/news/science/science-news/9335762/Cows-genetically-modified-to-produce-healthier-milk.html.
78. Houdebine, "Production of Pharmaceutical Proteins by Transgenic Animals"; Dyck, "Making Recombinant Proteins in Animals."
79. Dyck, "Making Recombinant Proteins in Animals."
80. Masahiro Tomita et al., "Transgenic Silkworms Produce Recombinant Human Type III Procollagen in Cocoons," *Nature Biotechnology* 21, no. 1 (2003): 52–56.
81. A. J. Harvey and R. Ivarie, "Validating the Hen as a Bioreactor for the Production of Exogenous Proteins in Egg White," *Poultry Science* 82, no. 6 (2003): 927–30.
82. ヘレン・サングとの電話での会話（2011年8月31日）。
83. S. G. Lillico et al., "Oviduct-Specific Expression of Two Therapeutic Proteins in Transgenic Hens," *Proceedings of the National Academy of Sciences* 104, no. 6 (2007): 1771–76; ヘレン・サングとの電話での会話（2011年8月31日）
84. 治療用のタンパク質をもつ卵について詳細は、以下を参照。James N. Petitte and Paul E. Mozdziak, "The Incredible, Edible, and Therapeutic egg," *Proceedings of the National Academy of Sciences* 104, no. 6 (2007): 1739–40.
85. ヴァン・イーネンナームとの会話。
86. 同上。マレーおよびマーガとの会話（2012年1月）。
87. Daniel G. Gibson, et al, "Creation of a Bacterial Cell Controlled by a Chemically Synthesized Genome," *Science* 329 (July 2, 2010): 52–56. Elizabeth Pennisi, "Synthetic Genome Brings New Life to Bacterium," *Science* 328 (May 21, 2010): 958–59.
88. Andrew Pollack, "Move to Market Gene-Altered Pigs in Canada Is Halted," *New York Times*, April 3, 2012, www.nytimes.com/2012/04/04/science/gene-altered-pig-project-in-canada-is-halted.html?hpw.
89. S. P. Golovan et al., "Pigs Expressing Salivary Phytase Produce Low-Phosphorus Manure," *Nature Biotechnology* 19, no. 8 (2001): 741–45. あまり専門的ではない概説は、以下を参照。"Enviropig," University of Guelph, www.uoguelph.ca/enviropig/.
90. Pollack, "Move to Market Gene-Altered Pigs."
91. Sarah Schmidt, "Genetically Engineered Pigs Killed after Funding Ends," Postmedia News, June 22, 2012, www.canada.com/technology/Genetically+engineered+pigs+killed+after+funding+ends/6819844/story.html.
92. マレーとの会話（2012年1月）。

第３章　ペットのクローン作ります

1. "At Play with Firm's Clone Kittens," BBC News, August 9, 2004, http://news.bbc.co.uk/2/hi/science/nature/3548210.stm.
2. Michael Inbar, "Encore! Couple Spend $155,000 to Clone Dead Dog," MSNBC.com,

55. Wolfgang Enard et al., "A Humanized Version of Foxp2 Affects Cortico-basal Ganglia Circuits in Mice," *Cell* 135, no. 5 (2009): 961–71.
56. Kirill Rossiianov, "Beyond Species: Il'ya Ivanov and His Experiments on Cross-Breeding," *Science in Context* 15, no. 2 (2002), 277–316.
57. Academy of Medical Sciences, *Animals Containing Human Material*, 9.
58. 同上、103–104.
59. マレーとの会話（2012年2月）。
60. Academy of Medical Sciences, *Animals Containing Human Material*, 7.
61. Jason Scott Robert and Francoise Baylis, "Crossing Species Boundaries," *American Journal of Bioethics* 3, no. 3 (Summer 2003): 1–13.
62. J. C. Dunning Hotopp, "Horizontal Gene Transfer Between Bacteria and Animals," *Trends in Genetics* 27, no. 4 (2011): 157–63.
63. Mariana M. Hecht et al., "Inheritance of DNA Transferred from American Trypanosomes to Human Hosts," *PLoS ONE* 5, no. 2 (2010): e9181.
64. Nancy A. Moran and Tyler Jarvik, "Lateral Transfer of Genes from Fungi Underlies Carotenoid Production in Aphids," *Science* 328, no. 5978 (2010): 624–27.
65. 廃水とバイオテクノロジーの両方で嫌悪因子がどのように現れるかについての詳細は以下を参照。Charles W. Schmidt, "The Yuck Factor: When Disgust Meets Discovery," *Environmental Health Perspectives* 116, no. 12 (2008): A524–27.
66. Leon R. Kass, "The Wisdom of Repugnance," *The New Republic*, June 2, 1997, 20. 別の見解については、以下を参照。Mary Midgley, "Biotechnology and Monstrosity: Why We Should Pay Attention to the "Yuk Factor,' " *Hastings Center Report* 30, no. 5 (2000): 7–15.
67. Academy of Medical Sciences, *Animals Containing Human Material*, 70.
68. 著者はこの類似を単純に思いついただけだったが、かつては一般的だった異人種カップルを目にしたときの嫌悪は、多くの倫理学者によって嫌悪が知恵とは限らない証拠として引き合いに出されている。
69. Rollin, *The Frankenstein Syndrome*; ローリンとの電話での会話（2012年2月13日）。
70. ローリンとの会話。
71. ベルツビルのブタについては以下を参照。Rollin, *The Frankenstein Syndrome*. Committee on Defining Science-Based Concerns Associated with Products of Animal Biotechnology et al., *Animal Biotechnology: Science Based Concerns* (Washington, DC: The National Academies Press, 2002), 98.
72. マレーおよびマーガとの会話（2012年1月）；マレーとの会話（2012年2月）。
73. "FDA Approves Orphan Drug ATryn," U.S. FDA.
74. Rollin, *The Frankenstein Syndrome*.
75. マレーとの会話（2011年）；マレーおよびマーガとの会話（2012年1月）；Maga et al., "Production and Processing of Milk from Transgenic Goats."
76. Jürgen A. Richt et al., "Production of Cattle Lacking Prion Protein," *Nature Biotechnology* 25 (2007): 132–38; Michael C. Golding et al., "Suppression of Prion Protein in Livestock

41. *Animal-to-Human Transplants: The Ethics of Xenotransplantation* (London: Nuffield Council on Bioethics, 1996); L. L. Bailey et al., "Baboon-to-Human Cardiac Xenotransplantation in a Neonate," *Journal of the American Medical Association* 254 (1985):3321–29.
42. U.S. Department of Agriculture, *Annual Report Animal Usage by Fiscal Year*, 2010 (July 27, 2011), 以下でダウンロード可能：www.aphis.usda.gov/animal_welfare/efoia/downloads/2010_Animals_Used_In_Research.pdf.
43. Nicole L. Miller and Brant R. Fulmer, "Injection, Ligation and Transplantation: The Search for the Glandular Fountain of Youth," *The Journal of Urology* 177 (June 2007): 2000–2005.
44. Nuffield Council on Bioethics, *Animal-to-Human Transplants*, 26.
45. 遺伝子組み換えによって異種間移植が可能になった経緯の詳細は以下。同上；L. Paterson et al., "Application of Reproductive Biotechnology in Animals: Implications and Potentials. Applications of Reproductive Cloning," *Animal Reproductive Science* 79, nos. 3–4 (2003): 137–43; Murray et al., "Current Status of Transgenic Animal Research"; Desmond S. T. Nicholl, *An Introduction to Genetic Engineering*, 3rd ed. (Cambridge, UK: Cambridge University Press, 2008), 276; "Xenotransplantation," U.S. FDA.
46. Heather Mason Kiefer, "Americans Unruffled by Animal Testing," Gallup, Inc., May 25, 2004, www.gallup.com/poll/11767/americans-unruffled-animal-testing.aspx.
47. 遺伝子組み換え動物に対する一般的反応の概要は、以下を参照。Phil Macnaghten, "Animals in Their Nature: A Case Study on Public Attitudes to Animals, Genetic Modification, and 'Nature,' " *Sociology* 38, no. 3 (2004): 533–51; E. F. Einsiedel, "Public Perceptions of Transgenic Animals," *Revue Scientifique et Technique* 24, no. 1 (2005): 149–57. 同じ問題に関する研究者の意見は、以下の一連の論文を参照。*The American Journal of Bioethics* 3, no. 3 (2003). 以下も参照。Bernard Rollin, *The Frankenstein Syndrome* (Cambridge, UK: Cambridge University Press, 1995).
48. Herzog, *Some We Love*, 191（『ぼくらはそれでも肉を食う』).
49. 同上。
50. Esmail D. Zanjani et al., "Generation of Functional Humanized Liver in Sheep by Bone Marrow Cells," *The Journal of Federation of American Societies for Experimental Biology* 23 (April 2009): 186.3; Judith A. Airey et al., "Human Mesenchymal Stem Cells Form Purkinje Fibers in Fetal Sheep Heart," *Circulation* 109 (2004): 1401–1407; Adel Ersek et al., "Persistent Circulating Human Insulin in Sheep Transplanted In Utero with Human Mesenchymal Stem Cells," *Experimental Hematology* 38, no. 4 (2010): 311–20.
51. Louisiana Rev. Stat. 14:89.6 (2009). Arizona Rev. Stat. 36–2311 (2010).
52. Human-Animal Hybrid Prohibition Act of 2009, S. 1435, 111th Cong. (2009). ブラウンバックは2009年にこの法案を提出したが、上院は審議しなかった。
53. 実際には著者も、医学アカデミーの報告書（*Animals Containing Human Material*）を読むまではこの議論の逆の面に気づいていなかった。
54. Academy of Medical Sciences, *Animals Containing Human Material*, 46–48.

Kleinman, "Infant Formula, Past and Future: Opportunities for Improvement," *American Journal of Clinical Nutrition* 63 (1996): 646S–650S.
19. E. A. Maga et al., "Production and Processing of Milk from Transgenic Goats Expressing Human Lysozome in the Mammary Gland," *Journal of Dairy Science* 89 (2006): 518–24. マレーおよびマーガとの会話（2012年1月）。
20. マレーとの会話（2012年2月）。
21. マレーおよびマーガとの会話（2012年1月）。
22. マレーとの会話（2012年1月）。
23. Maga et al., "Production and Processing of Milk from Transgenic Goats."
24. 同上。
25. Brundige et al., "Consumption of Pasteurized Human Lysozyme"; C. A. Cooper et al., "Lysozyme Transgenic Goats' Milk Positively Impacts Intestinal Cytokine Expression and Morphology," *Transgenic Research* 20, no. 6 (2011): 1235–43.
26. Brundige et al., "Lysozyme Transgenic Goats' Milk."
27. マレーおよびマーガとの会話（2012年1月）。
28. マレーとの会話（2012年1月）。
29. 同上。
30. マレーおよびマーガとの会話（2011年）。
31. ブラジルの協力について詳細は、マレーおよびマーガとの会話（2011年、2012年1月）。"U.S.-Brazilian Research Team to Tackle Deadly Intestinal Diseases with Genetically Enhanced Goats' Milk," UC Davis, www.ucdavis.edu/news/us-brazilian-research-team-tackle-deadly-intestinal-diseases-genetically-enhanced-goats-milk.
32. マレーおよびマーガとの会話（2012年1月）；ヴァン・イーネンナームとの会話；Nicolas Rigaud, *Biotechnology: Ethical and Social Debates* (OECD International Futures Programme, February 2008); "Brazil's Biotech Boom," *Nature* 466, no. 7304 (2010): 295.
33. "U.S.-Brazilian Research Team," UC Davis.
34. マレーおよびマーガとの会話（2012年1月）；マーガとの会話（2012年4月）。
35. Peter Singer, *Animal Liberation*, rev. ed. (1975; New York: HarperPerennial, 2009)（シンガー『動物の解放』戸田清訳、人文書院）.
36. マーガから著者へのEメール（2012年6月13日）。
37. Home Office, *Statistics of Scientific Procedures on Living Animals, Great Britain 2010* (London: The Stationery Office Limited, 2011), 以下で入手可能：www.homeoffice.gov.uk/publications/science-research-statistics/research-statistics/other-science-research/spanimals10/spanimals10?view=Binary.
38. Kenichi Yagami et al., "Survey of Live Laboratory Animals Reared in Japan (2009)," *Experimental Animals* 59, no. 4 (2010): 531–35.
39. リチャード・トワインと著者との電話での会話（2012年2月21日）。
40. "Xenotransplantation," U.S. Food and Drug Administration, www.fda.gov/biologicsbloodvaccines/xenotransplantation/default.htm.

Administration, February 6, 2009, www.fda.gov/NewsEvents/Newsroom/PressAnnouncements/ucm109074.htm; "ATryn® (Antithrombin [Recombinant]) Approved by the FDA," GTC Biotherapeutics, February 6, 2009, www.gtc-bio.com/pressreleases/pr020609.html（確認できず。 以下が閲覧可能：http://www.reuters.com/article/idUS213651+06-Feb-2009+BW20090206）. 規制に関する文書など多くの情報を、以下で入手可能: "ATryn," U.S. Food and Drug Administration, www.fda.gov/BiologicsBloodVaccines/BloodBloodProducts/ApprovedProducts/LicensedProductsBLAs/FractionatedPlasmaProducts/ucm134042.htm.

6. GTC社が遺伝子組み換えヤギの作製に用いた手順は、以下をはじめとした多くの場所で詳述されている。Kling, "First US Approval for a Transgenic Animal Drug"; "How It Works," GTC Therapeutics, www.gtc-bio.com/science.html; and "Questions by Scientists," GTC Therapeutics, www.gtc-bio.com/science/questions.html（以上、確認できず）
7. Kling, "First US Approval for a Transgenic Animal Drug."
8. "The GTC Biotherapeutics Production Facility," GTC Biotherapeutics, www.gtc-bio.com/science/production.html（確認できず）
9. "Questions by Scientists," GTC Therapeutics.
10. Kling, "First US Approval for a Transgenic Animal Drug."
11. 詳細は以下を参照。"Ruconest," Pharming Group NV, http://www.pharming.com/products/ruconest.
12. James D. Murray et al., "Current Status of Transgenic Animal Research for Human Health Applications," in "24th Brazilian Embryo Technology Society (SBTE) Annual Meeting," supplement 2, *Acta Scientiae Veterinariae* 38 (2010): s627–32.
13. Dottie R. Brundige et al., "Lysozyme Transgenic Goats' Milk Influences Gastrointestinal Morphology in Young Pigs," *Journal of Nutrition* 138 (2008): 921–26; Lene Schack-Nielson and Kim F. Michaelsen, "Advances in Our Understanding of the Biology of Human Milk and Its Effects on the Offspring," *The Journal of Nutrition* 137, no. 2 (2007): 503S–510S.
14. P. W. Howie et al., "Protective Effect of Breast Feeding Against Infection," *BMJ* 300 (January 6, 1990): 11–16.
15. マレーとの会話（2011年）。
16. C. L. Keefer, "Production of Bioproducts Through the Use of Transgenic Animal Models," *Animal Reproduction Science* 82–83 (2004): 5–12; Houdebine, "Production of Pharmaceutical Proteins by Transgenic Animals"; Dyck, "Making Recombinant Proteins in Animals"; マレーとの電話での会話（2012年2月29日）; マレーとの会話（2011年）。
17. Elizabeth A. Maga et al., "Consumption of Milk from Transgenic Goats Expressing the Human Lysozyme in the Mammary Gland Results in the Modulation of Intenstinal Microflora," *Transgenic Research* 15 (2006): 515–19.
18. マーガとの電話での会話（2012年4月16日）; Clifford W. Lo and Ronald E.

59. ブレイクとの会話（2010年1月および12月）。ブレイクは販売に関する具体的な数字はあきらかにしなかったが、「私たちの魚は市場でも指折りの人気を誇っている」と言った。
60. ブレイクとの会話（2010年12月）および著者へのEメール（2012年2月1日）。
61. ブレイクとの会話（2010年1月）。
62. ブレイクとの電話での会話（2011年9月6日）および会話（2010年12月）。
63. この会社のWebサイト : www.azoo.com.tw/.
64. "Recent Findings," Mellman Group, Inc., and Public Opinion Strategies, Inc., to the Pew Initiative on Food and Biotechnology, memorandum, November 7, 2005, 以下で入手可能：www.pewtrusts.org/~/media/legacy/uploadedfiles/wwwpewtrustsorg/news/press_releases/food_and_biotechnology/pifbpublicsentimentgmfoods2005pdf.pdf.
65. ブレイクから著者へのEメール（2012年8月2日、8月20日）。
66. ブレイクとの会話（2010年1月）。
67. ブレイクとの電話での会話（2010年10月13日）。

第2章　命を救うヤギミルク

1. ジェイムズ・マレーとの電話での会話（2011年9月1日）；マレーおよびエリザベス・マーガと著者とのカリフォルニア州デービスでの会話（2012年1月24日）
2. Louis-Marie Houdebine, "Production of Pharmaceutical Proteins by Transgenic Animals," *Comparative Immunology, Microbiology and Infectious Diseases* 32 (2009): 107–21; Michael K. Dyck, "Making Recombinant Proteins in Animals — Different Systems, Different Applications," *TRENDS in Biotechnology* 21, no. 9 (2003): 394–99; マレーとの会話（2011年9月）；マレーおよびマーガとの会話（2012年1月）。
3. マレーとの会話（2011年9月）；マレーおよびマーガとの会話（2012年1月）。
4. C. W. Pittius et al., "A Milk Protein Gene Promoter Directs the Expression of Human Tissue Plasminogen Activator cDNA to the Mammary Gland in Transgenic Mice," *Proceedings of the National Academy of Sciences* 85 (1988): 5874–78; K. Gordon et al., "Production of Human Tissue Plasminogen Activator in Transgenic Mouse Milk," *Bio/Technology* 5 (1987): 1183–87; G. Wright et al., "High Level Expression of Active Human Alpha-1-Antitrypsin in the Milk of Transgenic Sheep," *Nature Biotechnology* 9 (1991): 830–34.
5. アンチトロンビンおよびアトリンに関する情報源は以下をはじめ多数。"Hereditary Antithrombin Deficiency," U.S. National Library of Medicine, National Institutes of Health, http://ghr.nlm.nih.gov/condition/hereditary-antithrombin-deficiency; Jim Kling, "First US Approval for a Transgenic Animal Drug," Nature Biotechnology 27, no. 4 (2009): 302–304; "Summary Basis for Regulatory Action — ATryn," U.S. Food and Drug Administration, www.fda.gov/biologicsbloodvaccines/bloodbloodproducts/approvedproducts/licensedproductsblas/fractionatedplasmaproducts/ucm134048.htm; "FDA Approves Orphan Drug ATryn to Treat Rare Clotting Disorder," U.S. Food and Drug

40. ペリー・ハケットとの電話での会話（2011年2月4日）。
41. ブレイクとの会話（2010年12月）。
42. ブレイクとの会話（2010年12月）。
43. Van Eenennaam and Olin, "Careful Risk Assessment Needed to Evaluate Transgenic Fish."
44. ブレイクとの会話（2010年12月）。
45. James Gorman, "When Fish Fluoresce, Can Teenagers Be Far Behind?" *New York Times*, December 2, 2003.
46. リチャード・トワインとの電話での会話（2009年11月11日）。
47. 議事録のオンラインビデオは、CAL-SPAN: California State Meetings Webcast Videoで入手可能。カリフォルニア州魚類鳥獣委員会の議事録は、以下で入手可能：www.cal-span.org/media.php?folder[]=CFG. 2003年12月3日の会合のビデオは、以下から直接ダウンロード可能 : mms://media.cal-span.org/calspan/Video_Files/CFG/CFG_03-12-03/CFG_03-12-03.wmv. 会合での詳細および引用はすべてビデオで直接見ることができる。
48. "Recent Findings," Mellman Group, Inc., and Public Opinion Strategies, Inc., to the Pew Initiative on Food and Biotechnology, memorandum, November 7, 2005, 以下で入手可能：www.pewtrusts.org/~/media/legacy/uploadedfiles/wwwpewtrustsorg/news/press_releases/food_and_biotechnology/pifbpublicsentimentgmfoods2005pdf.pdf.
49. ハラーマンとの会話（2011年2月）。
50. *A Healthier Future for Pedigree Dogs: The Report of the APGAW Inquiry into the Health and Welfare Issues Surrounding the Breeding of Pedigree Dogs* (London: Associate Parliamentary Group for Animal Welfare, November 2009).
51. James A. Serpell, "Anthropomorphism and Anthropomorphic Selection—Beyond the 'Cute Response,' " *Society & Animals* 11, no. 1 (2003): 83–100.
52. Nicola Rooney and David Sargan, "Pedigree Dog Breeding in the UK: A Major Welfare Concern?" (UK: Royal Society for the Prevention of Cruelty to Animals, 2009).
53. Serpell, "Anthropomorphism and Anthropomorphic Selection — Beyond the 'Cute Response.' "
54. Fossa, "Man-Made Fish"; Companion Animal Welfare Council, *Breeding and Welfare*.
55. United States Food and Drug Administration, "FDA Statement Regarding Glofish," December 9, 2003, 以下で入手可能：www.fda.gov/AnimalVeterinary/DevelopmentApprovalProcess/GeneticEngineering/GeneticallyEngineeredAnimals/ucm413959.htm.
56. ブレイクとの会話（2010年12月）。
57. Complaint, International Center for Technology Assessment v. Thompson, No. 1:04-CV-00062 (D.D.C. January 14, 2004), 以下で入手可能：www.centerforfoodsafety.org/files/glofishcomplaint1-14-2004.pdf.
58. Serpell, "Anthropomorphism and Anthropomorphic Selection — Beyond the 'Cute Response.' "

34. サーモンに関する情報は、以下をはじめとした数多くの情報源から得ている。"AquAdvantage Fish," AquaBounty Technologies, Inc., www.aquabounty.com/products/aquadvantage-295.aspx（確認できず）; "Frequently Asked Questions," AquaBounty Technologies, Inc., https://aquabounty.com/innovation/frequently-asked-questions/; Aqua Bounty Technologies, Inc, *Environmental Assessment for AquAdvantage® Salmon* (submitted to the Center for Veterinary Medicine, US Food and Drug Administration, August 25, 2010), 以下で入手可能：www.fda.gov/downloads/AdvisoryCommittees/.../UCM224760.pdf; Veterinary Medicine Advisory Committee, Center for Veterinary Medicine, Food and Drug Administration, *Briefing Packet: AquAdvantage Salmon* (September 20, 2010), 以下で入手可能：www.fda.gov/downloads/AdvisoryCommittees/. . ./UCM224762.pdf; *Future Fish: Issues in Science and Regulation of Transgenic Fish*; ハラーマンとの会話（2011年9月）。アクアドバンテージ・サーモンの誕生につながる最初の科学研究はShao Jun Du et al., "Growth Enhancement in Transgenic Atlantic Salmon by the Use of an 'All Fish' Chimeric Growth Hormone Gene Construct," *Nature Biotechnology* 10 (1992): 176–81.
35. ハラーマンとの会話（2011年9月）；アリソン・ヴァン・イーネンナームとの電話での会話（2012年2月8日）；Eenennaam and Muir, "Transgenic Salmon"; Van Eenennaam et al., *The Science and Regulation of Food from Genetically Engineered Animals*.
36. Van Eenennaam et al., *The Science and Regulation of Food from Genetically Engineered Animals*; ハラーマンとの会話（2011年9月）。
37. ヴァン・イーネンナームとの会話。Van Eenennaam and Muir, "Transgenic Salmon."
38. ブレイクとの会話（2010年12月）。
39. ハラーマンとの会話（2011年2月）。Van Eenennaam and Olin, "Careful Risk Assessment Needed to Evaluate Transgenic Fish"; Blake, "GloFish — The First Commercially Available Biotech Animal." GloFishのリスクに関するデータと分析は、カリフォルニア州魚類鳥獣保護局長代理のソンク・マストラプが書いたメモ、および専門家からアラン・ブレイクに宛てた一連の手紙にある。以下が含まれる。ソンク・マストラプからロバート・R・トレーナー宛てのメモ（2003年11月25日：www.glofish.com/files/CA-Fish-Game-Recommendation.pdf）；エリック・M・ハラーマンからブレイク宛ての手紙（2003年9月18日：www.glofish.com/files/Hallerman-Analysis-of-Fluorescent-Zebra-Fish.pdf）；ジェフリー・J・エスナーからブレイク宛ての手紙（2003年10月14日：www.glofish.com/files/Analysis-of-Fluorescent-Zebra-Fish-Temperature-Sensitivity.pdf）；ペリー・B・ハケットからブレイク宛ての手紙（2003年8月18日：www.glofish.com/files/Hackett-Analysis-of-Fluorescent-Tropical-Fish.pdf）；ウィリアム・ミューアからブレイク宛ての手紙（2003年11月16日：www.glofish.com/files/Muir-Analysis-of-Fluorescent-Zebra-Fish.pdf）；ジーユエン・ゴングからブレイク宛ての手紙（2003年9月3日：www.glofish.com/files/Gong-Analysis-of-Fluorescent-Zebra-Fish.pdf）。

28. 2009年、FDAは遺伝子組み換え生物の規制をどのように計画しているかの概要を示す文書を発表した。Center for Veterinary Medicine, U.S. Food and Drug Administration, *Guidance for Industry: Regulation of Genetically Engineered Animals Containing Heritable Recombinant DNA Constructs* (Rockville, MD: January 15, 2009), 以下で入手可能：www.fda.gov/downloads/AnimalVeterinary/GuidanceComplianceEnforcement/GuidanceforIndustry/UCM113903.pdf. Alison L. Van Eenennaam et al., *The Science and Regulation of Food from Genetically Engineered Animals* (Council for Agricultural Science and Technology, June 2011), 以下で入手可能：www.cast-science.org/publications/?the_science_and_regulation_of_food_from_genetically_engineered_animals&show=product&productID=21628. ハラーマンとの会話(2011年2月)。
29. この会社に関する情報、その主張、製品、価格に関する情報は以下。"Lifestyle Pets," Lifestyle Pets, www.allerca.com（確認できず)。以下も参照。Michael Hopkin, "Allergy-free Pets Surprisingly Simple," *Nature News*, September 26, 2006, www.nature.com/news/2006/060926/full/news060925-5.html.
30. 論争について、詳細は以下を参照。Kerry Grens, "FelisEnigmaticus," *The Scientist*, January 1, 2007, http://classic.the-scientist.com/article/home/39383/.
31. Paul Berg et al., "Summary Statement of the Asilomar Conference on Recombinant DNA Molecules," *Proceedings of the National Academy of Sciences USA* 72, no. 6 (1975): 1981–84. 以下も参照。Paul Berg and Maxine Singer, "The Recombinant DNA Controversy: Twenty Years Later," *Proceedings of the National Academy of Sciences USA* 92 (September 1995): 9011–13.
32. "About Recombinant DNA Advisory Committee (RAC)," National Institutes of Health, http://oba.od.nih.gov/rdna_rac/rac_about.html（確認できず。以下が閲覧可能：http://osp.od.nih.gov/office-biotechnology-activities/biomedical-technology-assessment/hgt/rac）; "NIH Guidelines for Research Involving Recombinant DNA Molecules," National Institutes of Health, http://osp.od.nih.gov/office-biotechnology-activities/biosafety/nih-guidelines.
33. 遺伝子組み換え魚が環境に及ぼすリスクの可能性について書いたものは数多くある。著者は、以下をはじめとした数多くの情報源から得ている。ハラーマンとの会話（2011年9月）; John A. Beardmore and Joanne S. Porter, *Genetically Modified Organisms and Aquaculture* (Rome: Food and Agriculture Organization of the United Nations, 2003), 3–4; *Future Fish: Issues in Science and Regulation of Transgenic Fish* (Washington, DC: Pew Initiative on Food and Biotechnology, January 2003); Erik Stokstad, "Engineered Fish: Friend or Foe of the Environment?" *Science* 297 (September 13, 2002): 1797–99; Alison L. Van Eenennaam and Paul G. Olin, "Careful Risk Assessment Needed to Evaluate Transgenic Fish," *California Agriculture* 60 (July–September 2006): 126–31; Alison L. Van Eenennaam and William M. Muir, "Transgenic Salmon: A Final Leap to the Grocery Shelf," *Nature Biotechnology* 29 (2011): 706–10.

11. ヨークタウンテクノロジーズ社の初期に関する詳細はブレイクとの会話（2010年12月）より。
12. Z. Zeng et al., “Development of Estrogen-Responsive Transgenic Medaka for Environmental Monitoring of Endocrine Disrupters,” *Environmental Science & Technology* 35 (2005): 9001–9008.
13. H. Chen et al., “Generation of a Fluorescent Transgenic Zebrafish for Detection of Environmental Estrogens,” *Aquatic Toxicology* 96 (2010): 53–61.
14. Stephen Smith, “S. Korea Uses Goldfish to Test G20 Water; PETA Protests,” CBS News, November 11, 2010, www.cbsnews.com/news/s-korea-uses-goldfish-to-test-g20-water-peta-protests/.
15. ブレイクとの会話（2010年1月）。
16. Harold Herzog, “Forty-two Thousand and One Dalmatians: Fads, Social Contagion, and Dog Breed Popularity,” *Society and Animals* 14, no. 4 (2006): 383–97; Hal Herzog, *Some We Love, Some We Hate, Some We Eat* (New York: HarperCollins, 2010), 117–21（ハーツォグ『ぼくらはそれでも肉を食う』山形浩生ほか訳、柏書房）.
17. 異国の動物への祖先の興味についての詳細は、以下を参照。Linda Kalof, *Looking at Animals in Human History* (London: Reaktion Books, 2007).
18. 金魚の初期の歴史に関する情報は以下。E. K. Balon, “About the Oldest Domesticates Among Fishes,” *Journal of Fish Biology* 65, Supplement A (2004): 1–27.
19. 同上。
20. David L. Stokes, “Things We Like: Human Preferences Among Similar Organisms and Implications for Conservation,” *Human Ecology* 35, no. 3 (2007): 361–69.
21. Companion Animal Welfare Council, *Breeding and Welfare in Companion Animals* (UK: May 2006).
22. ブレイクとの会話（2010年12月）；ハラーマンとの会話（2011年9月）；Svein A. Fossa, “Man-Made Fish: Domesticated Fishes and Their Place in the Aquatic Trade and Hobby,” *Ornamental Fish International Journal* 44 (February 2004): 1–16.
23. “Labradoodle History,” International Labradoodle Association, www.ilainc.com/LabradoodleHistory.html（確認できず）; “About the Labradoodle,” International Labradoodle Association, www.ilainc.com/AboutTheLabradoodle.html（確認できず。以下が閲覧可能：http://alaa-labradoodles.com/AboutLabradoodles.html）; Miriam Fields-Babineau, *Labradoodle: Comprehensive Owner's Guide* (Allenhurst, NJ: Kennel Club Books, 2006), 9–10; Margaret Bonham, *Labradoodles: A Complete Pet Owner's Manual* (New York: Barron's Educational Series, 2007), 8.
24. S. G. Hong et al., “Generation of Red Fluorescent Protein Transgenic Dogs,” *Genesis* 47 (May 2009): 314–22.
25. *Wildcard—Genetically Modified Pets* (Washington, DC: Social Technologies, 2007).
26. “Felix Pets,” Felix Pets, LLC, www.felixpets.com/welcome.html.
27. アラン・ベックとの電話での会話（2009年11月11日）。

14. Alan W. Dove, "Clone on the Range: What Animal Biotech Is Bringing to the Table," *Nature Biotechnology* 23 (2005): 283–85.
15. Frank Newport et al., "Americans and Their Pets," Gallup News Service, December 21, 2006, www.gallup.com/poll/25969/americans-their-pets.aspx.

第１章　水槽を彩るグローフィッシュ

1. アラン・ブレイクとの電話での会話（2010年1月14日）；ブレイクから著者へのEメール（2012年2月1日）；"GloFish Fluorescent Fish," Yorktown Technologies, www.glofish.com/; Alan Blake, "GloFish — The First Commercially Available Biotech Animal," *Aquaculture Magazine*, November/December 2005, 17–26.
2. Annie C. Y. Chang and Stanley N. Cohen, "Genome Construction Between Bacterial Species *In Vitro*: Replication and Expression of *Staphylococcus* Plasmid Genes in *Escherichia coli*," *Proceedings of the National Academy of Sciences USA* 71, no. 4 (1974): 1030–34; J. F. Morrow et al., "Replication of Transcription of Eukaryotic DNA in *Escherichia coli*," *Proceedings of the National Academy of Sciences USA* 71, no. 5 (1974): 1743–47.
3. J. W. Gordon et al., "Genetic Transformation of Mouse Embryos by Microinjection of Purified DNA," *Proceedings of the National Academy of Sciences* 77, no. 12 (1980): 7380–84; J. W. Gordon and F. H. Ruddle, "Integration and Stable Germ Line Transmission of Genes Injected into Mouse Pronuclei," *Science* 214, no. 4526 (1981): 1244–46; F. Costantini and E. Lacy, "Introduction of a Rabbit β-globin Gene into the Mouse Germ Line," *Nature* 294, no. 5836 (1981): 92.
4. GFPおよびその発見と歴史に関する情報は以下。Roger Y. Tsien, "The Green Fluorescent Protein," *Annual Review of Biochemistry* 67 (1998): 509–44.
5. ゴングの目的と研究に関する情報は以下。テキサス州オースティンでのブレイクとの会話（2010年12月4日）；B. Ju et al., "Faithful Expression of Green Fluorescent Protein (GFP) in Transgenic Zebrafish Embryos under Control of Zebrafish Gene Promoters," *Developmental Genetics* 25, no. 2 (1999): 158–67; Zhiyuan Gong et al., "Development of Transgenic Fish for Ornamental and Bioreactor by Strong Expression of Fluorescent Proteins in the Skeletal Muscle," *Biochemical and Biophysical Research Communications* 308, no. 1 (August 15, 2003): 58–63.
6. Ju et al., "Faithful Expression of Green Fluorescent Protein (GFP)." ゼブラフィッシュを改変した大学はシンガポール国立大学だけではなく、世界中の他の研究室でも各種研究プロジェクトのために蛍光色のゼブラフィッシュが作製された。
7. Gong et al., "Development of Transgenic Fish for Ornamental and Bioreactor."
8. リチャード・クロケットから著者へのEメール（2012年1月31日）。
9. ブレイクから著者へのEメール（2012年4月2日）。
10. グローフィッシュが生まれた経緯を伝える初期の会話の詳細はアラン・ブレイクと著者との会話（2010年12月）および電話での会話（2011年6月13日）より。

University Press, 1995)（サーペル編『犬』森裕司監修、武部正美訳、チクサン出版社）. イヌが自ら人間に近づいて飼いならされたとする説については、以下を参照。Stephen Budiansky, *The Covenant of the Wild* (New Haven, CT: Yale University Press, 1999).

3. オオカミの体がなぜ、どのように変化したかに関する情報は以下。Miklosi, *Dog Behaviour, Evolution and Cognition*（ミクロシ『イヌの動物行動学』）; Serpell, *The Domestic Dog*（サーペル編『犬』）; Susanne Bjornerfeldt et al., "Relaxation of Selective Constraint on Dog Mitochondrial DNA Following Domestication," *Genome Research* 16 (2006): 990–94; Helen M. Leach, "Human Domestication Reconsidered," *Current Anthropology* 44, no. 3 (2003): 349–68.
4. "Mastiff," American Kennel Club", www.akc.org/breeds/mastiff/. "Dachshund," American Kennel Club", www.akc.org/breeds/dachshund/.
5. これらのイヌは2009年の最終選考に残った。
6. Taryn Roberts et al., "Human Induced Rotation and Reorganization of the Brain of Domestic Dogs," *PLoS One* 5, no. 7 (2010).
7. Jared Diamond, "Evolution, Consequences and Future of Plant and Animal Domestication," *Nature* 418 (August 8, 2002): 700–707.
8. Martha C. Gomez, "Generation of Domestic Transgenic Cloned Kittens Using Lentivirus Vectors," *Cloning and Stem Cells* 11, no. 1 (2009): 167–75.
9. "Synthetic Silk," Utah State University, http://sbi.usu.edu/sbc.cfm; Adam Rutherford, "Synthetic Biology and the Rise of the 'Spider-Goats,' " *The Guardian*, January 12, 2012, www.guardian.co.uk/science/2012/jan/14/synthetic-biology-spider-goat-genetics; Geoffrey Fattah, "USU Goats May Be Key to One of the Strongest Known Substances," July 10, 2011, www.ksl.com/?nid=960&sid=16249521. "The Goats with Spider Genes and Silk in Their Milk," BBC News, January 16, 2012, www.bbc.co.uk/news/science-environment-16554357.
10. S. K. Talwar et al., "Rat Navigation Guided by Remote Control," *Nature* 417, no. 6884 (May 2, 2002): 37–38. S. Xu et al., "A Multi-channel Telemetry System for Brain Microstimulation in Freely Roaming Animals," *Journal of Neuroscience Methods* 133, no. 1–2 (2004): 57–63.
11. Noel Fitzpatrick et al., "Intraosseous Transcutaneous Amputation Prosthesis (ITAP) for Limb Salvage in 4 Dogs," *Veterinary Surgery* 40, no. 8 (2011): 909–25.
12. M. Velliste et al., "Cortical Control of a Prosthetic Arm for Self-feeding," *Nature* 453 (June 19, 2008): 1098–1101; Jose M. Carmena et al., "Learning to Control a Brain-Machine Interface for Reaching and Grasping by Primates," *PLoS Biology* 1, no. 2 (2003).
13. L. Asher et al., "Inherited Defects in Pedigree Dogs. Part 1: Disorders Related to Breed Standards," *The Veterinary Journal* 182 (2009): 402–11; J. Summers et al., "Inherited Defects in Pedigree Dogs. Part 2: Disorders That Are Not Related to Breed Standards," *The Veterinary Journal* 183 (2010): 39–45.

註

＊ URL は 2016 年 5 月に確認

はじめに

1. この取り組みを率いる研究者ティアン・シュウは復旦大学とエール大学の両方で研究しているが、マウスの製造が行なわれているのは復旦大学だ。何度も面会を申し込んだものの残念ながら返事をもらえなかったため、彼の研究と彼が開発した技術に関する情報は、以下をはじめとしたいくつかの情報源から得ている。S. Ding et al., “Efficient Transposition of the PiggyBac (PB) Transposon in Mammalian Cells and Mice,” *Cell* 122 (2005): 473–83. Ling V. Sun et al., “PBmice: An Integrated Database System of PiggyBac (PB) Insertional Mutations and Their Characterizations in Mice,” *Nucleic Acids Research* 36 (2008): D729–34. Sean F. Landrette and Tian Xu, “Somatic Genetics Empowers the Mouse for Modeling and Interrogating Developmental and Disease Processes,” *PLoS Genetics* 7, no. 7 (2011). Sean F. Landrette et al., “PiggyBac Transposon Somatic Mutagenesis with an Activated Reporter and Tracker (PB-SMART) for Genetic Screens in Mice,” *PLoS One* 6, no. 10 (2011). Muyun Chen and Rener Xu, “Motor Coordination Deficits in *Alpk1* Mutant Mice with the Inserted *PiggyBac* Transposon,” *BMC Neuroscience* 12, no. 1 (2011). “Pioneering New Genetic Tools & Approaches,” Tian Xu Laboratory, http://medicine.yale.edu/lab/xu/research/newmethods.aspx. “Deciphering Mammalian Biology and Disease,” Tian Xu Laboratory, http://medicine.yale.edu/lab/xu/research/mammalian.aspx. “PBmice: Piggybac Mutagenesis Information Center, Fudan University”, http://idm.fudan.edu.cn/PBmice/. “Tian Xu, Ph.D.” Howard Hughes Medical Institute, www.hhmi.org/scientists/tian-xu. Dennis Normile, “China Takes Aim at Comprehensive Mouse Knockout Program,” *Science* 312 (June 30, 2006): 1864. Pat McCaffrey, “Little Mouse, Big Medicine,” *Yale Medicine*, Winter 2007, http://yalemedicine.yale.edu/winter2007/features/feature/51773. Margot Sanger-Katz, “Building a Better Mouse,” *Yale Alumni Magazine*, May/June 2010, https://yalealumnimagazine.com/articles/2808/building-a-better-mouse. Michael Wines, “China Lures Back Xu Tian to Decode Mouse Genome,” New York Times, www.nytimes.com/2011/01/29/world/asia/29china.html?pagewanted=all.
2. イヌの飼いならしに関するさまざまな説明は以下。Adam Miklosi, *Dog Behaviour, Evolution and Cognition* (Oxford, UK: Oxford University Press, 2007)（ミクロシ『イヌの動物行動学』藪田慎司監訳、東海大学出版部）; James Serpell, ed., *The Domestic Dog: Its Evolution, Behaviour, and Interactions with People* (Cambridge, UK: Cambridge

エミリー・アンテス（Emily Anthes）
科学ジャーナリスト。「ニューヨークタイムズ」「ネイチャー」「サイエンティフィック・アメリカン」「ワイアード」「ボストン・グローブ」などの各紙誌に執筆。マサチューセッツ工科大学からサイエンス・ライティングの修士号、イェール大学から科学史・医学史の学士号を取得。イヌとともにニューヨークのブルックリン在住。本書で、優れた科学書に贈られる「AAAS（アメリカ科学振興協会）/Subaru サイエンスブックス＆フィルム賞」を受賞している。

西田美緒子（にしだ　みおこ）
翻訳家。津田塾大学英文科卒業。主な訳書に『犬はあなたをこう見ている』『世界一素朴な質問、宇宙一美しい答え』（以上、河出書房新社）、『眠っているとき、脳では凄いことが起きている』（インターシフト）、『ルイ・パスツール』（大月書店）、『音楽好きな脳』『永久に治ることは可能か』（以上、白揚社）など多数。

ISBN 978-4-8269-0190-1

サイボーグ化《か》する動物《どうぶつ》たち

二〇一六年八月三十日　第一版第一刷発行

著　者　エミリー・アンテス
訳　者　西田《にしだ》美緒子《みおこ》
発行者　中村幸慈
発行所　株式会社　白揚社　©2016 in Japan by Hakuyosha
〒101-0062　東京都千代田区神田駿河台1-7
電話　03-5281-9772　振替　00130-1-25400
装　幀　岩崎寿文
印刷・製本　中央精版印刷株式会社

トーマス・ズデンドルフ著　寺町朋子訳

現実を生きるサル 空想を語るヒト

人間と動物をへだてる、たった2つの違い

動物には人間と同じような心の力があるのか？　動物行動学や心理学、人類学などの広範な研究成果から動物とヒトの知的能力の違いを探り、人間の心がもつ二つの性質が高度な知性と人間らしさを生みだす様子を解明する。　四六判　４４６頁　２７００円

ダグラス・ケンリック著　山形浩生・森本正史訳

野蛮な進化心理学

殺人とセックスが解き明かす人間行動の謎

性や暴力といった刺激的なトピックから、偏見、記憶、芸術、宗教、経済、政治、果ては人生の意味といった高尚なテーマまで、今もっとも注目を集める研究分野＝進化心理学の知見を総動員して徹底的に解説。　四六判　３４０頁　２４００円

クリストファー・ボーム著　斉藤隆央訳

モラルの起源

道徳、良心、利他行動はどのように進化したのか

なぜ人間にだけ道徳が生まれたのか？　気鋭の進化人類学者が進化論、動物行動学、狩猟採集民の民族誌など、さまざまな知見を駆使して人類最大の謎に迫り、エレガントで斬新な新理論を提唱する。（解説　長谷川眞理子）　四六判　４８８頁　３６００円

クライブ・フィンレイソン著　上原直子訳

そして最後にヒトが残った

ネアンデルタール人と私たちの50万年史

地球上に現れた２０種を超える人類のなかで、大きな成功をおさめたのが私たち人間とネアンデルタール人だった。なぜ彼らは滅び、私たちが生き残ったのか？　ネアンデルタール人研究の第一人者が贈るスリリングな論考。　四六判　３６８頁　２６００円

デボラ・ブラム著　藤澤隆史・藤澤玲子訳

愛を科学で測った男

異端の心理学者ハリー・ハーロウとサル実験の真実

画期的な「代理母実験」をはじめ、物議をかもす数々の実験で愛の本質を追究し、心理学に革命をもたらした天才科学者ハリー・ハーロウ。その破天荒な人生と母性愛研究の歴史、心理学の変遷を魅力溢れる筆致で描く。　四六判　４３２頁　３０００円

経済情勢により、価格が多少変更されることがありますのでご了承ください。
表示の価格に別途消費税がかかります。